这样养

肖冠华 编著

化学工业出版社
· 北京·

图书在版编目（CIP）数据

这样养肉鸡才赚钱/肖冠华编著. —北京：化学工
业出版社，2018.4
ISBN 978-7-122-31403-1

Ⅰ. ①这… Ⅱ. ①肖… Ⅲ. ①肉用鸡-饲养管理
Ⅳ. ①S831.4

中国版本图书馆 CIP 数据核字（2018）第 012202 号

责任编辑：邵桂林　　　　　　　　文字编辑：向　东
责任校对：宋　夏　　　　　　　　装帧设计：王晓宇

出版发行：化学工业出版社（北京市东城区青年湖南街 13 号　邮政编码 100011）
印　　刷：北京京华铭诚工贸有限公司
装　　订：北京瑞隆泰达装订有限公司
850mm×1168mm　1/32　印张 11¼　字数 332 千字
2018 年 5 月北京第 1 版第 1 次印刷

购书咨询：010-64518888（传真：010-64519686）　售后服务：010-64518899
网　　址：http://www.cip.com.cn
凡购买本书，如有缺损质量问题，本社销售中心负责调换。

定　价：45.00 元

　　为什么同样是搞养殖，有的人赚钱，有的人却总是赔钱，而赔钱的这部分人中，有很多对做好养殖可谓勤勤恳恳、兢兢业业，付出的辛苦很多，到头来收入与付出却不成正比。问题出在哪里？

　　我们知道，养殖涉及品种选择、场舍建设、饲养管理、饲料营养、疾病防控、产品销售等各方面的问题。养殖要选择优良品种，因为优良品种普遍具有生长速度快、适应性强、抗病力强、饲料转化率高、受市场欢迎等特点，优良品种是实现高产高效的基础。养殖场应因地制宜，选用高产、优质、高效的畜禽良种，品种来源清楚、检疫合格，实现畜禽品种良种化。养殖场选址布局要科学合理，符合防疫要求，畜禽圈舍、饲养和环境控制等生产设施设备满足规模化生产的需要，实现养殖设施化，既能为所养殖的品种提供舒适的生产环境，又能提高养殖场的生产效率。饲养管理是养殖场日常的主要工作，贯穿于畜禽养殖的整个过程，规范化管理的养殖场应制订并实施科学规范的畜禽饲养管理规程，配备与饲养规模相适应的畜牧兽医技术人员，配制和使用安全高效饲料，严格遵守饲料、饲料添加剂和兽药使用有关规定，生产过程实行信息化动态管理。疾病的防控也是养殖场不可忽视的重要环节，只有畜禽不得病或者少得病，养殖场才能平稳运行，为此养殖场要有完善的防疫设施，健全的防疫制度，加强动物防疫条件审查，实施科学的畜禽疫病综合防控措施，有效地防止养殖场重大动物疫病发生，对病死畜禽实行无害化处理。畜禽粪污处理方法要得当，设施齐全且运转正常，达到相关排放标准，实现粪污处理无害化或资源化利用。

养殖场既要掌握和熟练运用养殖技术，在实现养得好的前提下，还要想办法拓宽销售渠道，实现卖得好。做到生产上水平、产品有出路、效益有保障。规模养殖场要创建自己的品牌，建立自己的销售渠道。养殖场加入专业合作社或与畜产品加工龙头企业、大型批发市场、超市、特色饭店和大型宾馆饭店等签订长期稳定的畜产品购销协议，建立长期稳定的产销合作关系，可有效解决养殖场的销售难题。同时，还要充分利用各种营销手段，如区别于传统的网络营销，网络媒介具有传播范围广、速度快、无时间地域限制、无时间约束、内容详尽、多媒体传送、形象生动、双向交流、反馈迅速等特点，可以有效降低企业营销信息传播的成本。利用大数据分析市场需求量与供应量的关系，通过政府引导生产，合理增减砝码，使畜禽供给量与需求量趋于平衡，避免畜禽产品因供求变化过大而导致价格剧烈波动。常见的网上专卖店、网站推广、QQ群营销、微博营销、微信朋友圈营销等电商平台均可取得良好的效果。以观光旅游畜牧业发展为载体，促使城市居民走进养殖场区，开展动物认领和认购活动，实现生产与销售直接挂钩，这也是一个很好的销售方式。实体店的专卖店、品鉴店体验等体验式营销也是拓宽营销渠道的方式之一。在体验经济的今天，养殖场如果善于运用体验式营销，定将能够取得消费者的认可，俘获消费者的心，赢得消费者的忠诚度，并最终为企业带来源源不断的利润。以上这些方面工作都做好了，实现养殖赚钱不难。

经济新常态和供给侧改革对规模化养殖场来说，机遇与挑战并存。如何适应经济新常态下规避风险，做好规模养殖场的经营管理，取得好的养殖效益，是每个养殖场经营管理者都需要思考的问题。笔者认为要想实现经济新常态下养殖效益最大化，养殖场的经营管理者要主动去适应，而不是固守旧的观念，不能"只管低头拉车，不管抬头看路"。必须不断地总结经验教训，更重要的是养殖场的经营管理者必须不断地学习新知识，新技术，特别是新常态和"互联网＋"下养殖场的经营管理方法，这样才能使养殖场的经营管理始终站在行业的排头。

本书共分为了解肉鸡、选择优良的肉鸡品种、建设科学合理的肉鸡场、掌握规模化肉鸡养殖关键技术、满足肉鸡的营养需要、实行精细化饲养管理、科学防治肉鸡病和科学经营管理及附录。

本书紧紧围绕养肉鸡成功所必须做到的各个生产要素进行重点的阐述，使读者能够学到养肉鸡赚钱的必备知识和符合当下实际的经营管理方法，本书结构新颖，内容全面充实，紧贴肉鸡生产实践，可操作性强，无论是新建场，还是老场，本书均具有极强的指导作用和实用性。

本书在编写过程中，参考借鉴了国内外一些肉鸡养殖专家和养殖实践者实用的观点和做法，在此对他们表示诚挚的感谢！由于笔者水平有限，书中难免有不妥之处，敬请批评指正。

畜禽养殖是一门实践科学，很多一线的养殖实践者更有发言权，也有很多好的做法，希望读者朋友在阅读本书的同时，就有关肉鸡养殖管理方面的知识和经验进行交流和探讨，我的微信公众号"肖冠华谈畜牧养殖"，期待大家的到来！

编著者
2018 年 3 月

目 录
CONTENTS

第七章 ▶ 科学防治肉鸡病

第八章 ▶ 科学经营管理

第一章

了解肉鸡

了解肉鸡的生物学特性可以更好地帮助养殖场（户）科学合理地利用这些习性和特点，为肉鸡提供更好的饲养条件，最大限度地发挥肉鸡的生产潜力，提高饲养效益。

一、肉鸡的生物学特性

肉鸡在动物学上属于鸟纲、雉科家禽，喙短锐，有冠与肉髯，翅膀短，处于家禽品种序列顶端的禽类。具有鸟类的生物学特性。饲养环境下鸡一般最长存活 13 年。近 100 年来，由于人们的不断培育和改善其环境条件，尤其是近几十年，随着现代遗传育种技术的发展，使之生产能力大大提高，成为专门品种。

1. 新陈代谢旺盛，生长周期短

鸡的标准温度在 $40.9 \sim 41.9 \, ^\circ\!\text{C}$，平均体温是 $41.5 \, ^\circ\!\text{C}$，成年鸡高于雏鸡。

鸡的心跳很快，每分钟脉搏可达 $200 \sim 350$ 次。就日龄而言，雏鸡高于成鸡。就性别而言，母鸡高于公鸡。还受环境影响，如气温增高、惊扰、噪声等都会使其心率增高，严重者心力衰竭而死亡。

呼吸频率每分钟 $40 \sim 50$ 次，比大家畜高。受环境温度影响大，但环境温度达 $43 \, ^\circ\!\text{C}$ 时，其呼吸频率可达到每分钟 155 次，受惊时也可加大呼吸频率。

鸡的基础代谢高于其他动物，为马、牛等的 3 倍以上。安静时耗氧量与排出二氧化碳的数量也高 1 倍以上。

　　肉鸡公母混合饲养，在正常的生长条件下，早期生长十分迅速。出壳时体重 40 克左右，一般经过 2 周生长体重可达 0.5 千克，4 周龄时体重 1.65 千克，6 周龄体重 2.88 千克，7～8 周龄体重达到 3.2～3.6 千克，是出壳体重的 70～85 倍，而此时的料肉比仅为 2.1：1 左右。生长速度之快，饲料报酬之高，是其他畜禽无法比拟的。从准备工作开始算起，一般 2 个月左右就可完成一批生产，具有资金周转快的优点。

　　鸡的生命之钟转动得快，寿命相对就短，应尽量为鸡创造良好的环境条件，利用其代谢旺盛的优点，创造更多的禽产品。

2. 肉鸡性情温顺，适于多种方式饲养

　　与蛋鸡相比，肉仔鸡性情温顺，很少跳跃、啄斗。由于鸡的群居性强，在高密度的笼养条件下仍能表现出很高的生产性能。另外，鸡的粪便、尿液比较浓稠，饮水少而又不乱甩，这给机械化饲养管理创造了有利条件。尤其是鸡的体积小，每只鸡占笼底的面积仅 400 厘米^2，即每平方米笼底面积可以容纳 25 只鸡。所以在畜禽养殖业中，工厂化饲养程度最高的是鸡的饲养。肉鸡的饲养可以采用厚垫料散养和网上平养，也可以采用笼养。

　　厚垫料散养：用厚垫料散养肉鸡的方法是目前国内最普遍采用的一种方法。主要是投资少，简单易行，特别是可减少胸囊肿大的问题；不利的是容易发生球虫病，而且很难控制，这样药品和垫料的费用较多。

　　网上平养：这种方式与蛋鸡网上散养基本差不多，主要是在金属或塑料的网上再铺上一层弹性塑料方眼网，这种网柔软有弹性，小鸡在网上活动，不与金属网接触，这样可减少腿病和胸部囊肿，提高商品的合格率。用这种方法养鸡主要是解决鸡粪落在地下，减少消化道疾病的重复感染，特别是用来控制球虫病效果比较显著。

　　笼养：笼养肉鸡饲养密度增加 1 倍左右，可更有效地提高鸡舍的利用率；可提高饲料利用率 5%～10%，降低生产成本 3%～7%；降低了球虫的发病率，节省了抗球虫药费的开支；不需要垫料，节省了垫料的开支；提高了劳动效率；便于公、母分群饲养。

　　早期的笼养由于笼底硬，小鸡胸部发生囊肿的比较多，也比较严

重，影响了商品的合格率。经过人们的探索和改进，采用具有弹性的塑料笼底，大大减少了小鸡胸部囊肿的发生，使采用笼养的优点充分地发挥出来。

3. 对环境变化敏感

鸡的听觉不如哺乳动物，但听到突如其来的噪声就会惊恐不安，乱飞乱叫。

鸡的视觉很灵敏，鸡眼较大，视野宽广，能迅速识别目标，但对颜色的区别能力较差，对红、黄、绿等颜色敏感。一切进入视野的不正常因素如光照、异常的颜色以及猫、鼠、蛇和鸡舍进来陌生人等均可引起"惊群"。特别是雏鸡很容易惊群，轻者拥挤，生长发育受阻，重者相互践踏引起伤残和死亡。因此，要在安静的地方养鸡。粗暴的管理，突来的噪声，狗、猫闯入，捕捉等都能导致鸡群骚乱、影响生长。

鸡舍无光线便停食，因此，育成期控料必须与控光相结合，以防超重。产蛋初期起逐渐延长补光时间，促进光线对鸡脑垂体后叶的刺激，导致卵巢机能活动，有利产蛋率上升。但控光、补光都要有计划，绝不可紊乱，用强光刺激毫无好处。

鸡的嗅觉差，不如鸽和鹅，鸡口腔中味蕾少，有嗅觉受体，在一定程度可辨别香味，但需要流动的空气将气味传递到受体，因为鸡无闻嗅行为。食物在口腔中停留时间短，带有气味的药物混入饲料或饮水中影响鸡的饮食欲，如饮水或饲料中加入有恶性气味的含氯消毒剂，鸡会减食或拒绝饮水。相反，饲料中加入芳香添加剂，鸡能增食。但一般苦味药不影响进食和饮水。苦味对鸡的消化不良、食欲不振无治疗作用，甜味没有增食作用。

由于禽类对饲料中的咸味也无鉴别作用，在饲养过程中，如使用颗粒粗制食盐让鸡自由食用，鸡群会因摄入大量食盐颗粒造成急性食盐中毒死亡。

鸡宜在干爽通风的环境中生长，如果鸡舍废气含量高、湿度大，一些病原菌和霉菌易于生长繁殖，鸡粪会发酵产生有毒气体，使鸡容易得病，不利鸡的生长。

此外，鸡体水分的蒸发与热能的调节主要靠呼吸作用来实现，初出壳的雏鸡，体温比成年鸡低3℃，要10天后才能达到正常体温，

加上雏鸡绒毛短而稀，不能御寒，所以对环境的适应能力不强，必须依靠人工保温，雏鸡才能正常生长发育。1～30天的雏鸡都要保温，并放在清洁卫生的环境中饲养。30天以上的小鸡，羽毛基本上长满长齐，可以不用保温。所以养鸡场要注意尽量控制环境变化，减少鸡群应激。

4. 抗病能力差

鸡的抗病能力差，传染病由呼吸道传播的多，且传播速度快，发病严重，死亡率高，不死也严重影响产蛋。尤其在工厂化高密度舍内饲养的情况下对于疫病的控制非常不利。

5. 对饲料营养要求高

由于鸡口腔无咀嚼作用且大肠较短，除了盲肠可以消化少量纤维素以外，其他部位的消化道不能消化纤维素。另外，鸡的消化道很短，食物通过的时间快，也不能很好地利用粗饲料。所以，肉鸡生产必须使用高能高蛋白的全价配合饲料。一些难消化、难溶、难吸收的药物如草药，必须先经过处理，以便于胃肠道吸收后才能给鸡用。

鸡的必需氨基酸为11种，各种矿物质、维生素都是不可缺少的。没有充足的营养，肉鸡就不可能充分发挥其生长潜力，就不可能长得快。饲料原料质量不稳定，或掺杂使假，或某些混入毒素，饲料存放不当、使用不当、霉变等都直接影响肉鸡的饲养效果。

鸡有挑食颗粒饲料的习性，饲料中添加氯化钠、碳酸氢钠时应严格控制其比例和粒度，否则会引起泻痢、腹水、血液浓缩等中毒症状。

6. 鸡消化功能特异性

鸡没有牙齿和软腭、颊，在啄料和饮水时，靠仰头进入。因此，料、水槽设置要妥当，防料水溢出。消化食料靠肌胃强有力收缩挤碎，所以要定期添喂沙砾。鸡肠道内容物呈微酸性，有利于有益微生物繁殖，应防范饲料发霉变质而不利正常消化吸收。饲料在鸡体内停留时间短，再加上在肠道有益微生物的作用，所以鸡粪蛋白质反而超过原饲料。

鸡的消化道呈弱酸性。所以青、红霉素可以口服，不会被破坏，磺胺类和喹诺酮类内服吸收快而完全，还能延长半衰期，但庆大霉素等由于含氨基基团，不易被肠道吸收，除肠道炎症外，一般不易内服给药。对抗胆碱酯酶的药物（如有机磷）非常敏感，容易中毒，所以一般不能用敌百虫作驱虫药内服。

二、肉鸡的生理特点

1. 生活环境的温度

出壳后 10 日龄内的雏鸡体温比成鸡低 1.4～1.68℃。长羽快者体温上升较快，长羽慢者往往要到 15 日龄后才能接近成鸡的体温。雏鸡的这种生理特点说明，它调节体温的能力弱，在一定阶段内，鸡胚与出壳初期雏鸡体温是随环境温度的升降而升降的。生理上的这一现象对于育雏工作者掌握雏鸡培育的规律有特别重要的意义。因此，当把雏鸡移到凉爽的环境时，体温和代谢率都下降，要到 15～20 日龄后，雏鸡体内温度调节机制发育良好之后，才能保持体温处于恒定状态，这就是早期雏鸡要求生活环境的温度比成鸡高的原因之一。

2. 绒毛保温性能

出壳的雏鸡表皮外层长满一层绒毛，毛长为 1.0～1.5 厘米，是雏鸡体最外部的保温层。但该层很薄，难以达到足够的厚度来形成空气隔热层，保温性能甚差。成鸡的羽毛则大不相同，它包括质地比较坚实的羽管（其中包括羽根和羽轴），从羽轴伸出整齐的羽翮。羽毛在成鸡的表皮上以半重叠式向鸡尾部方向排列，它还可以在表皮与肌肉的神经组织支配下进行收缩或放松。当鸡体感到冷时，往往将羽毛向上松开，形成一定的厚度，气流受阻，形成与外界低温相隔开的保温层，能有效地抵御外界低温的侵袭和防止体内温度迅速扩散。其保温性能比雏鸡强得多。可是，在对外界高温环境的忍耐上雏鸡又比成鸡强，这是雏鸡既需要较高温度的环境保护，又能适应较高温度环境的生理结构特点之一。

3. 剩余蛋黄的生理功能

雏鸡出壳后腹部残留着尚未被完全吸收的蛋黄，其外部被一层透明并布满血管的薄膜包着，呈一个囊状物，称为剩余蛋黄囊。出壳后

的正常健康雏鸡在 3～7 天内，生命所需要的营养仍然主要来自这些剩余蛋黄。雏鸡生理上的这种特殊结构在成鸡体内是没有的。刚出壳的雏鸡，剩余蛋黄越小体质越强，反之则越弱。对 1～5 日龄内死亡的雏鸡进行解剖发现：如果不是因为中毒、踏挤而死，几乎全都是孵化过程中蛋黄吸收不良的弱雏。也有部分蛋黄吸收不良的弱雏可活到 6～7 天才陆续死亡，还有少数蛋黄吸收不良的弱雏是因患白痢、肠炎或感冒而死亡。能活下来的弱雏日后生长发育不良，或者本身就是白痢的带菌者。因此，判别雏鸡质量优劣是检查孵化技术是否过关的一个重要标准，是以出壳雏鸡蛋黄吸收状况来确定的。出壳后的雏鸡，如果腹部得到适宜的温度，将大大有助于剩余蛋黄的再吸收，从而增强雏鸡的体质和抗病能力，明显地提高成活率。

4. 皮下脂肪层组织结构

鸡的皮下脂肪层是主要隔热层。早期的雏鸡表皮组织很薄，呈半透明状，皮下尚未形成脂肪沉积层，尤其是腹部，几乎可以透过表皮看到剩余的蛋黄。其肌肉组织也很薄并含有多量的水分，而水本身也是一种热导体。这种表层的组织结构不可能有效地隔住低温，而且早期的雏鸡神经系统发育尚未健全，没有调节体温的能力，御寒能力差。而成鸡的表层组织则不同，它既有较厚的表皮组织，又有较厚的皮下脂肪层，尤其是腹部的脂肪更厚，还有结构坚实的肌肉纤维组织以及灵敏协调的神经系统。这种组织无论是在产热还是防热（低温）的能力上都是雏鸡的结构所无法比拟的。

5. 雏鸡机体成分

雏鸡机体中水分与蛋白质比例均较成鸡高，唯独体脂肪低于成鸡，说明雏鸡的储能与产热的能力都很低，这也是雏鸡生理解剖结构特点。

6. 特殊的肺结构

由于鸡肺附有 9 个气囊，造成鸡的需氧量和排出的废气按单位体重计算要比其他家畜高出 1～2 倍。当大规模集约化饲养管理时，它对环境的污染程度也要比其他家畜严重得多。据测定，当鸡舍内二氧化碳气体达到 8% 时，雏鸡的精神便表现出痛苦不堪的状态，而达到 15.2% 时便会出现昏睡。鸡舍潮湿，会加速粪便的腐烂分解过程，可产生大量的氨气。氨能麻痹或破坏呼吸道黏膜上皮细胞而使病菌易于侵入鸡的体内，比二氧化碳气体对鸡的危害更严重。据测定，舍内空气中氨浓度仅为 20 毫克/千克时，如保持 6 周以上，就会引起肺水肿、充血，新城疫发病率增高；若是达到 50 毫克/千克浓度，饲养数日后就要流鼻涕和眼泪；达到 100 毫克/千克浓度时，产蛋率会下降 13%～15%，并难于短期内恢复。

◀ 7. 超短肠道结构 ▶

鸡的肠道长度仅为其体长的 6～7 倍（而羊为 30 倍、牛为 25 倍、马和猪为 15 倍、兔为 10 倍），加之代谢率高，尽管因品种、年龄、食物与气温不同而对水的代谢、饲料的消化量与浓度都有所不同，但都比其他家畜进行得快。鸡消化谷粒仅需 12～14 小时，其他食物通过消化道经 4～5 小时就有半数从肛门排出。全部食物通过仅需 18～20 小时即可完成。而水分只需 30 分钟便可通过。由于饲料通过肠道很快，因此鸡的排粪频率甚高，而残留于粪便中的有机物也比其他动物粪便要多，其含氮物质也最高。

三、肉鸡生长规律

优质肉鸡生长的规律是，以快速型为例，最初 2 周的生长增加缓慢，然后逐渐加快，直至 7～8 周龄（通常公鸡 8～9 周龄，母鸡为 6～7 周龄）达每周增重的最高峰，然后逐渐减缓。

优质肉鸡每周饲料消耗随着体重增加而增加，即肉鸡每周所吃的饲料比前 1 周多，而耗料比（每单位增重所需的饲料量）在第 1 周最低，以后逐渐增大。当然，不同鸡种的生长规律并不是完全一致的，养鸡场应通过索取所饲养品种的饲养手册，了解所饲养的鸡种的生长规律。

知道了上述生长与饲料消耗的关系，有助于确定优质肉鸡上市周龄，即在快速型优质肉鸡相对增重最高的 7～8 周龄上市为最佳时间。注意最佳出售时间还要依据市场行情、鸡苗所占成本的比例、饲料价格、鸡群状况等因素综合考虑。

四、肉鸡生长阶段的划分

根据肉鸡的生理特点和生长发育要求，可将饲养期分为若干阶段，使用不同营养水平的日粮和管理方法，提高饲养效果，使饲养规程更为合理，并能节省饲料费用，降低生产成本。这种饲养方法叫分段饲养，它包括饲料分段和管理分段。

1. 饲料分段

目前肉鸡的专用饲养标准有两段制和三段制。国外肉鸡饲养标准一般用三段制，如美国 NRC 饲养标准按 0～3 周龄、4～6 周龄、7～9 周龄分为三段。美国爱拔益加公司 AA 肉鸡营养推荐量以 0～21 天、22～37 天、38 天至上市分为前期料、中期料和后期料。前期料又称小鸡料，蛋白质水平要求较高（21％～23％），并含有防病药物；中期料又叫生长鸡料，与前期料相比，蛋白质水平降低而能量增加；后期料又称育肥料，蛋白质水平更低，但能量水平增加，禁止使用药物和促生长剂。我国黄鸡饲养根据出栏日龄不同，一般分为两或三个阶段，据此三黄鸡的饲料供应也分为两种或三种。

2. 管理分段

为管理方便，一般将肉鸡分为育雏期、生长期和育肥期三个阶段。育雏阶段对环境温度要求严格；中期为肉仔鸡快速生长阶段，此阶段肉鸡生长发育特别迅速，也称为生长期。后期则为出栏前的育肥期。

五、肉鸡生长参考数据

肉鸡生长参考数据参见表 1-1～表 1-7。

表 1-1　AA+ 商品代肉鸡 0～35 日龄公母混养生产性能

日龄	体重/克	日增重/克	平均日增重/克	累积采食量/克	饲料转化率
0	42				
1	56	14		13	
2	70	14		29	
3	87	17		49	
4	106	19		72	
5	128	22		98	
6	152	24		128	
7	179	27	20	163	0.911

续表

日龄	体重/克	日增重/克	平均日增重/克	累积采食量/克	饲料转化率
8	208	29		201	0.966
9	241	33		243	1.008
10	276	35		290	1.051
11	315	39		342	1.086
12	357	42		399	1.118
13	402	45		461	1.147
14	450	48	39	528	1.173
15	501	51		601	1.200
16	555	54		679	1.223
17	612	57		763	1.247
18	672	60		853	1.269
19	734	62		949	1.293
20	800	66		1051	1.314
21	868	68	60	1159	1.335
22	938	70		1273	1.357
23	1011	73		1393	1.378
24	1086	75		1519	1.399
25	1164	78		1651	1.418
26	1243	79		1788	1.438
27	1323	80		1932	1.460
28	1406	83	77	2080	1.479
29	1490	84		2235	1.500
30	1575	85		2394	1.520
31	1661	86		2559	1.541
32	1748	87		2729	1.561
33	1836	88		2904	1.582
34	1924	88		3083	1.602
35	2013	89	87	3266	1.622

注：数据来自北京爱拔益加家禽育种有限公司（2009 年 5 月）。

表 1-2　AA⁺商品代肉鸡 36～70 日龄公母混养生产性能

日龄	体重/克	日增/克	平均日增重/克	累积采食量/克	饲料转化率
36	2102	89		2354	1.643
37	2192	90		3645	1.663
38	2281	89		3841	1.684
39	2370	89		4039	1.704
40	2459	89		4242	1.725
41	2548	89		4447	1.745
42	2637	89	89	4655	1.765
43	2724	87		4866	1.786
44	2811	87		5079	1.807
45	2898	87		5295	1.827
46	2983	85		5513	1.848
47	3068	85		5732	1.868
48	3152	84		5953	1.889
49	3234	82	85	6176	1.910
50	3316	82		6400	1.930
51	3396	80		6626	1.951
52	3475	79		6852	1.972
53	3553	78		7079	1.992
54	3629	76		7307	2.014
55	3705	76		7535	2.034
56	3778	73	78	7764	2.055
57	3851	73		7993	2.076
58	3922	71		8223	2.097
59	3992	70		8452	2.117
60	4060	68		8681	2.138
61	4127	67		8910	2.159
62	4192	65		9139	2.180
63	4265	64	68	9368	2.201
64	4319	63		9596	2.222
65	4380	61		9824	2.243
66	4440	60		10051	2.264
67	4498	58		10277	2.285
68	4555	57		10503	2.236
69	4610	55		10728	2.327
70	4664	54	58	10952	2.348

注：数据来自北京爱拔益加家禽育种有限公司（2009 年 5 月）。

表 1-3　罗斯 308 商品肉鸡 0～35 日龄公母混养生产性能

日龄	体重/克	日增重/克	平均日增重/克	日采食量/克	累计采食量/克	饲料转化率
0	42					
1	51	9				
2	62	11				
3	77	15				
4	95	18				
5	116	21				
6	140	24				
7	167	27	17.86		147	0.880
8	196	29		31	178	0.908
9	228	32		36	214	0.938
10	263	35		41	255	0.969
11	300	37		45	300	1.001
12	340	40		51	351	1.033
13	383	43		57	408	1.066
14	429	46	27.64	63	471	1.098
15	477	48		68	539	1.129
16	528	51		74	613	1.161
17	582	54		81	694	1.192
18	638	56		85	779	1.221
19	696	58		91	870	1.250
20	757	61		97	967	1.277
21	820	63	37.05	102	1069	1.304
22	885	65		107	1176	1.329
23	953	68		113	1289	1.353
24	1222	69		117	1406	1.376
25	1093	71		122	1528	1.398
26	1166	73		127	1655	1.419
27	1240	74		131	1786	1.440
28	1316	76	45.50	135	1921	1.460
29	1394	78		141	2062	1.479
30	1472	78		143	2205	1.498
31	1552	80		148	2353	1.516
32	1633	81		154	2507	1.535
33	1715	82		156	2663	1.553
34	1798	83		163	2826	1.572
35	1882	84	52.57	166	2992	1.590

表 1-4　罗斯 308 商品肉鸡 36～63 日龄公母混养生产性能

日龄	体重/克	日增重/克	平均日增重/克	日采食量/克	累计采食量/克	饲料转化率
36	1966	84		171	3163	1.609
37	2050	84		172	3335	1.627
38	2135	85		179	3514	1.646
39	2220	85		182	3696	1.665
40	2305	85		183	3879	1.683
41	2390	85		189	4068	1.702
42	2474	84	57.90	190	4258	1.721
43	2559	85		192	4450	1.739
44	2643	84		196	4646	1.758
45	2726	83		198	4844	1.777
46	2809	83		198	5042	1.795
47	2891	82		199	5241	1.813
48	2972	81		201	5442	1.831
49	3052	80	61.43	204	5646	1.850
50	3131	79		203	5849	1.868
51	3209	78		206	6055	1.887
52	3285	76		203	6258	1.905
53	3361	76		209	6467	1.924
54	3435	74		204	6671	1.942
55	3508	73		208	6879	1.961
56	3579	71	63.16	204	7083	1.979
57	3649	70		208	7291	1.998
58	3718	69		204	7495	2.061
59	3785	67		207	7702	2.035
60	3850	65		202	7904	2.053
61	3915	65		208	8112	2.072
62	3977	62		200	8312	2.090
63	4038	61	63.43	204	8516	2.109

注：此标准在体重、日增重、日采食量和累计采食量使用的是整数。而饲料转化率和平均日增重使用的是保留三位小数。因此，利用此标准计算其他生产性能时会有微小偏差。

表1-5　艾维茵商品代肉鸡生产性能

周龄	周末体重/千克			饲料转化率(料肉比 x：1)		
	公鸡	母鸡	全群平均	公鸡	母鸡	全群平均
1	0.145	0.136	0.141	1.14	1.16	1.15
2	0.381	0.345	0.363	1.29	1.31	1.30
3	0.653	0.572	0.612	1.42	1.46	1.44
4	0.980	0.853	0.916	1.58	1.62	1.60
5	1.393	1.175	1.284	1.72	1.78	1.75
6	1.837	1.520	1.678	1.85	1.91	1.88
7	2.268	1.860	2.064	1.96	2.04	2.00
8	2.713	2.200	2.457	2.08	2.16	2.12
9	3.162	2.517	2.840	2.18	2.28	2.23

表1-6　科宝Cobb500肉鸡的生产性能

日龄	公鸡				母鸡				公母混养			
天	体重/克	每日增重/克	累积饲料转化率	累积饲料消耗/克	体重/克	每日增重/克	累积饲料转化率	累积饲料消耗/克	体重/克	每日增重/克	累积饲料转化率	累积饲料消耗/克
0	42	0			42	0			42	0		
1	56	14	0.232	13	56	14	0.232	13	56	14	0.232	13
2	72	16	0.417	30	72	16	0.417	30	72	16	0.417	30
3	89	17	0.573	51	89	17	0.573	51	89	17	0.573	51
4	109	20	0.679	74	109	20	0.679	74	109	20	0.679	74
5	131	22	0.771	101	130	21	0.776	101	131	22	0.773	101
6	157	26	0.841	132	156	26	0.841	132	157	26	0.841	132
7	186	29	0.898	167	184	28	0.908	167	185	28	0.902	167
8	217	32	0.949	206	214	29	0.953	204	215	30	0.958	206
9	250	33	1	250	244	30	1.016	248	247	32	1.012	250
10	286	36	1.046	299	280	36	1.053	295	283	36	1.053	298

日龄	公鸡				母鸡				公母混养			
天	体重/克	每日增重/克	累积饲料转化率	累积饲料消耗/克	体重/克	每日增重/克	累积饲料转化率	累积饲料消耗/克	体重/克	每日增重/克	累积饲料转化率	累积饲料消耗/克
11	324	38	1.089	353	318	38	1.098	349	321	38	1.097	352
12	368	43	1.121	412	360	43	1.127	406	364	43	1.126	410
13	416	48	1.144	476	408	48	1.15	469	412	48	1.15	474
14	470	54	1.162	546	460	53	1.166	537	465	53	1.165	542
15	528	58	1.18	623	520	60	1.173	610	524	59	1.177	617
16	590	62	1.197	706	582	62	1.184	689	586	62	1.191	698
17	656	66	1.213	796	646	64	1.197	773	651	65	1.206	785
18	727	71	1.228	893	711	65	1.212	862	719	68	1.221	878
19	803	76	1.242	997	777	66	1.228	954	790	71	1.235	976
20	884	81	1.255	1109	844	67	1.246	1052	865	75	1.25	1081
21	971	87	1.265	1228	914	70	1.263	1155	943	78	1.264	1192
22	1058	87	1.278	1352	986	72	1.284	1266	1020	80	1.284	1309
23	1145	87	1.294	1482	1060	74	1.304	1382	1099	81	1.303	1432
24	1233	88	1.312	1618	1136	76	1.326	1506	1182	82	1.321	1562
25	1321	88	1.332	1760	1214	78	1.344	1632	1269	83	1.337	1696
26	1409	88	1.354	1908	1294	80	1.365	1766	1354	84	1.356	1837
27	1497	88	1.377	2062	1378	84	1.385	1908	1446	85	1.373	1985
28	1585	88	1.402	2222	1463	85	1.403	2052	1524	86	1.402	2137
29	1677	92	1.423	2387	1549	86	1.422	2203	1613	89	1.423	2295
30	1773	96	1.443	2558	1636	87	1.441	2358	1705	92	1.442	2458
31	1873	100	1.46	2735	1724	88	1.461	2519	1799	94	1.46	2627
32	1978	105	1.476	2919	1813	89	1.479	2682	1895	96	1.478	2801

续表

日龄	公鸡				母鸡				公母混养			
天	体重/克	每日增重/克	累积饲料转化率	累积饲料消耗/克	体重/克	每日增重/克	累积饲料转化率	累积饲料消耗/克	体重/克	每日增重/克	累积饲料转化率	累积饲料消耗/克
33	2085	107	1.492	3111	1903	90	1.496	2847	1993	98	1.496	2981
34	2192	107	1.51	3311	1993	90	1.512	3014	2092	99	1.512	3163
35	2299	107	1.531	3520	2083	90	1.528	3183	2191	99	1.53	3352
36	2406	107	1.551	3732	2172	89	1.546	3358	2289	98	1.549	3545
37	2513	107	1.571	3947	2259	87	1.566	3537	2386	97	1.568	3742
38	2620	107	1.59	4165	2344	85	1.587	3721	2482	96	1.589	3943
39	2726	106	1.609	4386	2428	84	1.61	3910	2577	95	1.61	4148
40	2832	106	1.628	4611	2510	82	1.635	4103	2671	94	1.631	4357
41	2938	106	1.647	4840	2591	81	1.66	4300	2764	93	1.653	4570
42	3044	106	1.667	5073	2671	80	1.684	4499	2857	93	1.675	4786
43	3150	106	1.686	5310	2751	80	1.709	4702	2950	93	1.697	5006
44	3256	106	1.705	5551	2831	80	1.733	4905	3043	93	1.718	5228
45	3362	106	1.724	5796	2910	79	1.756	5110	3136	93	1.739	5453
46	3468	106	1.743	6046	2989	79	1.778	5314	3229	93	1.759	5680
47	3574	106	1.763	6301	3068	79	1.8	5521	3322	93	1.779	5911
48	3680	106	1.784	6566	3147	79	1.82	5729	3414	92	1.8	6144
49	3786	106	1.805	6836	3226	79	1.841	5938	3506	92	1.819	6379
50	3891	105	1.825	7101	3301	75	1.862	6147	3596	90	1.84	6616
51	3994	103	1.844	7366	3376	75	1.884	6360	3685	89	1.86	6855
52	4095	101	1.863	7631	3451	75	1.905	6575	3773	88	1.88	7095
53	4194	99	1.883	7896	3524	73	1.928	6794	3859	86	1.901	7337
54	4291	97	1.902	8161	3597	73	1.95	7015	3944	85	1.922	7580
55	4386	95	1.921	8426	3670	73	1.973	7240	4028	84	1.943	7825
56	4481	95	1.94	8691	3741	71	1.995	7465	4111	83	1.963	8070

续表

日龄	公鸡				母鸡				公母混养			
天	体重/克	每日增重/克	累积饲料转化率	累积饲料消耗/克	体重/克	每日增重/克	累积饲料转化率	累积饲料消耗/克	体重/克	每日增重/克	累积饲料转化率	累积饲料消耗/克
57	4573	92	1.958	8956	3812	71	2.017	7690	4192	81	1.984	8315
58	4662	89	1.978	9221	3883	71	2.038	7915	4272	80	2.004	8560
59	4748	86	1.998	9486	3953	70	2.059	8140	4350	78	2.024	8805
60	4831	83	2.018	9751	4023	70	2.079	8365	4427	77	2.044	9050
61	4912	81	2.039	10016	4093	70	2.099	8590	4502	75	2.065	9295
62	4990	78	2.06	10281	4162	69	2.118	8815	4576	74	2.085	9540
63	5068	78	2.081	10546	4230	68	2.137	9040	4649	73	2.105	9785

注：数据来自美国科宝公司（2015年7月）。

表1-7　817肉杂鸡生产性能

日龄	日采食量/克	周累计采食量/克	周均重/克	料肉比
1	6	88	110	0.8:1
2	8			
3	10			
4	12			
5	15			
6	17			
7	20			
8	22	287	225	1.27:1
9	24			
10	26			
11	28			
12	31			
13	33			
14	35			
15	37	602	410	1.47:1

续表

日龄	日采食量/克	周累计采食量/克	周均重/克	料肉比
16	40			
17	42			
18	45			
19	47			
20	50			
21	54			
22	57	1057	620	1.70：1
23	60			
24	63			
25	65			
26	68			
27	70			
28	72			
29	72	1592	850	1.83：1
30	73			
31	75			
32	76			
33	78			
34	80			
35	81			
36	82	2288	1130	2.02：1
37	85			
38	88			
39	91			
40	94			
41	97			
42	100			

第二章

选择优良的肉鸡品种

肉鸡品种是专门满足人类对鸡肉蛋白需要的鸡品种，具有生长速度快、饲料转化率较高、产肉性能好等特点。

优良品种是现代畜牧业的标志，决定着畜牧业的产业效益，培育、推广、利用畜禽优良品种，提高良种化程度，对于促进畜牧业向高产、优质、高效转变及持续稳定发展，具有十分重要的意义和作用。优良品种是养鸡场实现高产和高效的基础和保证。

一、肉鸡的优良品种

目前我国饲养的肉鸡品种主要有快大型白羽肉鸡（一般称为肉鸡）、优质肉鸡（黄羽肉鸡，一般称为黄鸡）、肉杂鸡和蛋鸡淘汰鸡等四大类。前三种类型肉鸡具有各自的发展历史与优势，快大型肉鸡是我国肉鸡生产的主导品种，817小型肉鸡仍有很大的发展潜力。对于黄羽肉鸡产业来说，强劲的市场需求为其发展提供了广阔的市场空间，加工保鲜技术的突破则将使其消费提高到新的水平，因此，黄羽肉鸡将是我国特色肉鸡产业的中坚力量。

（一）白羽肉鸡

白羽肉鸡属于快大型肉鸡，毛色多为白色。其特点是生长速度快、饲料转化率较高、产肉量多，适合工业规模化生产，但是口感欠佳。我国引种的白羽肉鸡主要品种有爱拔益加（AA$^+$）、罗斯308、科宝（Cobb）和艾维茵等。白羽肉鸡是我国肉鸡产品的重要组成部分，也是肉鸡屠宰加工企业的主要原料。

我国白羽肉鸡祖代种鸡养殖企业主要从国外引进祖代肉种鸡苗，繁育父母代肉种鸡苗出售给父母代肉种鸡养殖企业，父母代肉种鸡产蛋孵化出商品代雏鸡销售给代养户，商品代肉鸡经屠宰加工后成为鸡肉产品。白羽肉鸡的目标客户主要是快餐消费及分割产品出口。

1. 爱拔益加

爱拔益加（Arbor Acres）简称 AA 肉鸡（图 2-1）。该品种由美国爱拔益加家禽育种公司育成，四系配套杂交，白羽。世界上有 20 多个国家设有独资或合资的种鸡公司。我国 1980 年首次引入祖代鸡，饲养在广东食品公司；1984 年和 1987 年在山东、上海等地直接从美国爱拔益加公司引进祖代鸡。目前，北京爱拔益加家禽育种公司是国内最大的祖代种鸡场。因其育成历史较长，肉用性能优良，父母代与商品代的饲养已遍布全国，深受生产者和消费者欢迎，成为我国白羽肉鸡市场的重要品种。

图 2-1　爱拔益加肉鸡

【品种特性】特点是体型大，胸宽腿粗，肌肉发达，尾羽短，生长发育快，饲料转化率高，适应性强。抗病力强，蛋壳颜色很浅，生产性能与其他肉鸡相比均占优势。

祖代父本分为常规型和多肉型（胸肉率高），均为快羽，生产的父母代雏鸡翻肛鉴别雌雄。祖代母本分为常规型和羽毛鉴别型，常规型父系为快羽，母系为慢羽，生产的父母代雏鸡可用快慢羽鉴别雌雄；羽毛鉴别型父系为慢羽，母系为快羽，生产的父母代雏鸡需翻肛鉴别雌雄，其母本与父本快羽公鸡配套杂交后，商品代雏鸡可以快慢羽鉴别雌雄。

商品肉鸡胴体美观，胸脯和腿肉发达，是市场上分割加工、烤炸或整吃的重要鸡肉来源，畅销全世界。

【生产性能】父母代种鸡爱拔益加肉鸡生产性能见表 2-1，商品代鸡爱拔益加肉鸡生产性能见表 2-2。

表 2-1　爱拔益加肉鸡生产性能（父母代种鸡）

入舍母鸡产蛋数/枚	孵蛋数/入舍母鸡/枚	入舍母鸡生产鸡苗数/只	入孵蛋孵化率/%	达 5% 产蛋率时周龄/周
191	181	155	86	25

表 2-2　爱拔益加肉鸡生产性能（商品代鸡）

日龄	平均体重/千克	肉料比	存活率/%
42	2.08	1∶1.74	98.6
49	2.57	1∶1.91	98.6
56	3.06	1∶2.09	98.6
63	3.51	1∶2.28	98.6

2. 罗斯 308（ROSS-308）

罗斯 308 肉鸡（图 2-2）是英国罗斯育种公司培育的四系配套优良肉用鸡种。1989 年，上海市新杨种畜场从原公司引进了祖代鸡。20 世纪 90 年代天津引进罗斯 308 的祖代鸡。

图 2-2　罗斯 308 肉鸡

【品种特性】体质健壮，成活率高，增重速度快，出肉率高，罗斯 308 肉鸡出肉率高，胸肉比例适当，更适合国内消费。目前在快大型肉鸡市场占有率为 27.3%。

　　其父母代种鸡合格种蛋多，受精率与孵化率高，能产出最大数量的健雏。

　　该鸡种为四系配套，商品代雏鸡可依据羽速自别雌雄，规模鸡场可以混养也可公母分开饲养，把公母分开饲养，出栏均匀度好，成品率高。

　　从引进以来，在良好的饲养管理条件下，基本能达到该公司提供的各项生产指标。

　　【生产性能】父母代种鸡罗斯308肉鸡生产性能见表2-3、商品代仔鸡罗斯308肉鸡生产性能见表2-4。

表2-3　父母代种鸡罗斯308肉鸡生产性能

性　　能	指标
饲养期日龄（周龄）	462（66）
入舍母鸡累计产蛋数/枚	186
入舍母鸡累积产合格蛋数/枚	177
从161日龄（23周龄）入舍母鸡总产健雏数/只	149
平均孵化率/%	85
达5%～10%产蛋率/周龄	23～24
高峰期平均日产蛋率/%	86.4
超过80%产蛋率持续周龄数	9
母鸡161日龄（23周末）体重/克	2640
母鸡饲养期末体重/克	3600～3900
育雏育成期累积死淘率/%	4～5
从1日龄～462日龄（0～66周龄）每产100只商品鸡累积耗料量/千克	40.6
从1日龄～462日龄（0～66周龄）每产100枚合格种蛋累积耗料量/千克	34.4
产蛋期累计死淘率/%	7

表2-4　罗斯308肉鸡生产性能（商品代仔鸡）

日龄/日	活重/克	饲料报酬（肉料比）
42	1940	1∶1.83
49	2370	1∶1.97
56	2820	1∶2.12

3. 科宝 500

科宝 500（Cobb 500）（图 2-3）原产于美国，是美国泰臣食品国际家禽分割公司培育的白羽肉鸡品种，在欧洲、中东及远东的一些地区均有饲养。1993 年初，广州穗屏企业有限公司从化种鸡场首次引进科宝父母代种鸡，在多年的品种推广中普遍反映，该品种鸡生长快，饲料报酬高，适应性与抗病力较强，全期成活率高。目前在国内白羽肉鸡生产占有率为 4.7%。

图 2-3　科宝 500 肉鸡

【品种特性】商品代生长快，均匀度好，肌肉丰满，肉质鲜美。科宝 500 配套系是一个已有多年历史的较为成熟的配套系。体型大，胸深背阔，全身白羽，鸡头大小适中，单冠直立，冠髯鲜红，虹彩橙黄，脚高而粗。

【生产性能】早在 20 多年前，就曾在丹麦、日本等地进行过测定。例如，在 1992 年的一项测定结果中，该鸡的父母代种鸡在 67 周龄时的产蛋量就达到 168.7 枚，其中种蛋为 155.7 枚，平均孵化率为 75.7%，每只种母鸡可产商品代雏 117.88 只。同样，于 1992 年在丹麦的一次测定中，其商品代仔鸡在 42 日龄时，活重达 2.186 千克，饲料报酬为 1∶1.8，死亡率为 4.2%。在丹麦所进行的大批量商品代仔鸡的测定中，共用 70 万只仔鸡，其 42 日龄时，平均体重达到 1.869 千克，死亡率为 4.7%，饲料报酬达到 1∶1.84。

科宝 500 商品代生产性能见表 2-5、科宝 500 商品代肉鸡生产性能见表 2-6。

表 2-5　科宝 500 商品代生产性能

性　能	指标
40～45 日龄上市	体重达 2000 克以上
全期成活率	95.2%
45 日龄公母鸡平均半净膛屠宰率	85.05%
45 日龄公母鸡平均全净膛率	79.38%

续表

性　能	指标
胸腿肌率	31.57％
父母24周龄开产体重	2700克
达到产蛋高峰周龄	30～32
达到产蛋高峰周龄产蛋率	86％～87％
66周龄产蛋量	175枚
全期受精率	87％

表2-6　科宝500商品代肉鸡生产性能（混养）

周龄	1	2	3	4	5	6	7
平均体重/千克	0.164	0.430	0.843	1.397	2.017	2.626	3.177
混养料重比	0.85	1.06	1.26	1.45	1.61	1.76	1.90

4. 艾维茵肉鸡

艾维茵肉鸡（Avian）（图2-4）育成于美国，是美国艾维茵育种公司培育的四系配套白羽肉鸡，1986年由美国肉鸡育种鼻祖亨利赛格里奥先生经营的艾维茵国际禽场有限公司提供给北京家禽育种有限公司原种鸡。

图2-4　艾维茵肉鸡

经过近几年的精心选育，2001年，艾维茵2000型祖代和父母代种鸡以高产蛋性能正式推向市场；2002年，艾维茵2024型祖代和父

母代大胸肉型肉用新品种也正式推向市场；2003 年艾维茵超级 2000 以其商品代超级增重的特性推向市场。与此同时，其父母代的产蛋性能将继续保持艾维茵 2000 的优势。

【品种特性】艾维茵鸡由增重快、成活率高的父系和产蛋量高的母系杂交选育而成。其特点是繁殖力强，抗逆性强，死淘率低，从父母代的入舍母鸡中能得到较多的健壮后代。该品种的肉仔鸡增重快、饲料转化率高，成活率高，胴体美观，羽根细小，皮肤黄色，肉质细嫩，适于各种方法烹调、加工。可在全国绝大部分地区饲养，适宜集约化养鸡场、规模鸡场、专业户和农户。

数据表明，近 10 年来，艾维茵种鸡的产蛋高峰提前，繁殖力有一定提高，商品肉鸡的增重显著提高，饲料转化率也有所改善。

【生产性能】艾维茵父母代种鸡生产性能见表 2-7、艾维茵商品代仔鸡生产性能（混养）见表 2-8、艾维茵商品代生产性能（混养）见表 2-9。

表 2-7　艾维茵父母代种鸡生产性能

入舍母鸡产蛋量/枚	入舍母鸡种蛋数/枚	平均孵化率/%	入舍母鸡出雏数/只	产蛋 43 周龄存活率/%
190	180	85	155	90～93

表 2-8　艾维茵商品代仔鸡生产性能（混养）

日龄	平均体重/千克	肉料比
42	1.979	1：1.72
49	2.542	1：1.89
56	2.924	1：2.08
63	3.369	1：2.27

表 2-9　艾维茵商品代生产性能（混养）

周　龄	周末体重/千克			饲料转化率（料肉比 x：1）		
	公鸡	母鸡	全群平均	公鸡	母鸡	全群平均
1	0.145	0.136	0.141	1.14	1.16	1.15
2	0.381	0.345	0.363	1.29	1.31	1.30

续表

周　龄	周末体重/千克			饲料转化率(料肉比 x：1)		
	公鸡	母鸡	全群平均	公鸡	母鸡	全群平均
3	0.653	0.572	0.612	1.42	1.46	1.44
4	0.980	0.853	0.916	1.58	1.62	1.60
5	1.393	1.175	1.284	1.72	1.78	1.75
6	1.837	1.520	1.678	1.85	1.91	1.88
7	2.268	1.860	2.064	1.96	2.04	2.00
8	2.713	2.200	2.457	2.08	2.16	2.12
9	3.162	2.517	2.840	2.18	2.28	2.23

（二）黄羽肉鸡

黄羽肉鸡是由我国优良的地方品种杂交培育而成的优质肉鸡品类，国产率近100％。黄羽肉鸡主要包含黄羽、麻羽和其他有色羽的肉鸡。广东和广西地区黄羽肉鸡发展比较早，在行业内具有鲜明的地域代表性。黄羽肉鸡与白羽肉鸡相比，具有体重较小、生长周期长、抗病能力强、肉质鲜美等特点，体型外貌符合我国消费者的喜好及消费习惯，比较适合活鸡销售，特别适用于中式烹饪。目标客户主要是家庭消费、企事业单位食堂和酒店。由于黄羽肉鸡的自身特点，不适合向肯德基、麦当劳等快餐连锁企业销售。

按照生长速度快慢，黄羽肉鸡主要分为快速型、中速型和慢速型三类，另外，还有肉蛋兼用型。

1. 快速型

相对于中速型和慢速型，快速型黄羽肉鸡的生长速度较快，出栏时间在60天以内。由于其出栏早且肉质的感官性状（主要指色泽、风味、口感等方面）强于白羽肉鸡，因此近年来在我国发展速度很快。有分析人士认为，随着我国黄羽肉鸡育种水平的进一步提升，该类型黄羽肉鸡出栏时间会进一步缩短，凭借较高的生产效率，其市场份额将进一步扩大。代表性的快速型黄羽肉鸡品种有皖南青脚鸡、五星黄鸡、皖江黄鸡、岭南黄鸡、粤禽皇3号、闽中黄麻鸡、凤翔青脚麻鸡、新广黄鸡等。

（1）皖南青脚鸡　皖南青脚鸡由青麻 A 系和青麻 D 系二系配套而成，其模式为青麻 A 系♂×青麻 D 系♀。该配套系各个品系遗传性能稳定，生产性能优良，群体均匀度好，总体生产性能达到国内同类产品的先进水平。该配套系充分发挥了父母本杂交优势，父母代种鸡具有遗传稳定、体型外貌一致性高、适应性好、抗病力强、蛋传性疾病少、蛋料比高、高峰期产蛋维持时间长、种蛋合格率高等优点。

【体型外貌特征】

性成熟早，单冠，胫呈青色，体型紧凑；公鸡冠大、髯红，羽毛呈黄红色，少数有黑色羽点，腹部黑色；母鸡呈黑麻或麻黄色，皮肤呈白色。

【生产性能】

父母代种鸡 66 周龄产蛋 210 枚，高峰期产蛋率达 87%。80% 以上产蛋率能够维持 12 周以上，比同类其他品种全期多生产种蛋 21～31 枚，全期种蛋合格率 93.2%。

商品代肉鸡具有青脚麻羽、生长速度快、饲料报酬率高、均匀度好、成活率高、饲养成本低等特点，56 天上市平均活重 1239.7 克，料肉比为 2.25：1，全期成活率 98.1%。

（2）五星黄鸡　五星黄鸡是在 2006 年安徽省畜禽审定委员会审定通过（皖审 2006 新品种证字第 8 号）的基础上进一步选育而成的黄羽肉鸡 3 系配套系。

【体型外貌特征】

父母代公鸡全身棕红色羽，母鸡黄羽，尾部有黑羽、黄喙、黄胫，单冠，肉垂、耳叶呈鲜红色；商品代肉鸡黄羽、黄胫、黄白皮肤，单冠，颈羽和尾羽有少量黑点。父母代种鸡产蛋性能较好，商品代肉鸡具有生长速度快、饲料报酬高、均匀度高、饲养成本低等特点，符合国内大部分地区市场要求。

【生产性能】

农业部家禽品质监督检验测试中心（扬州）的测定结果表明，父母代种鸡开产日龄 155 天，66 周入舍母鸡产蛋量 181 枚，其中合格种蛋 168.7 枚；商品代肉鸡外貌符合市场要求，49 日龄公母平均体重为 1829.4 克，饲料转化率为 2.057：1，成活率为 98%。

（3）皖江黄鸡　皖江黄鸡是安徽华卫集团禽业有限公司和安徽农

业大学共同培育的快速型三黄鸡配套系，于 2009 年审定为国家级畜禽新品种。该配套系由 3 个品系杂交配套而成。

【体型外貌特征】

皖江黄鸡公鸡体羽紧密，金黄色；尾羽上翘，红黑羽其间；单冠，冠叶大而鲜红；胸宽背平，胫粗长；黄喙黄胫。母鸡体羽呈黄色；单冠，冠大而鲜红；胫细长；黄喙，黄胫，体羽丰满；蛋壳为浅褐色。

【生产性能】

周龄母鸡体重 2100～2200 克，5％产蛋率日龄 169 天，高峰产蛋率 83.1％，高峰期采食量 135 克/天，40 周龄体重 2500～2600 克，66 周龄产蛋数（HD）193 枚，66 周产合格种蛋数（HD）181 枚，受精率 93.7％，受精蛋孵化率 93.2％，成活率（0～20 周龄）95.8％，死淘率（21～66 周龄）8.4％，66 周龄母鸡体重 2750～2850 克。

（4）岭南黄鸡　岭南黄鸡由广东省农业科学院畜牧研究所选育。亲本组合：岭南黄鸡 1 号的配套模式为 $F \times E_1 B$，2 号的配套模式为 $AF \times DB$，岭南黄鸡 3 号的配套模式 $H \times E_3 S$；其中 A、F 均为岭南黄鸡重型父系品系，D、B 为岭南黄鸡高产母系品系，E1 系为含 dw 基因的矮小型品系，H 为终端父系；E_3 为第一父系，属矮小品系；S 为第一母系。2009 年通过国家畜禽品种审定委员会审定。适宜在全国各个区域饲养。

【体型外貌特征】

岭南黄鸡 1 号配套系父母代公鸡为快羽、金黄羽，胸宽背直、单冠、胫较细、性成熟早；母鸡为快羽（可根据羽速自别雌雄）、矮脚、三黄、胸肌发达、体型浑圆、单冠、性成熟早、产蛋性能高、饲料消耗少。商品代肉鸡为快羽、三黄、胸肌发达、胫较细、单冠、性成熟早。

岭南黄鸡 2 号配套系父母代公鸡为快羽，三黄、胸宽背直、单冠、快长；母鸡为慢羽、三黄、体型呈楔形、单冠、性成熟早、生长速度中等、产蛋性能高。商品代肉鸡为黄胫、黄皮肤，体型呈楔形，单冠，快长，早熟，并可根据羽速自别雌雄，公鸡为慢羽，羽毛呈金黄色，母鸡为快羽，全身羽毛黄色，部分鸡颈羽、主翼羽、尾羽为麻

黄色。

岭南黄鸡 3 号配套系父母代公鸡均为慢羽，正常体型，三黄（羽、喙、脚黄），含胡须髯羽，单冠、红色，早熟，身短、胸肌饱满。公鸡羽色为金黄色，母鸡羽色为浅黄色。

【生产性能】

岭南黄鸡 1 号配套系父母代种鸡 23 周龄开产，开产体重 1600克，29～30 周是产蛋高峰周龄，高峰期周平均产蛋率 82％，68 周龄入舍母鸡产种蛋 183 枚，产苗数 153 只，育雏育成期成活率 90％～94％，20～68 周龄成活率大于 90％；商品代公鸡 45 日龄体重 1580克，母鸡体重 1350 克，公母平均料肉比 2.00：1。

岭南黄鸡 2 号配套系父母代种鸡 24 周龄开产，开产体重 2350克，30～31 周是产蛋高峰周龄，高峰期周平均产蛋率 83％，68 周龄入舍母鸡产种蛋 185 枚，产苗数 150 只，育雏育成期成活率 90％～94％，20～68 周龄成活率大于 90％。商品代公鸡 42 日龄体重 1530克，母鸡 42 日龄体重 1275 克，公母平均料肉比 1.83：1。

岭南黄鸡 3 号配套系父母代种鸡 21 周龄开产，开产体重 1100克，66 周龄养日产蛋数 170～180 枚，产苗数 150 只，0～20 周龄成活率大于 95％，20～68 周龄成活率大于 92％。商品代公鸡 80～90日龄体重 1150～1250 克，料肉比（2.7～3.0）：1。母鸡 110～120 日龄体重 1250～1350 克，公母平均料肉比（3.9～4.2）：1。

（5）粤禽皇 3 号　粤禽皇 3 号鸡配套系是广东粤禽育种有限公司充分利用我国地方鸡种的优良特性，适当引进国外优良品种，通过培育专门化纯系、杂交配套选育而成。于 2008 年通过国家畜禽遗传资源委员会审定，农业部公告第 990 号予以公布，证书编号农 09 新品种证字第 19 号。

【体型外貌特征】

粤禽皇 3 号鸡配套系保持了我国地方鸡种大部分优秀品质。父母代产蛋多，饲养成本低；商品代肉鸡能进行初生雏快慢羽自别雌雄，公母自别准确率达 99％以上；成活率高；饲料转化率高，适合国内外对特优质肉鸡的市场需求。

【生产性能】

根据农业部家禽品质监督检验测试中心（北京）的测定结果

（2005年），商品代肉鸡公鸡15周龄平均体重为1847.50克，饲料转化率为3.99：1，成活率为99.33%，母鸡15周龄平均体重为1723.50克，饲料转化率为4.32：1，成活率为97.33%。

（6）闽中黄麻鸡 闽中黄麻鸡是在地方鸡种永安麻鸡的基础上采用现代遗传育种技术，经过多年培育出来的优质肉鸡新品系，包括闽中麻鸡、闽中黄鸡两个系列。该鸡种具有土种鸡固有的优良特性，适应性广，抗逆性强，肉味鲜美，羽毛艳丽，生长速度较快，受到消费者的欢迎。

【体型外貌特征】

闽中麻鸡：喙、胫为青黑色，单冠直立，颜色鲜红。公鸡为红棕色，前胸、翅、尾和下腹部近于黑色；母鸡全身为深麻色，主色调为黄麻，喙、胫为黄色，单冠直立，色泽亮丽。

闽中黄鸡：体型较大，体态丰满，单冠、冠叶不大，冠体直立，冠、脸、肉垂皆鲜红色，喙的颜色以黄为主，胫趾均为黄色。公鸡全身羽毛偏红，尾部为闪亮的黑羽；母鸡的羽色以黄麻为基调，尤以颈部和前胸的羽毛偏黄，翅与尾部的羽毛偏黑。

【生产性能】

父母代闽中麻鸡20周龄开产，开产体重1.9千克，25周龄达到50%产蛋率，30周龄达到80%产蛋高峰，种蛋平均受精率92%，68周龄平均产蛋量180枚；父母代闽中黄鸡22周龄开产，开产体重2.1千克，25周龄达到50%产蛋率，30周龄达到80%产蛋高峰，种蛋平均受精率92%，68周龄平均产蛋量180枚。

商品代闽中麻鸡70日龄公鸡活重1.65千克，母鸡活重1.35千克，公鸡饲料报酬2.3：1，母鸡饲料报酬2.5：1。70日龄快长型公鸡活重1.4千克，快长型母鸡活重1.1千克；商品代闽中黄鸡60日龄公、母鸡活重均为1.5千克，母鸡饲料报酬2.1：1。50日龄快长型公鸡活重1.6千克，快长型母鸡活重1.3千克。

（7）凤翔青脚麻鸡 凤翔青脚麻鸡是由广西凤翔集团畜禽食品有限公司选育的麻鸡新品种，该鸡属肉鸡品种。凤翔青脚麻鸡配套系综合了快速黄羽肉鸡的生长速度和隐性白羽鸡的繁殖性能，以及本地青脚鸡的遗传青色胫基因，有A（SQ2）、B（SQ1）、C（YB1）三个品系，A系为父本，B、C系为母本。肉质风味较好，生长速

度快，繁殖性能高，适合集约化饲养，也适合荒地、山坡、林地等放牧饲养。

【体型外貌特征】

体型特征可概括为"一楔""二细""三麻身"。"一楔"指母鸡体型像楔形，前躯紧凑，后躯圆大，"二细"指头细、脚细，"三麻身"指母鸡背羽面主要有麻黄、麻棕、麻褐三种颜色。公鸡颈部长短适中，头颈、背部的羽金黄色，胸羽、腹羽、尾羽及主翼羽黑色，肩羽、蓑羽枣红色。母鸡颈长短适中，头部和颈前三分之一的羽毛呈深黄色。背部羽毛分黄、棕、褐三色，有黑色斑点，形成麻黄、麻棕、麻褐三种。单冠直立。胫趾短细、呈黄色。商品代雏鸡腹部绒毛为黄白色，头部、背部绒毛为褐黑色，有条斑。商品肉鸡公鸡深红色，母鸡黄麻色。

【生产性能】

父母代66周龄入舍母鸡产蛋量155～165个，受精率93％～95％，入孵蛋孵化率87％～88％。商品代70～75日龄公鸡平均体重为2350～2550克，母鸡平均体重为1900～2050克。

国家测定结果：8周龄公鸡平均体重为2109.0克，总耗料量为4618.8克；8周龄母鸡平均体重为1649.8克，总耗料为3613.1克。公母鸡饲料转化比为2.19：1，测定期成活率为96.4％，表现了良好的生产性能。

（8）新广黄鸡　新广黄鸡是由佛山市新广畜牧发展有限公司培育出的黄羽肉鸡品种，其祖代及父母代种鸡的配套系（父系）选用广东黄鸡通过个体选育和家系选育而成，母系是引进最优良的肉鸡高产品种——以色列Kabir隐性肉用型种鸡。父母代种鸡有K90和K99两个品系，父母代种鸡产蛋性能高，节省饲料，抗逆性强，具有生长快，饲料报酬高，抗病力强的特点。

【体型外貌特征】

父母代种鸡K90为黄羽系，黄羽、黄脚、黄喙。K99为麻羽，商品代肉鸡脚短身圆，胸肌丰满，体型呈圆筒状，腿肌发达，体型中等。

【生产性能】

新广黄鸡K90、K99平均开产周龄均为24周，平均开产体重分别为 2100 克、2150 克，50％产蛋周龄均为 27 周，产蛋高峰周龄均为 29 周，60 周龄产蛋总个数分别为 156 枚、158 枚。提供苗鸡数均为 126 只。

新广黄鸡 K90、K99 两个商品代 70 日龄公鸡平均体重分别为 1650 克和 1750 克，母鸡分别为 1250 克和 1350 克，公鸡饲料转化率分别为 2.35∶1 和 2.30∶1，母鸡分别为 2.55∶1 和 2.50∶1。

新广黄鸡 K90、K99 平均受精率分别为 93％和 92％，入孵蛋孵化率均为 87％。

2. 中速型

中速型出栏时间在 60～100 日龄。其生长速度和肉质感官介于快速型黄羽肉鸡和慢速型黄羽肉鸡之间，一定程度上兼顾了生产性能与鸡肉品质。粤、港、澳等地曾是中速型黄羽肉鸡的主要市场，近年来，中速型黄羽肉鸡在内地的市场规模也逐年增长，尤其是四川、云南、贵州等西南地区。代表性的中速型黄羽肉鸡品种有新兴黄鸡Ⅱ号、岭南黄鸡、京海黄鸡、金陵麻鸡、墟岗黄鸡、江村黄鸡、新兴矮脚黄鸡、新兴竹丝鸡 3 号、新兴麻鸡 4 号等。

（1）新兴黄鸡Ⅱ号　广东温氏食品集团下属的广东温氏南方家禽育种有限公司在华南农业大学的育种专家和教授的直接操作下，成功培育出新兴黄鸡（特快型、快大型、中速型、优质型）品种。

优质新兴黄鸡具有三黄（黄羽、黄皮、黄胫）、优质（肉质细嫩、鸡味浓郁）、早熟的显著特点，深受南方粤、港、澳活鸡市场的欢迎。新兴黄鸡抗逆性强，适应性广，适合大规模商品生产，也适合当地半放牧饲养。

肉用小公鸡饲养 63 日龄体重 1.5 千克，项鸡（小母鸡）饲养 80 日龄体重 1.5 千克，平均料肉比（2.6～2.8）∶1。商品大生产群体整齐一致，均匀度好，规模效果显著。

【体型外貌特征】

纯系品系 N201 品系为石岐杂鸡与隐性白的杂交纯繁后代，具有三黄特征，体型团圆，单冠直立，体质健壮，性情温顺，肌肉丰满，在尾羽、鞍羽、颈羽、主翼羽处有轻度黑羽，为慢羽品系；N202 品系为石岐杂鸡与隐性白的杂交纯繁后代，具有三黄特征，单冠直立，体质健壮，性情温顺，肌肉丰满，在尾羽、鞍羽、颈羽、主翼羽处有轻度黑羽，为慢羽品系。

商品代肉鸡公鸡：单冠、金黄色羽毛、尾羽和主翼羽处有轻度黑羽，胸宽、体型团圆、皮黄、胫黄。母鸡：三黄特征明显，体型团圆，在尾羽、鞍羽、颈羽、主翼羽处有轻度黑羽。

【生产性能】

新兴黄鸡Ⅱ号父母代种鸡育雏育成期（1～24周龄）成活率94%～97%，1～20周龄耗料量8.5～9.0千克；达到5%开产周龄23周，开产体重2130克，28周达到产蛋高峰，68周入舍母鸡产蛋数161枚，68周入舍母鸡产合格种蛋数150枚，68周龄入舍母鸡产健雏数125只，68周龄平均种蛋合格率92%，68周龄平均受精率92%，68周龄平均孵化率84%，68周龄平均健雏率97%，68周龄成活率90%～95%，68周龄母鸡体重2870克。

新兴黄鸡Ⅱ号商品代肉鸡育雏育成期（1～24周龄）成活率94%～97%，1～20周龄耗料量8.5～9.0千克；出栏时间公鸡60天、母鸡72天，出栏体重公鸡1500克、母鸡1500克，公鸡和母鸡的出栏成活率均为98%，出栏耗料比公鸡为1∶2.1、母鸡为1∶3.0，56日龄屠宰率公鸡90.57%、母鸡90.78%。

（2）岭南黄鸡　岭南黄鸡是广东农科院畜牧研究所利用我国优良地方鸡种惠阳胡须鸡为主要育种素材，共同培育的优质型肉鸡新配套系。培育的黄羽肉鸡具有生产性能高、抗逆性强，体型外貌美观、肉质好和"三黄"特征。配套系主要有3种，即岭南黄Ⅰ、Ⅱ、Ⅲ号。Ⅰ号为中速型，Ⅱ号为快大型，Ⅲ号为高档优质出口型。Ⅱ号的生长速度和饲料转化率极佳，获得国家畜禽新品种（配套系）证书（农新品种证字第号），是2010年广州亚运会指定供应鸡种，达到国内领先水平，适合全国除西藏外的地区饲养。

【体型外貌特征】

岭南黄鸡Ⅱ号成鸡体型比石岐杂大，外貌特征与石岐杂相似，胸深背宽，单冠直立。

① 父母代公鸡为快羽，羽、胫、皮肤均为黄色，俗称"三黄"，胸宽背直，单冠，快长；母鸡为慢羽，羽、胫、皮肤均为黄色，俗称"三黄"，体型呈楔形，单冠，性成熟早，蛋壳粉白色，生长速度中等，产蛋性能高。

② 商品代可根据羽速自别雌雄，公鸡为慢羽，母鸡为快羽，准确率达99%以上。公鸡羽毛呈金黄色；母鸡全身羽毛黄色，部分鸡颈羽、主翼羽、尾羽为麻黄色。黄胫、黄皮肤，体型呈楔形，单冠，快长，早熟。具有外貌特征优美、整齐度高、快长、优质的特点。

【生产性能】

岭南黄鸡Ⅰ号配套系父母代种鸡23周龄开产，开产体重1600克，29～30周是产蛋高峰周龄，高峰期周平均产蛋率82%，68周龄入舍母鸡产种蛋183枚，产苗数153只，育雏育成期成活率90%～94%，20～68周龄成活率大于90%；商品代公鸡45日龄体重1580克，母鸡体重1350克，公母平均料肉比2.00∶1。

岭南黄鸡Ⅱ号配套系父母代种鸡24周龄开产，开产体重2350克，30～31周是产蛋高峰周龄，高峰期周平均产蛋率83%，68周龄入舍母鸡产种蛋185枚，产苗数150只，育雏育成期成活率90%～94%，20～68周龄成活率大于90%。商品代公鸡42日龄体重1530克，母鸡42日龄体重1275克，公母平均料肉比1.83∶1。

岭南黄鸡Ⅲ号配套系父母代种鸡21周龄开产，开产体重1100克，66周龄养日产蛋数170～180枚，产苗数150只，0～20周龄成活率大于95%，20～68周龄成活率大于92%。商品代公鸡80～90日龄体重1150～1250克，料肉比（2.7～3.0）∶1。母鸡110～120日龄体重1250～1350克，公母平均料肉比（3.9～4.2）∶1。

（3）京海黄鸡　京海黄鸡是海门京海集团、扬州大学和江苏省畜牧总站共同培育的，当地地方黄鸡资源经5个世代培育而成的小型优质肉鸡新品种，体型外貌一致，生产性能优良，遗传性状稳定，抗逆能力强。"京海黄鸡"于2009年通过国家畜禽遗传资源委员会审定，成为国家级家禽遗传资源。目前为止，京海黄鸡是国家畜禽遗传资源委员会审定通过的我国第一个育成的肉鸡新品种（非配套系）。

【体型外貌特征】

京海黄鸡体型紧凑，公鸡羽色金黄，母鸡黄色，主翼羽、颈羽、尾羽末端有黑色斑点；单冠、冠齿4～9个；喙短，呈黄色；肉垂椭圆形，颜色鲜红；胫细、黄色，无胫羽；皮肤黄色或肉色。

【生产性能】

经国家家禽生产性能测定站测定,京海黄鸡种母鸡18周龄体重1276克,达5％产蛋率日龄为125～133天,66周龄平均产蛋数175.4个;经现场测定,商品公鸡110日龄体重为1289克,母鸡为1099克,饲料转化率为3.12：1。

(4) 金陵麻鸡　金陵麻鸡,属肉用型配套系,2009年通过国家畜禽品种审定委员会新品种(配套系)审定。

【体型外貌特征】

金陵麻鸡的公鸡颈羽红黄色,尾羽黑色有金属光泽,主翼羽黑色,背羽、鞍羽深黄色,腹羽黄色杂有黑点,冠、肉垂、耳叶鲜红色,喙青色或褐色,胫、趾青色,皮肤为白色;母鸡羽色以麻黄为主,少数为麻色、麻褐色、麻黑色。冠、肉垂、耳叶鲜红色,喙青色、褐色或黄褐色,胫、趾青色,皮肤白色。雏鸡羽色为麻黄羽、麻羽、麻黑羽,头背部有条纹斑状,青脚、黄皮肤。

【生产性能】

父母代种鸡达5％产蛋率日龄170～175天,31～33周达高峰产蛋率周龄,高峰产蛋率79％～80％,43周龄蛋重55.5～57.8克,66周龄入舍母鸡产蛋数165～169枚,种蛋受精率92％～94％,受精蛋孵化率86％～88％,0～24周成活率94％～96％,25～66周成活率91％～93％,66周龄母鸡体重2850～3000克。

商品代金陵麻鸡出栏日龄为65天,公鸡出栏体重为2000～2150克,饲料转化比为(2.2～2.3)：1;母鸡出栏体重为1850～1950克,饲料转化比为(2.3～2.5)：1。65日龄公母平均出栏体重为1950～2100克,饲料转化比为(2.2～2.4)：1,饲养成活率96％以上。

(5) 墟岗黄鸡　墟岗黄鸡由佛山市墟岗黄鸡畜牧有限公司与华南农业大学动物科学系经多年技术合作,运用现代数量遗传学的育种实用技术,经过9年8个世代系统的选育,建立起了以301品系为核心的墟岗黄鸡逐级繁育体系,该品种是广东优质黄羽肉鸡品系。其中有以301品系为核心配套生产的墟岗黄鸡306商品肉鸡。该品种的特点是抗逆性强、生长快、早熟、饲料报酬高、鸡味浓郁。

【体型外貌特征】

墟岗黄鸡的外貌以三黄为主要特征,即羽毛黄、喙黄、脚黄,体型外貌一致，脚细小，鸡冠、脸部鲜红。

【生产性能】

墟岗黄鸡301父母代种鸡平均开产日龄161天，平均开产体重1980克；高峰产蛋率83%；71周龄入舍母鸡平均产蛋170枚，平均产雏鸡123只。商品鸡56日龄公鸡体重1200～1400克，料肉比（2.0～2.2）：1。母鸡体重1000～1100克，料肉比（2.3～2.5）：1；90日龄母鸡体重1600～1800克，料肉比（2.8～3.0）：1，成活率97%。

墟岗黄鸡306父母代种鸡平均开产日龄161天，平均开产体重2000克；高峰产蛋率85%；71周龄入舍母鸡平均产蛋179枚，平均产雏鸡140只。商品鸡45日龄公鸡体重1250～1350克、料肉比（2.1～2.2）：1，母鸡体重1000～1100克，料肉比（2.1～2.2）：1；55日龄公鸡体重1400～1600克，料肉比（2.2～2.3）：1，母鸡体重1150～1300克，料肉比（2.2～2.3）：1；90日龄母鸡体重1800～2000克，料肉比（2.7～2.9）：1，成活率98%。

（6）江村黄鸡 江村黄鸡是由广州市江丰实业有限公司利用我国地方品种的优良特性与国外优良品种杂交配套选育而成的优质鸡系列配套系，分JH-1号（土鸡型）、JH-1B号（特优质型）、JH-2号（特大型）和JH-3号（中速型）等。其中JH-2号和JH-3号已于2000年通过国家家禽品种审定委员会审定，获1996年广州市科技进步一等奖、广东省科技进步三等奖。

【体型外貌特征】

江村黄鸡在大品类上属三黄鸡，在颜色表现上，鸡嘴、鸡脚、鸡毛、皮肤呈现黄色。公种鸡个头高大，体型匀称。羽毛金黄色，尾部带少量黑羽，体质健壮，肌肉丰满。母鸡种羽毛多为黄色，身体呈菱形，体型紧凑，肌肉丰满，头部清秀，腿为黄色。

【生产性能】

JH-1号父母代种鸡平均开产日龄147天，27周龄达产蛋高峰，高峰产蛋率78%；68周龄入舍母鸡平均产种蛋155枚，平均产雏鸡125只。商品鸡70日龄公鸡平均体重1050克，料肉比2.4：1；80日龄母鸡平均体重1100克，料肉比2.7：1；100日龄平均体重1400克，料肉比3.1：1。

JH-1B 号父母代种鸡平均开产日龄 140 天，25 周龄达产蛋高峰，高峰产蛋率 60%；68 周龄入舍母鸡平均产种蛋 120 枚，平均产雏鸡 95 只。商品鸡 84 日龄公鸡平均体重 1000 克，料肉比 2.4∶1；120 日龄母鸡平均体重 1100 克，料肉比 3.4∶1。

JH-2 号父母代种鸡平均开产日龄 168 天，29 周龄达产蛋高峰，高峰产蛋率 81%；68 周龄入舍母鸡平均产种蛋 170 枚，平均产雏鸡 142 只。商品鸡 56 日龄公鸡平均体重 1550 克，料肉比 2.1∶1；63 日龄平均体重 1850 克，料肉比 2.2∶1；70 日龄母鸡平均体重 1550 克，料肉比 2.5∶1；90 日龄平均体重 2050 克，料肉比 2.8∶1。

JH-3 号父母代种鸡平均开产日龄 154 天，28 周龄达产蛋高峰，高峰期产蛋率 80%；68 周龄入舍母鸡平均产种蛋 168 枚，平均产雏鸡 140 只。商品鸡 56 日龄公鸡平均体重 1350 克，料肉比 2.2∶1；63 日龄平均体重 1600 克，料肉比 2.3∶1；70 日龄母鸡平均体重 1350 克，料肉比 2.5∶1；90 日龄平均体重 1850 克，料肉比 3.0∶1。

（7）新兴矮脚黄鸡　新兴矮脚黄鸡由广东温氏食品集团有限公司选育。2002 年通过国家畜禽品种审定委员会审定。种鸡性能好，早熟、体重均匀，商品代肉鸡性成熟早，抗病力强，生产性能高。

【体型外貌特征】

新兴矮脚黄鸡种鸡脚细矮、黄脚、毛色金黄、羽毛紧凑贴身；新兴矮脚黄鸡商品代公鸡为正常型，生长速度快，羽毛纯金黄；母鸡为矮脚型，体型紧凑，羽毛纯黄贴身，具备地方土鸡外形。

【生产性能】

种鸡 24 周龄开产，开产体重 2050 克，产蛋期成活率 92%，产蛋高峰达 80%，种蛋合格率 92%，受精率 92%，青苗率 88%。商品代公鸡 63 日龄体重 1650～1750 克，料肉比 （2.20～2.35）∶1；母鸡 80 日龄体重 1350～1400 克，料肉比 （2.65～2.80）∶1。

（8）新兴竹丝鸡 3 号　新兴竹丝鸡 3 号配套系由广东温氏南方家禽育种有限公司等单位，运用现代遗传育种技术，从 1998 年开始，经过八年时间培育而成。适宜全国各地饲养。

【体型外貌特征】

新兴竹丝鸡 3 号为两系配套，保持了竹丝鸡原有的体型外貌上的十全特征和皮黑、肉黑的滋补功效。十全特征明显，乌皮乌肉，白羽丝毛，80%的个体具有凤头、复冠、脚毛特征，体型外貌符合市场要求。

【生产性能】

商品肉鸡生长速度较快，平均上市率达到95.44%，公鸡平均出栏时间为72天，出栏体重为1.115千克，母鸡出栏时间为76天，出栏体重为1.035千克，平均料肉比2.60：1。

（9）新兴麻鸡4号 新兴麻鸡4号是由广东温氏食品集团有限公司经过多年对麻羽肉鸡的研究培育出的麻羽肉鸡配套系。于2006年通过了国家畜禽品种委员会的审定。新兴麻鸡4号具有较强的抗逆性，而且生产性能也比较稳定，适合在全国范围内进行推广养殖。

【体型外貌特征】

父母代公鸡体型高大，单冠直立，鸡冠鲜红，肉垂、耳叶均为红色，全身羽毛黄色，尾部带少量黑羽。父母代母鸡单冠直立，体型比父母代公鸡稍矮小，羽毛大多为麻黄色，鸡冠、耳叶和肉垂与父母代公鸡一样，也都是红色的。

商品代雏鸡羽毛黄褐色，脚色红润。成年鸡羽毛丰满，有光泽，具有脚黄和皮黄的特点。

【生产性能】

新兴麻鸡4号配套系父母代种鸡繁殖性能高，高峰产蛋率83%，66周龄入舍母鸡产蛋数170枚，66周龄入舍母鸡产合格种苗135只；商品代肉鸡生长速度较快，公鸡63天出栏体重为1.6千克，母鸡77天出栏体重为1.6千克，公母平均料肉比为2.4：1。

3. 慢速型

慢速型出栏时间在100日龄以上。该类型黄羽肉鸡生长速度相对较慢，料肉比高，生产模式以放养为主，肉质的感官质量最优，价格也高于其他类型的肉鸡。慢速型黄羽肉鸡主要市场为中高档餐厅，或以礼盒、活鸡等形式进入家庭消费。随着人们生活水平的提高，广大消费者对鸡肉产品的肉质、口感、安全、健康等方面的要求越来越高，因此业内对慢速型黄羽肉鸡的市场前景普遍看好。有代表性的慢速型黄羽肉鸡品种有文昌鸡、清远麻鸡、固始鸡、大骨鸡、乌骨鸡、广西三黄鸡、广西麻鸡和金陵黄鸡等。

（1）文昌鸡 文昌鸡属肉用型地方品种，文昌鸡原产地为海南省

文昌市，中心产区为文昌市的潭牛镇、锦山镇、文城镇和宝芳镇，在海南省各地均有分布。

【体型外貌特征】

文昌鸡体型紧凑、匀称，呈楔形。羽色有黄、白、黑色和芦花等。头小，喙短而弯曲，呈淡黄色或浅灰色。单冠直立，冠齿6～8个。冠、肉髯呈红色。耳叶以红色居多，少数呈白色。虹彩呈橘黄色。皮肤呈白色或浅黄色。胫呈黄色。

公鸡羽毛呈枣红色，颈部有金黄色环状羽毛带，主、副翼羽呈枣红色或暗绿色，尾羽呈黑色，并带有墨绿色光泽。母鸡羽毛多呈黄褐色，部分个体背部呈浅麻花，胸部羽毛呈白色，翼羽有黑色斑纹。少数鸡颈部有环状黑斑羽带。雏鸡绒毛颜色较杂，其中以淡黄色居多，少数头部或背部带有青黑色条纹。

【生产性能】

据2006年海南罗牛山文昌鸡育种有限公司统计，文昌鸡120～126日龄开产，500日龄产蛋数120～150枚。种蛋受精率94.2%，受精蛋孵化率94.9%。平养条件下母鸡就巢性较强，笼养条件下就巢性约2.3%。

(2) 清远麻鸡　清远麻鸡属肉用型品种，原产于广东省清远县(现清远市)。因母鸡背侧羽毛有细小黑色斑点，故称麻鸡。《中国家禽品种志》27个优质品种之一，也是家禽行业著名品种。它以体型小、皮下和肌间脂肪发达、皮薄骨软而著名，为我国活鸡出口的小型肉用名产鸡之一，是国家质检总局批准的地理标志保护品种，保护范围包括清远市清城区、清新县、佛冈县、英德市等县市现辖行政区域。

【体型外貌特征】

清远麻鸡体型特征可概括为"一楔""二细""三麻身"。"一楔"指母鸡体型像楔形，前躯紧凑，后躯圆大，"二细"指头细、脚细，"三麻身"指母鸡背羽面主要有麻黄、麻棕、麻褐三种颜色。公鸡体质结实灵活，结构匀称，属肉用体型。出壳雏鸡背部绒羽为灰棕色，两侧各有一条约4毫米宽的白色绒羽带，直至第一次换羽后才消失，这是清远麻鸡雏鸡的独特标志。

公鸡单冠直立，颜色鲜红，冠齿为5～6个。肉垂、耳叶鲜红。

虹彩橙黄色，喙黄，颈部长短适中，头颈、背部的羽金黄色，胸羽、腹羽、尾羽及主翼羽黑色，肩羽、蓑羽枣红色。脚短而黄。

母鸡头细小，单冠直立，冠中等，冠齿为5～6个，冠、耳叶呈鲜红色。喙黄而短。颈长短适中，头部和颈前三分之一的羽毛呈深黄色。背部羽毛分黄、棕、褐三色，主、副翼羽的内侧呈黑色，外侧呈麻斑，由前至后渐淡而麻点逐渐消失，形成麻黄、麻棕、麻褐三种。胫趾短细、呈黄色。

据调查统计，麻黄占34.5%，麻棕占43%，麻褐占11.2%，余下为其他色，其中以麻黄、麻棕两色居多。

【生产性能】

清远麻鸡成年公鸡体重为2180克，母鸡为1750克。屠宰测定：6月龄母鸡半净膛为85%，全净膛为75.5%；阉公鸡半净膛为83.7%，全净膛为76.7%。年产蛋为70～80枚，平均蛋重为46.6克，蛋形指数1.31，壳色浅褐色。

农家饲养以放牧为主，在天然食饵较丰富的条件下，其生长较快，120日龄公鸡体重为1250克，母鸡为1000克，但一般要到180日龄才能达到肉鸡上市的体重，而肉鸡上市饲养期长达130～160天。

在雏鸡饲料含粗蛋白质20.9%、代谢能为11296800焦耳/千克，中鸡饲料含粗蛋白质17.7%、代谢能为11313536焦耳/千克及其他营养较合理的条件下，生长速度有所提高，公、母平均体重35日龄可达309克，84日龄可达951克，105日龄可达1157克。羽毛生长速度个体间有差异，一般母鸡在80日龄时羽毛已丰满，公鸡则要延至95日龄以上，公鸡羽毛生长速度较母鸡慢10～25天。

清远麻鸡育肥性能良好，屠宰率高。6月龄开产前的仔母鸡体重在1300克以上，经15天育肥增重250克。据测定，未经育肥的仔母鸡半净膛屠宰率平均为85%，全净膛屠宰率平均为75.5%；阉公鸡半净膛屠宰率为83.7%，全净膛屠宰率76.7%。肥育方法多为暗室笼养。

清远麻鸡在农家饲养自然孵化条件下，年产蛋为4～5窝，每窝为12～15枚，少则8～10枚，年产蛋量为80～95枚。蛋重平均为46.6克，蛋壳浅褐色，蛋形指数为1.31。

清远麻鸡性成熟较早，在农家饲养条件下，公鸡4月龄就有性行为，母鸡 5～7 月龄开产。公鸡配种能力较强，公母配种比例为1：（13～15）。在农村放牧饲养的种蛋受精率在 90％以上。用自然孵化，每窝蛋 12～15 枚，孵化率为 80％左右。人工孵化受精蛋孵化率平均为 83.6％。

清远麻鸡就巢性强，每产一窝蛋就巢 1 次，每次约 20 天，醒巢后 6～10 天才开始产蛋。如用人工催醒，可大大缩短就巢时间。农家均采用自然育雏方法，育成率一般较低；人工育雏，30 日龄育雏率达 93.6％。

（3）固始鸡　固始鸡原产于河南省固始县。固始鸡属黄鸡类型，具有产蛋多、蛋大壳厚、遗传性能稳定等特点，为蛋肉兼用鸡。固始鸡以河南固始县为中心的一定区域内，在特定的地理、气候等环境和传统的饲养管理方式下，经过长期择优繁育而成的具有突出特点的优秀鸡群，是我国著名的肉蛋兼用型地方优良鸡种，国家重点保护畜禽品种之一。具有耐粗饲，抗病力强，肉质细嫩等特点。

【体型外貌特征】

固始鸡个体中等，体躯呈三角形，冠型分单冠和皇冠两种，单冠直立，六个冠齿，冠后缘分叉，冠、肉垂、耳叶和脸均呈红色，眼大有神，尾短呈青黄色。羽毛丰满，羽色分浅黄、黄色，少数黑羽和白羽。公鸡毛色多为深红色或黄红色，母鸡毛色有黄、麻、黑等不同色，以黄色、麻黄色为多。尾羽多为黑色，尾型有佛手尾、直尾两种，以佛手尾为主，尾羽卷曲飘摇、别致、美观。外观清秀灵活，体型细致紧凑，结构匀称。鸡嘴呈青色或青黄色，腿、脚青色，无脚毛。固始鸡一与其他品种杂交，这种青嘴、青腿的特征便消失。因此，青嘴、青腿是固始鸡的天然防伪标志。固始鸡有青脚和乌骨两个品系。

【生产性能】

90 日龄公鸡体重 487.8 克，母鸡体重 355.1 克，180 日龄公母体重分别为 1270 克、966.7 克，5 月龄半净膛屠宰率公母分别为81.76％、80.16％。

【产蛋性能】

日龄：固始鸡性成熟较晚。开产日龄平均为 205 天，最早的个体为 158 天，开产时母鸡平均体重为 1299.7 克。

产蛋量：据对 255 只母鸡个体记录测定，年平均产蛋量为（141.2±0.35）枚，产蛋主要集中于 3～6 月。

蛋的品质：从商品蛋中随机取样测定 500 枚蛋，平均蛋重为51.4 克，蛋壳褐色。蛋壳厚为 0.35 毫米。蛋形指数为 1.32。蛋黄呈深黄色。

【繁殖性能】

繁殖力：公母配种比例为 1：12 时，据固始鸡繁育场对 5 批入孵种蛋（共计 16293 个）的测定，其受精率平均为 90.4%，受精蛋孵化率平均为 83.9%。在产区农村条件下，公母配种比例更大，据对直接由农户采集 51898 个种蛋的测定，种蛋受精率平均为 85.4%，受精蛋孵化率平均为 81.2%。

就巢性：固始鸡具有一定的就巢性。据 1978 年在产区普查 838只母鸡资料，具就巢性者占总数的 20.1%。在舍饲条件下，观察了533 只母鸡，就巢性占 10%。

成活率：据对 13058 只雏鸡育雏率测定，雏鸡 1 月龄的成活率为 81.4%。

（4）大骨鸡　大骨鸡又称庄河鸡。大骨鸡形成历史悠久，据资料记载，早在二百多年以前，山东移民将山东大型的寿光鸡带入辽宁，与当地鸡杂交，后经当地群众长期选育而成。主要产于辽宁省庄河市。分布于东沟、凤城、金县、新金、复县等地。大骨鸡是以蛋大为突出特点的兼用型地方鸡种。具有体大敦实，觅食力强，产蛋多而大，且蛋壳厚而坚实，肉质鲜嫩等特性。

【体型外貌特征】

大骨鸡体型大，胸深宽广，背宽而长，腿高粗壮，腹部丰满。公鸡羽毛棕红色，尾羽黑色并带绿色光泽。母鸡多呈麻黄色，头颈粗壮，眼大而明亮。公鸡单冠直立，母鸡单冠、冠齿较小。冠、耳叶、肉垂呈红色，嗓、胫、趾均呈黄色。大骨鸡属大型兼用型品种。

【生产性能】

成年公鸡体重为 3.5 千克左右，成年母鸡为 2.3 千克，6 月龄公鸡达成年体重的 76.67%，母鸡达 77.59%。大骨鸡产肉性能较好，皮下脂肪分布均匀，肉质鲜嫩。其半净膛屠宰率公鸡为 77.80%，母鸡为 73.45%，全净膛屠宰率公鸡为 75.69%，母鸡为 70.88%。

大骨鸡以蛋大为其突出的特性，平均年产蛋为 160 枚，蛋重 62～64 克，高的达 70 克以上。在较好的饲养条件下，可达 180 枚。蛋壳光亮平洁，壳厚而坚实，破损率低。蛋料比为 1：(3.0～3.5)。

公鸡 6 月龄性成熟，一般体重可达 2.5 千克左右，母鸡 180～210 天左右开产，公母配种比例为 1：(8～10)。种蛋受精率为 90%，受精蛋孵化率为 80%，60 日龄育雏率为 85% 以上，就巢率为 5%～10%，就巢持续期为 20～30 天。

(5) 乌骨鸡　乌骨鸡又名乌鸡、武山鸡、泰和鸡等，属雉科动物，为我国土特产鸡种，已有 400 多年的历史。江西省泰和是我国乌鸡之乡，乌鸡发源地，其正宗产地在泰和县武山汪陂涂村。有白毛乌骨、黑毛乌骨、斑毛乌骨、骨肉全乌、肉白骨乌之分。乌鸡有体型轻巧、营养丰富、成熟早的特点。

【体型外貌特征】

乌鸡外形奇特，典型的乌鸡具有桑葚冠、缨头、绿耳、胡须、丝毛、五爪、毛脚、乌皮、乌肉、乌骨十大特征，有"十全"之誉。

【生产性能】

乌鸡 15 周龄左右开啼，到 20 周龄左右才能配种。雌鸡在 24～26 周龄开始产蛋，31～33 周龄达到产蛋高峰。年产蛋 75～140 枚，平均蛋重 41 克，最重 53 克。雄性成鸡体重不超过 2.0 千克，雌性 1.0～1.5 千克。

乌鸡的自然寿命可达 10 余年。但繁殖盛期为 2 年左右。第 1 年产蛋量最高，以后随年龄的增加而逐年减少，第 2 年一般要下降 15% 左右。

(6) 广西三黄鸡　广西三黄鸡是信都鸡、糯垌鸡、大安鸡、麻垌鸡、江口鸡等多个品系的总称，主要产于广西壮族自治区，属肉用型品种。因其母鸡黄羽、黄喙、黄脚而得名。广西三黄鸡以其肉质香鲜、风味佳而闻名全国，其配套系新品种市场推广应用成效显著。

【体型外貌特征】

体型较小，似长方体。喙黄色，喙前端肉色渐向基部呈栗色。单冠，公鸡的冠大，母鸡的冠小。耳叶红色。虹彩橘黄色。皮肤黄色和白色。公鸡羽色绛红，颈羽颜色比体羽较浅，翼羽常带黑边，主尾羽与瑶羽也常呈黑色。母鸡均黄羽，但主翼羽和副翼羽常带黑边和黑斑，尾羽也多黑色，第一排覆主翼羽带稠密的黑斑或呈黑色，有的母鸡颈羽呈黑色斑点，或黄色镶黑边。胫黄色，少数胫肉色。

【生产性能】

平均体重：30日龄公鸡200克，母鸡195克；60日龄公鸡445克，母鸡425克；90日龄公鸡725克，母鸡703克；120日龄公鸡1000克，母鸡989克；成年公鸡2050克，母鸡1600克。143日龄公鸡平均半净膛屠宰率84.31%，母鸡85.50%；143日龄公鸡平均全净膛屠宰率75.77%，母鸡76.89%。

母鸡平均开产日龄165天，早者135天。平均年产蛋77枚，平均蛋重41克。平均蛋形指数1.32。蛋壳浅褐色。公鸡性成熟期90～120天。公母鸡配种比例1∶（10～12）。平均种蛋受精率86%，平均受精蛋孵化率71%。公母鸡利用年限1～2年。

（7）广西麻鸡　广西麻鸡在灵山县称为灵山香鸡，在马山县称为里当鸡，属兼用型地方品种。广西麻鸡原产地及中心产区为广西壮族自治区灵山县、浦北县、合浦县、横县、防城港市、马山县、都安县。分布于灵山县的伯劳、陆屋、烟墩等乡镇，马山县的里当、金钗、古寨、古零、加方、百龙滩、乔利等乡镇。

【体型外貌特征】

广西麻鸡的特征可概括为"一麻、两细、三短"。一麻是指母鸡体羽以棕黄麻羽为主，两细是指头细、胫细，三短是指颈短、体躯短、胫短。公鸡头昂尾翘，片状羽，羽色以棕红为主，其次为棕黄色或红褐色。

灵山地区的公鸡颈羽呈棕红或金黄色，体羽以棕红、深红为主，其次为棕黄或红褐色。主翼羽以黑羽镶黄边为主，少数全黑。副翼羽呈棕黄色或黑色。腹羽呈棕黄色，部分红褐色，有黑斑。主尾羽和镰羽呈墨绿色，有光泽；母鸡颈羽基部多有黑斑。胸、腹羽以棕黄色居多，主翼羽、副翼羽以镶黄边或棕边的黑羽为主。

里当地区的公鸡羽色多为黄红色或酱红色。有光泽，颈羽呈金黄色，颜色较体躯背部的浅。主尾羽呈黑色，主翼羽、镰羽呈黑色，腹部羽毛有黄色和黑色两种。母鸡片状羽，羽色以棕麻、黄麻色为主，主翼羽、副翼羽、尾羽以黑色居多；母鸡尾羽呈黑色，主翼羽黑色或带黑斑。黄羽鸡的头颈部羽呈棕黄色，与浅黄的体躯毛色界限明显；

麻羽鸡胸、腹部为浅黄色，颈、背及两侧羽毛镶黑边。雏鸡绒毛以麻色、黄色为主。

【生产性能】

灵山地区平均 130 日龄开产，开产体重 1300～1650 克，开产蛋重 29.5 克，平均蛋重 41.9 克，66 周产蛋数 120～130 枚。种蛋受精率 91%～93%，受精蛋孵化率 92%～94%。母鸡就巢性强，每年就巢 4～5 次。

里当地区平均 150 日龄开产，开产体重 1300～1500 克，年产蛋数 75 枚，平均蛋重 45.9 克。种蛋受精率 95.1%，受精蛋孵化率 94.3%。母鸡就巢性强，每产 12～20 枚蛋就巢 1 次。

(8) 金陵黄鸡　金陵黄鸡，属肉用型配套系，2009 年通过国家畜禽品种审定委员会新品种（配套系）审定。金陵黄鸡第一父本为性连锁矮小型，父母代母鸡为矮小型，具有耗料省、饲养成本较低的特点。

【体型外貌特征】

金陵黄鸡公鸡颈羽呈金黄色，尾羽黑色有金属光泽，主翼羽、背羽、鞍羽、腹羽均为红黄色或深黄色；冠、肉垂、耳叶鲜红色；喙、胫、皮肤皆呈黄色；冠大，胫细长；母鸡颈羽、主翼羽、背羽、鞍羽、腹羽均为黄色或深黄色，尾羽尾部黑色；冠、肉垂、耳叶鲜红色，喙、胫、皮肤呈黄色，胫细长。公、母雏鸡绒毛呈黄色。

【生产性能】

金陵黄鸡父母代种鸡达 5% 产蛋率日龄 163～168 天，30～32 周龄达高峰产蛋率，高峰产蛋率 81%～82%，43 周龄蛋重 52.5～54.8 克，66 周龄入舍母鸡产蛋数 170～174 枚，种蛋受精率 93%～95%，受精蛋孵化率 87%～90%，0～24 周成活率 94%～96%，25～66 周成活率 93%～95%，66 周龄母鸡体重 2050～2150 克。

金陵黄鸡商品代公鸡出栏日龄为 70 天，出栏体重为 1730～1850 克，饲料转化比为（2.3～2.5）∶1；母鸡出栏日龄为 80 天，出栏体重为 1650～1750 克，饲料转化比为（2.5～3.3）∶1。全期公、母鸡饲养成活率 95% 以上。

4. 蛋肉兼用型

一直以来，人们对于肉鸡的生产，更多是关注其生长速度、肉质水平，并进行选育，以提供鸡肉和鸡肉产品为最终目的，到了出栏日期就会销售或屠宰，而此时尚未到达鸡的产蛋日龄。对于蛋鸡的生产，人们重视的指标则主要为产蛋数量和鸡蛋大小等。虽然也有一部分淘汰后的产蛋母鸡作为肉鸡销售，但其肉质水平普遍不高。近年来，为了顺应市场要求及变化，结合市场对优质鸡肉和土鸡蛋的需求，一些企业研发了蛋肉兼用型黄羽肉鸡，先产蛋一年，作为高档品牌土鸡蛋销售；淘汰时鸡的肉质口感俱佳，再作为售价较高的优质老母鸡销售，极大地增加了产品的附加值，可有效抵御变幻莫测的市场风险。代表性的品种有北京油鸡、东乡绿壳蛋鸡、白耳黄鸡、卢氏鸡等。

（1）北京油鸡　北京油鸡是北京地区特有的地方优良品种，距今已有 300 余年，是优良的肉蛋兼用型地方鸡种。有凤头、毛腿和胡子嘴特征。外形独特，生活力强，遗传性能稳定，鸡肉品质和蛋质优良，是我国一个非常珍贵的地方鸡种。

【体型外貌特征】

北京油鸡体躯中等，羽色美观，主要为赤褐色和黄色羽色。赤褐色者体型较小，黄色者体型大。雏鸡绒毛呈淡黄或土黄色。冠羽、胫羽、髯羽也很明显，很惹人喜爱。成年鸡羽毛厚而蓬松。公鸡羽毛色泽鲜艳光亮，头部高昂，尾羽多为黑色。母鸡头、尾微翘，胫略短，体态敦实。北京油鸡羽毛较其他鸡种特殊，具有冠羽和胫羽，有的个体还有趾羽。不少个体下颌或颊部有髯须，故称为"三羽"（凤头、毛腿和胡子嘴）。

【生产性能】

北京油鸡的生长速度缓慢，性成熟期也较晚。其初生重为 38.4 克，4 周龄重为 220 克，8 周龄重为 549.1 克，12 周龄重为 959.7 克，16 周龄重为 1228.7 克，20 周龄的公鸡为 1500 克、母鸡为 1200 克。开产日龄 170 天，种蛋受精率 95%，受精蛋孵化率 90%，雏鸡成活率 97%，雏鸡死亡率 2%，年产蛋量 120 枚，蛋重 54 克，蛋壳颜色为淡褐色，部分个体有抱窝性。

（2）东乡绿壳蛋鸡　东乡绿壳蛋鸡原产于江西东乡县，属蛋肉兼用型品种，又名湖北华绿黑鸡、三峡黑鸡。在黑龙江、吉林、辽宁、河北、江苏等地均有分布。

【体型外貌特征】

东乡绿壳蛋鸡羽毛黑色,喙、冠、皮、肉、骨趾均为乌黑色。母鸡单冠,头清秀。公鸡单冠,呈暗紫色,体型呈菱形。少数个体羽色为白、麻或者黄色。

【生产性能】

东乡绿壳蛋鸡公母平均体重,初生33克,30日龄128克,60日龄394克,90日龄562克。成年公鸡1650克,母鸡1300克。成年鸡平均半净膛屠宰率,公鸡为78.40%,母鸡为81.75%。成年鸡全净膛屠宰率,公鸡为71.25%,母鸡为64.50%。

东乡绿壳蛋鸡母鸡平均开产日龄170~180天。500日龄平均产蛋152枚,平均蛋重50克。平均蛋壳厚度0.35毫米,平均蛋形指数1.33。蛋壳绿色。公鸡性成熟期120天。公母鸡配种比例1:12,平均种蛋受精率90%以上,平均受精蛋孵化率90%以上。

(3)白耳黄鸡　白耳黄鸡又名白耳银鸡、江山白耳鸡、上饶地区白耳鸡,是我国稀有的白耳黄鸡品种,2001年被国家农业部首批确认为我国11个地方品种鸡国家级资源保护品种。2005年,广丰白耳黄鸡作为亚洲第二例活体动物获得国家原产地域保护产品认证。

【体型外貌特征】

白耳黄鸡体型矮小,体重较轻,羽毛紧密,但后躯宽大,属蛋用型鸡种体型。产区群众以"三黄一白"为选择外貌的标准,即黄羽、黄喙、黄脚呈"三黄",白耳呈"一白"。耳叶要求大,呈银白色、似白桃花瓣。成年公鸡体呈船形。单冠直立,冠齿一般为4~6个。肉垂软、薄而长,冠和肉垂均呈鲜红色、虹彩金黄色。喙略弯,呈黄色或灰黄色,有时上喙端部呈褐色。头部羽毛短,呈橘红色,梳羽深红色,大镰羽不发达,黑色呈绿色光泽,小镰羽橘红色,其他羽毛呈浅黄色。母鸡体呈三角形,结构紧凑。单冠直立,冠齿为6~7个,少数母鸡性成熟后冠倒伏。肉垂较短,与冠同呈红色。耳叶白色。眼大有神,虹彩橘红色。喙黄色,有时喙端褐色。全身羽毛呈黄色。公、母鸡的皮肤和胫部呈黄色,无胫羽。初生雏绒羽以黄色为主。

【生产性能】

初生重平均为37克。雏鸡成活率,30日龄为96.4%,60日龄为95.24%,90日龄为94.04%。开产日龄平均为150天,年产蛋

180 枚，蛋重为 54 克，蛋壳深褐色，壳厚 0.34～0.38 毫米，蛋形指数 1.35～1.38。

在公母配种比例为 1∶(2～15) 的情况下，种禽场的种蛋受精率为 92.12%，受精蛋孵化率为 94.29%，入孵蛋孵化率为 80.34%。公鸡约 110～130 日龄开啼。母鸡就巢性弱。

（4）卢氏鸡　卢氏鸡是河南三大地方良种鸡之一（另外两种是固始鸡、正阳三黄鸡），是适合山地放养的古老鸡种。卢氏鸡个体轻巧、觅食力强、耐粗饲，其生活习性、肉蛋品质与野鸡十分相似，早在 20 世纪 80 年代就被收入《中国畜禽良种志》。

【体型外貌特征】

卢氏鸡属小型蛋肉兼用型鸡种，体型结实紧凑，后躯发育良好，羽毛紧贴，颈细长，背平直，翅紧贴，尾翘起，腿较长，冠型以单冠居多，少数凤冠。喙以青色为主，黄色及粉色较少。胫多为青色。公鸡羽色以红黑色为主，占 80%，其次是白色及黄色。母鸡以麻色为多，占 52%，分为黄麻、黑麻和红麻，其次是白鸡和黑鸡。

【生产性能】

成年鸡体重，公 1700 克，母 1110 克。180 日龄屠宰率，半净膛 79.7%，全净膛 75.0%。开产日龄 170 天，年产蛋 110～150 枚，蛋重 47 克，蛋壳呈红褐色和青色，红褐色占 96.4%。

（三）肉杂鸡

肉杂鸡（广义的黄羽肉鸡）有两种：一种是快大型父母代公鸡和褐壳蛋鸡商品代母鸡杂交生产的肉鸡类型，如安卡红鸡、红宝肉鸡、科尼什鸡等；另一种是以快大型白羽肉鸡公鸡和现代蛋鸡杂交配套系的商品代母鸡进行杂交的后代，因其制种成本低等而发展速度很快，代表品种是山东的 817 系列。

1. 安卡红鸡

安卡红为速生型黄羽肉鸡，四系配套，原产于以色列，是目前国内生长速度最快的红羽肉鸡。1999 年由江苏省家禽育种中心转入国家级地方鸡种基因库（江苏）保护。

安卡红鸡与国内的地方鸡种杂交有很好的配合力。国内目前多数的速生型黄羽肉鸡都含有安卡红血液。国内部分地区使用安卡红公鸡

与商品蛋鸡或地方鸡种杂交，生产"三黄"鸡。安卡红肉鸡适宜于全国各地饲养，集约化养鸡场、规模鸡场、专业户和养鸡农户均可饲养，活销、加工用均适宜。

【体型外貌特征】

安卡红鸡体型较大、浑圆，是目前国内生长速度最快的红羽肉鸡。初生雏较重，达38～41克。绒羽为黄色、淡红色，少数雏鸡背部有条纹状褐色，主翼羽、背羽羽尖有部分黑色羽，公鸡尾羽有黑色，肤色白色，喙黄，腿粗，胫趾为黄色。单冠，公、母鸡冠齿以6个居多，肉髯、耳叶均为红色，较大、肥厚。

【生产性能】

商品代肉鸡的主要生产性能：该商品代饲料转化率高，生长快，饲料报酬高，6周龄体重达2001克，累计料肉比1.75∶1；7周龄体重达2405克，累计料肉比1.94∶1；8周龄体重达2875克，累计料肉比2.15∶1。

安卡红鸡父母代生产性能：淘汰周龄为66周龄，每只入舍母鸡产蛋总数176枚，其中可作种蛋数164枚，出雏140只，25周龄产蛋率达5％。

种蛋孵化率达87％。0～21周龄成活率94％，22～26周龄成活率92％～95％。

2. 红宝肉鸡

红宝肉鸡又称红波罗肉鸡，原产加拿大，是加拿大谢弗公司（后归于法国哈伯德伊莎公司）培育的快大肉鸡配套系。我国最早在1972年由广东、广西引进商品代鸡，在1981～1983年广州、上海、广西、东北等地先后从加拿大谢弗公司和法国子公司引进了祖代和父母代种鸡。

【体型外貌特征】

红波罗肉鸡为有色红羽，具有三黄特征，即黄喙、黄脚和黄皮肤。冠和肉髯鲜红，胸部肌肉发达。

【生产性能】

父母代种鸡24周龄平均体重2425克；平均开产日龄168天，29～30周龄达产蛋高峰，高峰产蛋率85％；66周龄入舍母鸡平均产蛋188枚，平均产合格种蛋180枚，平均产雏152只，平均体重

3200 克。育成期死亡率为 2%～4%，产蛋期死亡率（每月）为 0.4%～0.7%。平均日采食量为 145 克。商品鸡 42 日龄公母鸡平均体重 1580 克，料肉比 1.85∶1；49 日龄公母鸡平均体重 1930 克，料肉比 2.0∶1；56 日龄公母鸡平均体重 2280 克，料肉比 2.1∶1。

红波罗肉鸡引入我国后，表现出较强的抗逆性，母系产蛋量之高在肉鸡种鸡中也是少有的，而且有较高的受精率、孵化率和成活率。肉用仔鸡生长较快，屠体皮肤光滑、味道较好，深受广大消费者欢迎。

3. 科尼什鸡

科尼什鸡属肉用型品种。原产于英格兰南部，由数个斗鸡品种杂交育成。有白色、暗色及白覆轮红色 3 个品（变）种。目前以白色变种饲养较普遍，此白色变种为后来美国引入显性白羽基因而育成。

【体型外貌特征】

头较小。豆冠。胸宽而深，丰满突出，两肩特别宽阔。喙、胫、趾、皮肤黄色，耳叶鲜红。骨骼粗壮，肌肉结实，胸、腿肌肉特别发达，胫粗短。具有斗鸡的外形特征。

【生产性能】

成年公鸡体重 4500～5000 克，母鸡 3500～4000 克。开产日龄 240～270 天，年产蛋 100～120 枚。蛋壳褐色。现在多用本品种白羽鸡作为父系，其他鸡种如白色洛克鸡作为母系，杂交生产专用白色肉鸡。

4. 817 肉鸡

817 杂交肉鸡是具有地方特色的小型肉用鸡品种，简称"小肉杂"。源于山东鲁西地区，因其饲养周期相对较长，肉质口感好，符合我国人的饮食口味，诸如某些地方特色鸡制品，如扒鸡、烤鸡、熏鸡等均采用 817 杂交肉鸡，市场需求量大；加之 817 杂交肉鸡环境适应能力强，抗病力较大型肉鸡有很大的提高。因此 817 杂交肉鸡的饲养迅速发展起来，并形成品种，且饲养规模不断壮大，如今 817 杂交肉鸡养殖已遍及山东、河北、河南、安徽、江苏等地。

817 杂交肉鸡的生产极为简单，采用大型肉鸡父母代的公鸡

（AA⁺、罗斯 308 等）与常规商品代褐羽、粉羽蛋鸡（海兰、罗曼、尼克等）进行人工授精获取的受精蛋即为 817 杂交种蛋，再进行孵化产出 817 杂交肉鸡苗，一般饲养 5~7 周，体重达到 1.3~1.8 千克即可出栏。完成整个 817 杂交肉鸡的生产过程。全过程投资较少，仅在常规商品代蛋鸡饲养的基础上添加部分大型肉鸡的父母代公鸡。在投资成本上要比纯品种的肉鸡投入的少，产出的利润比单纯的产蛋鸡高很多，并且近几年单纯养产蛋鸡的利润低迷，所以 817 种鸡的饲养在广大的蛋鸡养殖区形成规模。

"817"小型肉鸡具有其他品种不可比拟的优势。

一是制种成本降低到极限，雏鸡生产成本约为快大型肉鸡、优质肉鸡的 30.35%，而且在供种严重亏损的条件下，可转为商品蛋销售，降低了制种企业的风险。

二是"817"小型肉鸡生产性能高，35 日龄体重达到 1 千克以上，料肉比从 2.37：1 下降到（1.7~1.8）：1，只均出栏成本低，市场竞争力强，而且周转快。

三是"817"小型肉鸡市场适应性强，不但可以加工成烧鸡（扒鸡），还可以更多地用于加工白条鸡、西装鸡、调理鸡、烤鸡等产品，销往全国市场，非常适合现代中国社会小型家庭一餐一鸡的消费习惯。

因此"817"肉鸡的市场份额将会继续扩大，打破我国引进快大型肉鸡和优质肉鸡平分市场的格局，成为我国肉鸡产业的一个重要组成部分。

（四）淘汰鸡

蛋鸡淘汰鸡和肉鸡祖代种鸡及父母代种鸡因为属于产蛋鸡饲养到一定时期后直接淘汰出售的，这里就不做介绍了。

二、根据本场养殖条件选择肉鸡的品种

目前我国饲养的肉鸡品种主要有快大型白羽肉鸡、优质肉鸡和肉杂鸡三大类。快大型白羽肉鸡具有早期生长速度快、体重大、饲料报酬高、成活率高等优点。如爱拔益加肉鸡（AA 肉鸡）、罗斯肉鸡、艾维茵肉鸡、哈伯德肉鸡等；优质肉鸡是我国地方良种鸡进行品种选育或品系选育和配套杂交而成，也有用我国地方良种与引进的鸡种

（隐性白肉鸡）进行配套杂交育成的。与快大型白羽肉鸡相比，优质肉鸡的生长速度较慢、饲养周期较长，饲养成本也较高。如新兴黄鸡、固始鸡、皖南麻鸡、华清麻鸡、江村黄鸡、岭南黄鸡等；肉杂鸡主要有用快大型白羽肉鸡父母代公鸡和褐壳蛋鸡商品代母鸡杂交生产的 817 肉鸡，生长速度中等，适合传统加工方法，例如道口烧鸡、德州扒鸡等，而且肉质比快大型肉鸡好，鸡雏价格便宜。还有一种红羽肉杂系列，是用快大型（如安可红）父母代公鸡和褐壳蛋鸡商品代母鸡杂交生产的。其鸡雏价格便宜，生长速度与 817 一样。肉杂鸡在山东、河北、河南等省的饲养数量大。

快大型白羽肉鸡的生长速度快是建立在品种、温度、湿度、营养、防疫、环境等生长环节各方面都满足的前提下，而这些条件是十分严格和苛刻的，不能有任何的闪失。否则，轻者生长缓慢，重者引起死亡；817 杂交肉鸡的生产门槛低、易操作、投入少、效益高。在普通蛋鸡养殖场即可生产。可见，817 肉杂鸡适应性较好，对饲养条件要求不是十分的严格；而优质型黄羽肉鸡是我国地方优良品种，对环境和饲养管理上要求不严，能较好地适应我国的饲养条件。

从以上的品种分析，我们不难看出，以上三种类型的肉鸡，适应性以优质型黄羽肉鸡最好，肉杂鸡次之，快大型白羽肉鸡最差。如果养鸡场要选择其中某一个品种来饲养，首先就要看当地以及本场的饲养条件能否满足该品种的生长需要，也就是说要看养鸡场能否适应肉鸡，而不是让肉鸡适应养鸡场。

目前，我国快大型白羽肉鸡饲养数量最大，相关的育种、饲料与营养、养殖设备、防疫等相关配套较为完善，无论是南方还是北方的养殖场都能根据快大型白羽肉鸡的生长特点，为其创造适宜的生长条件，因此，在条件好的大中型养鸡场饲养快大型白羽肉鸡是首选。而对于资金实力较弱的小型养鸡场（户）来说，如果不能在养殖条件上大投入，还是不要饲养快大型白羽肉鸡为好，很多养鸡场养殖失败就是因为条件差。

三、选择肉鸡品种时要注意的问题

肉鸡品种品系很多，这些品种的饲养条件、营养需要、生长速度和肉质都不一样，选择时要重点考虑以下几点。

1. 饲养条件

如果是集约化、工厂化养殖，有大型条件好的鸡舍，可以饲养快大型白羽肉鸡的品种。因为这类品种适合集约化大规模饲养，同时对饲养管理和环境条件要求高。如果有山地、林地、滩涂或草地等自然资源可以利用，就要考虑养殖我国的优质肉鸡的品种。因为这类品种具备野外饲养的优越性能。

2. 生长速度

要求养殖的品种生长速度快，就要选用早期生长速度快的品种，如爱拔益加、罗斯、艾维茵等快大型白羽肉鸡。对生长速度要求不高的，可以选择我国优质肉鸡品种。不是太快又不是太慢，可以选择肉杂鸡品种来养殖。

3. 羽毛颜色

考虑鸡羽毛和市场需求，市场对羽色没有具体要求的可选养白羽鸡；如市场对羽色有要求，可选养黄羽肉鸡、红羽肉鸡、麻鸡、乌鸡等品种。如要加工冻鸡出口外销的，应选择白羽肉鸡饲养，其加工屠体美观；如以活鸡内销市场的，可选养有色羽肉鸡，不但外表美观，而且肉质鲜美。

4. 肉质和风味

如果市场需求肉质鲜美，鸡味浓郁的，可以选养我国优良地方鸡种和培育鸡种。市场要求做烧鸡、扒鸡、熏鸡的，可以选择肉杂鸡品种；对肉质和风味没有特殊要求的，可以养殖快大型白羽肉鸡。

5. 地区消费特点

南方对优质肉鸡需求量大，港澳对优质肉鸡需求量也大，是优质肉鸡的主要消费市场，北方对这类肉鸡需求量相对南方少很多；而北方对快大型白羽肉鸡需求量却很大。白条鸡和分割鸡主要是快大型白羽肉鸡，活鸡销售主要优质肉鸡为主。

6. 价格和就近原则

为节省运输费用和减少因为长途运输对鸡雏带来的不利影响，尽量在本地购买合适的肉用仔鸡饲养。

7. 质量有保证

雏鸡应来自有种鸡生产许可证，而且无鸡白痢、新城疫、禽流感、支原体、禽结核、白血病的种鸡场，或由该类场提供种蛋所生产的经产地检疫的健康雏鸡。

四、肉鸡的引进方法

只有遵循正确的引种方法，才能购得可靠良种。

1. 确定适合的肉鸡饲养品种

在确定品种的时候，要考虑以下三个方面的问题。一是要根据市场的需要。养殖的目的是要把所产的鸡肉销售出去挣钱，而决定鸡肉是否好卖，以及能否多卖钱的是鸡肉是否适销对路。要想好销售，养殖市场需求量最大的肉鸡品种最稳妥。二是要结合自身的饲养管理条件。饲养管理条件包括鸡舍、养殖设备、饲料来源、养殖技术、当地疫情和养殖人员等方面，是否能够满足拟引进品种的生产需要。同时要考虑拟引进的品种是否适应当地的气候环境条件，如有些品种对高温气候有良好的耐受能力，而有的品种对饲养管理条件要求相对严格。尤其是经过当地其他养殖场（户）已经养殖过或正在饲养的品种，最有证明力，也最有说服力，要多走访了解这些养殖场（户），了解他们的饲养体会。三是品种的来源。品种的来源也很主要，因为有的品种来源方便可靠，品种在实际生产上认知度高，供应单位信誉好，坐在家里就有销售人员主动送货上门，这样免去了自己出去联系的麻烦，省去很多时间和精力。一般这样的品种都是当地饲养量最大的品种，值得养殖场（户）优先考虑。而有的品种，就要费很大的周折才能买到，甚至要通过飞机空运，这样就增加了运输费用和养殖风险，除非是必须养殖的品种，否则不建议这样采购。

2. 确定引进的公司

一是要选择有实力的公司。有实力的公司表现在有育种和制种能力，包括育种场、祖代场和父母代场在内的完善的良种繁育体系，有成熟的深受市场欢迎的肉鸡品种等，这些都是一个有实力公司应该具备的。

二是有良好信誉，口碑好。俗话说"金杯，银杯，不如老百姓的口碑"。在社会经济生活中，一个企业如果能被百姓口碑相传，赞之为信誉上佳、产品质好价优，那么该企业的产品当然就畅销，企业的利润也高，也有能力去开发新品种，保持行业领先地位，这是一个良性循环。大家都能说好的品种，是经过一段时间一点点积累起来的反馈信息，说明这个品种能够满足品种的特点和养殖场（户）的要求。所以，要多走访一些养殖场（户），这样才能验证哪些品种的肉鸡符合你的要求。

现在网络信息发达，在网上可以查询到很多养殖方面的信息，其中就有对品种的评价、养殖体会、养殖经验和购买销售信息等等。

三是售后服务好。养殖者不可能是专家，难免在生产上遇到正常或不正常的问题，需要有懂行的人来解答，而售后服务就应该担当这个角色。要以养殖场（户）为中心，售后服务既要全面介绍养殖品种的特点，饲养管理要求以及注意事项，还好及时提醒养殖场（户）到什么阶段、什么时间应该做什么和怎么做等，随时解答养殖场户在生产中遇到的问题，经常有专人回访，帮助养殖者共同克服养殖难题。这样的企业才是正规合格的企业，才是养殖场（户）可以信赖的企业。

相反，有的企业推销的很卖力，说得天花乱坠，卖完产品就找不到人，能找到人的不从产品上找问题，都是从养殖场（户）的饲养管理上找毛病，想尽一切办法把责任推到养殖场（户）身上。

有的企业做个网站打不开，死网页，信息过时、陈旧、不更新，网页上只有联系地址和电话比较齐全，这样的企业只想怎么把产品卖出去，根本没把养殖场（户）的利益放在重要的位置。

3. 获取相关资料

获取与拟引进品种有关的资料，这些资料可以了解该品种的生产性能、营养需要、饲养管理条件以及该品种是否可靠，是养好该品种肉鸡的必须掌握的基础资料，主要包括以下几个方面：

一是有育种公司提供的审核、登记证书。在国际上，对提供良种的公司有严格的登记、监督制度。近年来，我国也颁布了种禽管理办法，对种禽企业进行了审核、登记管理。育种公司应该提供"种畜禽生产许可证"和"种禽场验收合格证"。

二是品种基础资料。如系谱、生产性能鉴定结果，饲养管理条件等。

三是育种公司应该提供正规的、印刷质量好的饲养管理手册。一个成熟的配套品种应该有与之相配套的《饲养管理手册》。

四是营养标准。一个成熟的配套品种还应该有与之相配套的营养标准。

五是检验检疫证明。

4. 选择合适的时机

主要是避开供过于求的时期，肉鸡出栏上市的时候是否有大量的同一品种鸡也同时上市，若是上市的高峰，供过于求，价格就要降低，市场的规律不能违背。大的疫情正在爆发或流行比较严重的时期，如禽流感高发期绝对不能引进。市场滑坡时，经营的风险也大，不能往枪口上撞。

5. 签订供苗合同

根据养殖需要结合行情和季节特点决定进雏的数量和时间，并与相关种禽公司签订单批次的或长期的供货合同，合同内容本着公平、公正、合法的原则制订，签字盖章以后生效。合同对双方都有约束力。

五、优质雏鸡苗应该具备的特性

1. 生长快、生活力强

现有的肉鸡品种生长速度都很快，但在体质强健性和生命活力方面存在差异。应选用腿病、猝死症、腹水症等遗传性疾病较少，抗逆性较强的鸡种。

2. 来源可靠

雏鸡苗最好来自具有一定规模和信誉度、技术水平高、鸡群体质健壮高产、没发生严重疫情的种鸡场，来自无白痢、传染性脑脊髓炎、副伤寒及霉形体污染的父母代鸡场。

从管理技术较好的种鸡场购入健壮的雏鸡苗是很重要的。雏鸡苗的质量受很多因素影响，如果雏鸡苗体质柔弱，对环境的变化非常敏

感，一周内的死亡率很高，就很难取得理想的饲养成绩。

3. 母源抗体高

对一些重要疫病有均匀一致的较高水平的母源抗体，能够避免幼雏期的疫病感染，也便于适时免疫。

4. 健壮

① 体重适中，体力充沛，活泼好动，反应敏捷，叫声脆响，抓在手中时挣扎蹬腿有力。

② 绒毛整洁、有光泽，卵黄吸收良好，腹部大小适中，脐带愈合良好。

③ 脚趾圆润，无存放时间过长、干瘪脱水的迹象。

④ 雏鸡苗应手感有力，叫声响亮，清脆，精神十分警觉。

⑤ 脚干应饱满，光华亮丽不干燥，若脚干皮肤起皱，表示雏鸡已经脱水。

⑥ 在一周之内，因细菌感染等造成的死亡率应在 0.5% 以内。

第三章

建设科学合理的肉鸡场

　　为了给肉鸡创造适宜的生活环境，保障肉鸡的健康和生产的正常运行。规划建设时要符合肉鸡生产工艺要求，肉鸡场场址的选择要有周密考虑，统筹安排和长远规划。肉鸡舍建筑要根据当地的气温变化特点和肉鸡场生产、用途等因素确定。保证生产的顺利进行和畜牧兽医技术措施的实施，要做到经济合理、技术可行。此外，肉鸡舍修建还应尽量降低工程造价和设备投资，以降低生产成本，加快资金周转。

一、养鸡场选址应该注意的问题

　　一个合理的养鸡场址应该满足地势高燥平坦、向阳避风、排水良好、隔离条件好、远离污染、交通便利、水电充足可靠等条件。要根据养殖的性质、自然条件和社会条件等因素进行综合衡量而决定选址。具体应该考虑以下几个方面。

1. 养鸡场场址应选择地势高燥、采光充足、远离沼泽湖洼，避开山坳谷底及山谷洼地等易受洪涝威胁地段

　　地下水位在 2 米以下，地势在历史洪水线以上，远离沼泽湖洼，避开山坳谷底及山谷洼地等易受洪涝威胁地段。采光充足、背风向阳的地方，能避开西北方向的风口地段。场区空气流通，无涡流现象。南向或南偏东向，夏天利于通风，冬天利于保温。应避开断层、滑坡、塌陷和地下泥沼地段。要求土质透气透水性强、毛细管作用弱、吸湿性和导热性小、质地均匀、抗压性强，以沙壤土类最为理想。地

形开阔整齐，利于建筑物布局和建立防护设施。

2. 符合卫生防疫要求，隔离条件好

场址选在远离村庄及人口稠密区，其距离视鸡场规模、粪污处理方式和能力、居民区密度、常年主风向等因素而决定，以最大限度地减少干扰和降低污染危害为最终目的，能远离的尽量远离。附近无大型化工厂、矿厂，鸡场与其他畜牧场。

3. 水源充足可靠，水源包括地面水、地下水和降水等

资源量和供水能力应能满足鸡场的总需要。且取用方便、省力，处理简便，水质良好。肉鸡养殖过程中需要大量清洁饮水，棚舍和用具的清洗及消毒也都需要水。养殖户应考虑在所建鸡场附近打井，修建水塔。要求水质要符合无公害食品饮用水质的要求。

4. 供电稳定

不仅要保证满足最大电力需要量，还要求常年正常供电，接用方便、经济。最好是有双路供电条件或自备发电机，以及送配电装置。

5. 地形要开阔，地面要平坦或稍有坡度，便于排放污水，雨水等

保证场区内不积水，不能建在低洼地。地形应适合建造东西长、坐南朝北的棚舍，或者适合朝东南或朝东方向建棚。不要过于狭长和边角过多，否则不利于养殖场及其他建筑物的布局和棚舍、运动场的消毒。

6. 远离噪声源和污染严重的水渠及河边

家禽场周围3千米内无大型化工厂、矿厂，距离其他畜牧场应至少1千米以外。严禁在饮用水源、食品厂上游、水保护区、旅游区、自然保护区、其他畜禽场、屠宰厂、候鸟迁徙途经地和栖息地、环境污染严重以及畜禽疫病常发区建场。

7. 交通便利

距离公路干线及其他养殖场较远，至少在距离1000米以上，能保证货物的正常送料和销售运输即可。

8. 面积适宜

养鸡场包括肉鸡舍、生活住房、饲料库、育雏室等房舍，建筑用

地面积大小应当满足养殖需要，最好还要为以后发展留出空间。如建造一个 1 万只肉鸡的养鸡场，占地面积一般为 2500 米^2，若考虑以后发展，面积还要增加。

9. 符合国家畜牧行政主管部门关于家禽企业建设的有关规定

禁止在生活饮用水水源保护区、风景名胜区、自然保护区的核心区及缓冲区，城市和城镇居民区、文教科研区、医疗区等人口集中地区，以及国家或地方法律、法规规定需特殊保护的其他区域内修建禽舍。

二、污染控制是新建鸡场或维持老鸡场的首要要求

当前，畜禽养殖业发展对环境造成的污染问题日益突出，畜禽养殖业环境污染已成为一个不可忽视的环境污染源。畜禽养殖业造成的环境污染，不仅对人类生存环境构成严重危害，而且会引起畜禽生产力下降，导致养殖场周围环境恶化。毫不夸张地说，畜禽养殖业环境污染已成为世界性公害。因此，必须采取有效措施，认真做好畜禽养殖业环境污染的控制工作。

2015 年 1 月 1 日，新修订的《中华人民共和国环境保护法》正式实施，加大了对企业违法的处罚力度，也大大提升了执行力。加上之前的《畜禽规模养殖污染防治条例》及年初的"水十条"（《水污染防治行动计划》），随着国家颁发的一系列堪称史上最严的法律，2015 年的畜牧养殖业迎来了历史性转折关键期，养鸡业乃至整个养殖业都迎来了环保的"大考"，很多污染严重和治污不达标的鸡场都消失在了这部零容忍的法律之中。无论是新建鸡场还是经营多年的老鸡场，都面临这个问题。因为环保问题，全国很多市县都划定了禁养区和限养区，养鸡业迎来了史无前例的禁养、限养和鸡场拆迁的大潮，许多在禁养区或限养区的养鸡场只有退出、搬迁或被关停。但这也是环保要求对养鸡业持续健康发展的一种促进和提升。畜禽养殖业污染物为粪便、尿、污水、饲料残渣、垫料、畜禽尸体等，需要经过科学的处理。

养鸡场在养鸡过程中如果不注意污染控制，会出现很多环境污染问题，有的养鸡场粪污处理设备简陋，甚至部分鸡场根本没有采取任何处理，粪污在其周边环境四处乱流，严重污染土壤、水源和空气，

破坏生态环境。

养鸡场的污染控制包括养鸡场自身的（即场内的）和养鸡场所处外界环境的污染两部分，理想的污染控制是养鸡场内不产生污染，同时养鸡场外不面对污染的威胁。

养鸡场内的污染控制要做到畜禽养殖场规划科学、养鸡舍布局合理、建设结构合理的养鸡舍、科学高效的排污系统，废弃物要无害化处理，科学配制日粮、应用环保型饲料添加剂，加强卫生管理、加强用药管理、降低有害气体浓度等。同时还要保证这些设施的良好运转，真正达到污染控制的目的。在建设鸡场时，要通过环境影响评价，对建设项目实施后可能造成的环境影响进行分析、预测和评估，提出预防或者减轻不良环境影响的对策和措施，环境影响评价未通过的，坚决不能建设。并按照"三同时"（"三同时"是指建设项目需要配套建设的环境保护设施必须与主体工程同时设计、同时施工、同时投产使用）制度的规定，要求建设单位建设防治污染的设施。

养鸡场外环境的污染控制则主要是从养鸡场的选址上予以克服。要在养鸡场建设的初期，即从养鸡场规划选址时就要进行充分的考察和论证，避免选址不当。

污染控制既是环保法的要求，同时也是养殖企业自身发展的需要，如果养鸡场没有完善的污染控制系统，将会造成养鸡场生产麻烦不断。一个肮脏的养殖环境，必将造成养鸡场疫病流行，疾病会绵延不绝，鸡场将难以维持正常的经营，更谈不上发展了。积极实行污染控制还可以推动养鸡场的节水减排、种养结合，以及废弃物无害化处理、资源化利用设施设备及技术的应用。

提倡实行生态养殖、种养结合、沼气工程和集中处理等模式，把养鸡场的污染控制问题做到最佳状态。

三、养鸡场规划布局要科学合理

规模化养鸡场、养鸡小区建设规划布局要本着科学合理、整齐紧凑，既有利于生产管理，又便于动物防疫的原则。根据肉鸡场的生产工艺要求，按功能分区布置各个建（构）筑物的位置，为肉鸡生产提供一个良好的生产环境。

养鸡场、养鸡小区分生活管理区（包括办公室、食堂、值班监控室、消毒室、消毒通道、技术服务室）、生产区（包括鸡舍、兽医室、隔离观察室、饲料库房和饲养员住室）、废弃物及无害化处理区〔病畜禽隔离室、病死畜禽无害化处理间和粪污无害化处理设施（沼气池、粪便堆积发酵池等）〕和辅助生产区（供水、供电、供热、设备维修、物资仓库、饲料储存等设施）等4部分。

各功能区的布局要求：管理区、生产区处于上风向，废弃物处理区处于下风向，并距生产区一定距离，由围墙和绿化带隔开；生产区入口处应设消毒通道。养鸡场、养鸡小区周围建有围墙或其他隔离设施，场区内各功能区域之间设置围墙或绿化隔离带，围墙距一般建筑物的间距不应小于3.5米；围墙距畜禽舍的间距不应小于6米。以便于防火及调节生产环境等。养鸡场的辅助生产区应靠近生产区的负荷中心布置。精饲料库的入料口开在辅助生产区内，精饲料库的出料口开在生产区内，杜绝生产区内外运料车交叉使用。养鸡场大门应位于场区主干道与场外道路连接处，设施布置应使外来人员或车辆应经过强制性消毒，并经门卫放行才能进场。

充分利用场区原有的地形、地势，在保证建筑物具有合理的朝向，满足采光、通风要求的前提下，尽量使建筑物长轴沿场区等高线布置，以最大限度减少土石方工程量和工程费用。场区地形复杂或坡度较大时，应作台阶式布置，每个台阶高度应能满足行车坡度要求。在布局时还要做到，功能相同的建筑物应尽量集中和靠近。各栋养鸡舍均应平行整齐排列（一行和二行排列），并有利于养鸡舍的通风、采光、防暑和防寒。

养鸡场、养鸡小区应设净道和污道，并严格区分开，人员、畜禽和物资运转采取单一流向。净道主要用于饲养员行走、运料和畜禽周转等。净道也作为场区的主干道，宜用水泥混凝土路面，也可用平整石块或条石路面。宽度一般为3.5～6.0米，路面横坡1.0％～1.5％，纵坡0.3％～8.0％为宜。污道主要用于粪便等废弃物运出。污道路面可同清洁道，也可用碎石或砾石路面，石灰渣土路面。宽度一般为2.0～3.5米，路面横坡为2.0％～4.0％，纵坡0.3％～8.0％为宜。场内道路一般与建筑物长轴平行或垂直布置，清洁道与污物道不宜交叉。道路与建筑物外墙最小距离，当无出入人口时1.5米为宜；有出入口时 3.0 米为宜。

场区实行雨污分流的原则，对场区自然降水可采用有组织的排水。对场区污水应采用暗管排放，集中处理。场区绿化选择适合当地生长，对人畜无害的花草树木，绿化率不低于 30%。树木与建筑物外墙、围墙、道路边缘及排水明沟边缘的距离应不小于 1 米。

鸡舍建筑是一项畜牧生物环境工程，它包括生物措施和工程措施两种技术，鸡舍建筑既要符合鸡的生物学要求，又要便于养鸡操作。我国地域辽阔，各地自然地理环境差异明显，南北方气候差异非常大，因此对鸡舍的建筑类型要求也不一样。但是无论南方北方，鸡舍都必须满足其基本要求：一是满足鸡舍功能，适应鸡对环境的要求，为鸡的生长发育、繁殖、健康和生产创造良好的环境条件；二是适合工厂化生产的需要，有利于规模化经营管理，提高经济效益，减轻饲养人员劳动强度，满足机械化、自动化所需要条件或留有余地；三是便于饲料、鸡蛋和鸡粪等的运输。

四、建设合理的鸡舍

鸡舍是肉鸡养殖的重要基础，合理的肉鸡舍要能满足肉鸡生产对环境的需要，也是保证养鸡场持续稳定生产的必备条件之一。因此，养鸡场必须重视肉鸡舍的建设。

南方鸡舍要求通风降温要好，而北方则是通风保暖要好，对于资金实力雄厚、大型集约化肉鸡养殖企业来说，这些要求比较容易做到，通常建设封闭式无窗鸡舍，鸡舍完全封闭，屋顶和四周墙壁隔热性能好，舍内通风、光照、温度和湿度等靠电子设备或人工通过机械设备进行控制，舍内环境几乎不受外界环境的影响，节省人工，优点很多。但是这类鸡舍投资大，鸡舍建筑成本高，技术要求和使用维护成本也高，尤其是耗费电力和机械，不是一般养殖场能够承受得了的，只有大型肉鸡养殖企业能够做得到。

对于目前我国肉鸡养殖以中小规模大群体为主的养殖现状来说，需要一种能够被绝大多数养鸡场（户）所接受的，投资不多，又实用的鸡舍。经过多年的实践和同行的反馈，笔者感到比较实用的鸡舍还是有窗式封闭鸡舍，这种鸡舍最常见的形式以砖瓦结构为主，四面是实墙，37 厘米厚的砖墙，至少也要 24 厘米厚。最好是墙体中间加 10

厘米厚的苯板，这样的墙保温性能好。南墙留大窗户，窗户高1.5～1.8米，窗下框距离地面1～1.2米，宽1.5米，北墙留小窗户与南窗位置相对应，高度和宽度均为1米，鸡舍内净高为2.4～2.8米；网上平养鸡舍内净高为3.2～3.5米。屋顶和墙保温隔热性能好，鸡舍跨度9～12米。鸡舍朝向宜采取南北方向位，南北向偏东或偏西10°～30°为宜，保持鸡舍纵向轴线与当地常年主导风向呈30°～60°角。地面采用水泥地面，内墙表面应耐酸碱等消毒药液清洗消毒。内外墙均用水泥抹面，应能防止雨雪侵入，保温隔热，能避免内表面结水。鸡舍以自然通风和自然光照为主，用机械通风和光照设备补充自然条件下通风和光照的不足。这种鸡舍坚固耐用，建设成本和使用维护成本相对较低，适合中小养殖户。

五、采用养鸡设备

现代养鸡生产是良种、饲料、防疫、环境、管理和机械设备等多种因素的有机整体。在规模化、集约化养鸡生产过程中，使用先进的机械设备可以大幅度地提高劳动生产率，同时还可以为鸡群创造较为理想的生活环境，促进生产性能的提高。因此选择和使用性能好的机械设备，是提高养鸡生产效益的关键措施之一。

1. 喂料设备

（1）喂料盘 又叫开食盘（图3-1）。用于1周龄前的雏鸡，是塑料和镀锌铁皮制成的圆形和长方形的浅盘。盘底上有防滑突起的小包或线条。以防雏鸡进盘里吃食打滑或劈腿。每盘可供80～100只雏鸡使用。若饲养数量少，可用塑料薄膜或牛皮纸代替开食盘。

图 3-1　喂料盘　　　　　图 3-2　喂料桶

（2）喂料桶 又叫自动喂料吊桶（图3-2）。适用于2周龄以上的

肉鸡。料桶有塑料和镀锌铁板两种。饲料装入桶内，便可供鸡自由采食，鸡边吃料，饲料边从料桶落向料盘。其规格有 3 种，一般选择 5 千克容量的桶即可。每个桶可供 50 余只鸡自由采食用。

（3）喂料槽　用木板或镀锌铁板自制而成的长方形槽。槽的上方加一根能转动的横梁，以防鸡只进入槽内或站在槽上，弄脏饲料。饲槽的长度一般为 1.0～1.5 米，每只鸡占有 5 厘米左右的槽位。

另外一种是笼养肉鸡用长形饲槽（图 3-3），饲槽边口向内弯曲，以防止鸡采食时挑剔将饲料刨出槽外。根据鸡体大小不同，饲槽的高和宽要有差别，雏鸡饲槽口宽 10 厘米左右，槽高 5～6 厘米，底宽 5～7 厘米；大雏或成鸡饲槽口宽 20 厘米左右，槽高 10～15 厘米，底宽 10～15 厘米，长度 1～1.5 米。

图 3-3　笼养用塑料料槽

图 3-4　自动喂料系统

（4）肉鸡自动喂料系统　肉鸡自动喂料系统俗称"自动料线"，通常由料塔（料斗）、输料管、绞龙、电机、料位传感器、悬挂升降装置和料盘（图 3-4）等组成。其主要功能就是把料塔（料斗）中的料均匀快速地输送到料盘中，并由料位传感器来自动控制电机的输送启闭，达到自动送料的目的。

2. 饮水设备

饮水设备分为以下几种。

（1）塔形真空饮水器　适用于 2 周龄前雏鸡使用。这种饮水器多由尖顶圆桶和直径比圆桶略大一些的底盘构成（图 3-5）。圆桶顶部和侧壁不漏气，基部离底盘高 2.5 厘米处开有 1～2 个小圆孔。利用真空原理使盘内保持一定的水位直至桶内水用完为止。这种饮水器构造简单、使用方便，清洗消毒容易，能保持干净的水质。它可用镀锌铁皮、塑料等材料制成，也可用大口玻璃瓶制作。规格很多，可以根据鸡的大小选择合适的容量。适用于一般肉鸡场和专业户使用。

（2）普拉松自动饮水器（图3-6） 适用于3周龄后肉鸡使用，能保证肉鸡饮水充足，有利于生长。每个饮水器可供100～120只鸡用，饮水器的高度应根据鸡的不同周龄的体高进行调整。

图 3-5 塔形真空饮水器　　　图 3-6 普拉松自动饮水器

（3）槽形饮水器 这类饮水器一般可用竹、木、塑料、镀锌铁皮等多种材料制作成"V"字形、"U"字形或梯形等。"V"字形水槽（图3-7）多由铁皮制成，但金属制作的一般使用3年左右水槽便腐蚀漏水，迫使更换水槽，而用塑料制成的"U"字形水槽解决了"V"字形水槽腐蚀漏水的现象，而且"U"字形水槽使用方便，易于清洗。梯形水槽多由木材制成。农村专业户有的直接用竹筒作成水槽。水槽一般上口宽5～8厘米，深3～5厘米。槽上最好加一横梁，可保持水槽中水的清洁，尽可能放长流水。每只鸡占有2～2.5厘米的槽位。另外水槽一定要固定，防止鸡踩翻水槽造成洒水现象。使用时要活动，以防被鸡踏翻。使用这种水槽，饮水时鸡将水甩出，会将垫料弄湿，且不易洗涮。

图 3-7 "V"字形饮水槽

图 3-8　乳头式饮水器

（4）乳头式饮水器（图 3-8）　这种饮水器已在世界上广泛应用，使用乳头式饮水器可以节省劳力，并可改善饮水的卫生程度。但在使用时注意水源洁净、水压稳定、高度适宜。往水里加药时，要防止堵塞。平时需要经常检查长流水和不滴水现象的发生。这种饮水器成本高于水槽。

肉鸡 4～7 日龄开始使用水线和料线，普拉松饮水器应在 7 日龄以后开始使用。注意饮水器和料线的高度，以小鸡抬头能喝到水为准，及时提高水线。

3. 增温设备

（1）煤火炉供温　在室内砌烟道或架烟筒，生炉火直接供温（图 3-9）。这种供温方法既经济保温，性能也好，是一般肉鸡场和专业户经常使用的方法。但在使用时由于舍内生火消耗大量氧气，因而必须处理好保温和通风的关系，防止肉鸡腹水症等疾病的发生。另外，在育雏阶段如果是冬季或早春可在室内建 1.5 米左右高的塑料保温棚，防止热量的散发，形成局部温暖小气候。面积根据育雏数量而定，棚内用砖砌烟道，使其一端连接煤火炉，另一端连接烟筒，棚的适当位置留有 1～2 个出入口，便于饲喂和清扫粪便。但要特别注意防止烟道漏气，避免雏鸡煤气中毒，因而应经常检查烟道使其处于完好状态。

图 3-9　煤炉

图 3-10　电热育雏伞

（2）育雏伞　育雏伞是育雏的常用设备（图 3-10）育雏伞有铁皮和玻璃钢两种，它可根据雏鸡的日龄进行人为控制温度，满足其生长需要。每个伞 800～1200 瓦，可供 500～600 只雏鸡使用。

（3）红外线灯泡（图 3-11） 利用红外线灯泡散发的热量供暖，通常用 250 瓦红外线灯泡，可数个连在一起。悬于离地面 35～45 厘米高度，具体高度可以调节，室温低时灯泡低些，反之则高些。每盏灯可育雏 100～200 只。

图 3-11 红外线灯泡

图 3-12 锅炉供温系统

（4）锅炉 有燃煤和燃气两种，主要用于民用取暖，供热稳定。由锅炉、热水管线、水循环泵（热水）、散热片、散热风机等组成（图 3-12）。

（5）热风炉 有燃煤和燃气两种，是一种先进的供暖装置，广泛用于畜禽养殖的加温（图 3-13）。由室外加热和室内送风等部分组成。使用热风炉给肉鸡舍加温，容易使鸡舍内空气干燥，从而降低鸡舍内湿度，需要注意保持好鸡舍内湿度。

4. 通风换气设备

密闭鸡舍必须采用机械通风，以解决换气和夏季降温的问题。机械通风有送气式和排气式两种。送气式通风是用通风机

图 3-13 热风炉

向鸡舍内强行送新鲜空气，使舍内形成正压，将污浊空气排走。排气式通风是用通风机将鸡舍内的污浊空气强行抽出，使舍内形成负压，新鲜空气便由进气孔进入鸡舍。过去密闭式鸡舍多采用横向通风，由一侧进风，另一侧排气。近年来有些鸡场采用纵向通风，结果证明其通风效果更好，在高温季节对降温的效果更为明显。

开放式鸡舍主要采用自然通风，利用门窗和天窗的开关来调节通

风量，当外界风速较大或内外温差大时通风较为有效，而在夏季闷热天气时，自然通风效果不佳，需要机械通风予以补充。通风方式是采用风扇送风（正压通风）、抽风（负压通风）和联合式通风，安装位置在鸡舍内空气纵向流动的位置。

通风换气设备有轴流式风机、离心式风机、排气扇、换气扇和吊扇等。通风机械的种类和型号很多，可以根据实际情况选购。

（1）风扇　电风扇是一种利用电动机驱动扇叶旋转，来达到使空气加速流通的电器，主要用于清凉解暑和流通空气。按用途分类可分为家用电风扇和工业用排风扇。工业用电风扇主要用于强迫空气对流之用。电扇主要由扇头、风叶、网罩和控制装置等部件组成。扇头包括电动机、前后端盖和摇头送风机构等。按电动机结构可分为单相电容式、单相罩极式、三相感应式、直流及交直流两用串激整流子式电风扇。常用的有移动风扇（图3-14）和吊扇（图3-15），消暑效果很好，应用比较广泛。

图3-14　移动风扇

图3-15　吊扇

吊扇一般固定安装在天花板上，安装使用简便。安装方法是将吊扇在天花板固定好后，再把电网火线接到吊扇调速器的一端，风扇的一条线接调速器的另一端，零线直通（即零线接风扇的另一条线）。可有效促使空气循环，加强舍内外空气流通，新风与舍内滞留空气可不断地充分混合，舍内大面积风的流动会加快肉鸡体表热的蒸发速度，从而形成自然降温现象，就像人沐浴后吹风感到寒战一样。可以改变鸡舍内闷热通风不良的环境，在风扇覆盖的区域肉鸡可以感觉到4～6℃的温差凉爽效果。

（2）轴流风机 轴流式风机又叫局部通风机，气流与风叶的轴同方向（即风的流向和轴平行），是肉鸡养殖常用的通风换气设备（图 3-16），轴流式通风机主要由轮毂、叶片、轴、外壳、集风器、流线体、整流器和扩散器，以及进风口和叶轮组成。进风口由集风器和流线体组成，叶轮由轮毂和叶片组成。叶轮与轴固定在一起形成通风机的转子，转子支承在轴承上。当电动机驱动通风机叶轮旋转时，就

图 3-16 轴流风机

有相对气流通过每一个叶片。轴流式风机的电机和风叶都在一个圆筒里，外形就是一个筒形，用于局部通风，安装方便，通风换气效果明显，安全，可用接风筒把风送到指定的区域。

（3）屋顶天窗 屋顶天窗（图 3-17）是在鸡舍的屋顶上方设置的通风换气口，通常由人工根据鸡舍内的空气状况控制其开启，实现通风换气的目的，经济适用。

图 3-17 天窗

图 3-18 水蒸发式冷风机

（4）水蒸发式冷风机 水蒸发式冷风机（图 3-18）有直接蒸发式及间接蒸发冷却两种。

直接蒸发式及间接蒸发冷却采用水直接蒸发冷却（DEC）方式，接近于等温加湿过程，室外空气经加湿降温后送入室内。这种方式结构非常简单，成本及耗电极低，目前 99% 的水蒸发冷风机成品是采用此原理。

采用间接蒸发冷却对室外空气进行等湿降温，然后再用直接蒸发降温方式（IEC＋DEC）能使室外空气获得介于露点温度与湿球温度间的出风温度，会使水蒸发冷风机舒适度更好，适用面更广。

(5) 排气扇 排气扇，又被称作通风扇、负压风机、负压风扇等（图 3-19、图 3-20）。由电动机带动风叶旋转驱动气流，利用空气对流让舍内一直处于负压状态，形成一股吸力，源源不断地吸入室外的空气，并排出室内闷热的空气，从而达到通风透气、除去室内污浊空气的目的，调节温度、湿度和感觉效果。排气扇按进排气口分为隔墙型（隔墙孔的两侧都是自由空间，从隔墙的一侧向另一侧换气）、导管排气型（一侧从自由空间进气，而另一侧通过导管排气）、导管进气型（一侧通过导管进气，而另一侧向自由空间排气）、全导管型（排气扇两侧均安置导管，通过导管进气和排气）。按气流形式分为离心式（空气由平行于转动轴的方向进入，垂直于轴的方向排出）、轴流式（空气由平行于转动轴的方向进入，仍平行于轴的方向排出）和横流式（空气的进入和排出均垂直于轴的方向）。广泛应用于家庭及公共场所以及养殖业。

图 3-19　方形排风扇　　　　　图 3-20　喇叭形排风扇

与降温水帘一同使用可一举解决通风、降温问题。排气扇运行过程中会在室内形成一个负压环境。如果在排气扇出风口的另一侧墙上安装降温水帘，排气扇在将室内闷热空气排出室外的同时，也将通过降温水帘进入室内含有丰富水蒸气的低温空气吸入室内，从而达到通风、降温的效果。

(6) 湿帘降温系统 湿帘降温系统有"湿帘-负压风机"降温系统和湿帘冷风机降温两种。

"湿帘-负压风机"降温系统由纸质多孔湿帘（图 3-21）、水循环系统、风扇组成。未饱和的空气流经多孔、湿润的湿帘表面时，大量水分蒸发，空气中由温度体现的显热转化为蒸发潜热，从而降低空气自身的温度。风扇抽风时将经过湿帘降温的冷空气源源不断地引入室内，从而达到降温效果。

图 3-21　湿帘

图 3-22　湿帘冷风机

　　湿帘冷风机（图 3-22）降温是用循环水泵不间断地把接水盘内的水抽出，并通过布水系统均匀地喷淋在蒸发过滤层上，使室外热空气通过蒸发换热器（蒸发湿帘）与水分进行热量交换，通过水蒸发而达到降温、清凉的目的，洁净的空气则由低噪声风机加压送入室内，以此达到降温效果。

　　（7）自动喷雾降温设备　它主要由水箱、水泵、过滤器、喷头喷水管道和自动控制系统等组成。自动喷雾设备除了喷水降温外，还可在水中加入一定比例的消毒杀菌药，配成相应浓度的药液，对鸡舍进行喷雾消毒，或带鸡消毒，这样既可防暑降温，又能消毒杀菌。

5. 消毒设备

　　舍内地面、墙面、屋顶及空气的消毒多用喷雾消毒和熏蒸消毒。火焰消毒常用火焰消毒器（图 3-23）；喷雾消毒采用的喷雾器有背负式（图 3-24）、手提式、固定式和车式高压消毒器（图 3-25），熏蒸消毒采用熏蒸盆，熏蒸盆最好采用陶瓷盆或金属盆，切忌用塑料盆，以防火灾发生。

图 3-23　火焰消毒器

图 3-24　背负式喷雾器

图 3-25 车式高压消毒器

图 3-26 机械清粪

6. 清粪设备

鸡舍内的清粪方式有人工清粪和机械清粪两种。机械清粪常用设备有刮板式清粪机（图 3-26）、传送带式清粪机和抽屉式清粪机。刮板式清粪机多用于阶梯式笼养和网上平养；传送带式清粪机多用于叠层式笼养；抽屉式清粪板多用于小型叠层式鸡笼。

7. 饲养工具

秤（用来称量饲料和鸡体重）（图 3-27）、铁锹、笤帚、叉子、水桶、刷子、水枪等清洁卫生用具，而且应做到每舍一套，不要串用。

图 3-27 电子台秤

图 3-28 阶梯式鸡笼

8. 笼具

笼具是现代化养鸡的主体设备，不同笼养设备适用于不同的鸡群。肉鸡的笼具主要有育雏期肉鸡笼、生长期肉鸡笼和肉种鸡笼。

（1）阶梯式鸡笼 阶梯式鸡笼（图3-28）为2～3层。其优点：各层笼敞开面积大，通风好，光照均匀；清粪作业比较简单；结构较简单，易维修；机器故障或停电时便于人工操作。其缺点是饲养密度较低。

（2）叠层式鸡笼 将半阶梯式鸡笼上下层完全重叠，就形成了叠层式鸡笼（图3-29），层与层之间有输送带将鸡粪清走。其优点是舍饲密度高，鸡场占地面积大大降低，提高了饲养人员的生产效率；但是对鸡舍建筑、通风设备和清粪设备的要求较高。育雏期多用此种笼。

图 3-29 叠层式鸡笼 　　　　图 3-30 种鸡笼

（3）种鸡笼 种鸡笼（图3-30）有单层鸡笼和人工授精种鸡笼。与一般的鸡笼有所不同，种鸡笼为了确保公母鸡正常交配或人工授精。应注意：单笼尺寸与笼网片钢丝直径要适应种鸡体重较大的特点；一般每个单笼只养2只母鸡；笼门结构要便于抓鸡进行人工授精。

9. 测温器材

测温器材主要有干湿度计（图3-31）和最高最低温度计（图3-32）。

图 3-31 干湿度计 　　　　图 3-32 最高最低温度计

10. 照明设备

照明设备通常由灯和灯光控制器（图3-33）组成。

目前采用白炽灯和节能灯等光源来照明。白炽灯应用普遍。也可用日光灯管照明，将灯管朝向天花板，使灯光通过天花板反射到地面，这种散射光比较柔和均匀。用节能灯照明还可以节电。

鸡舍的灯光控制是肉鸡饲养中重要的一个环节。鸡舍灯光控制器取代人工开关灯，既能保证光照时间的准确可靠，实现科学补光，同时又减少了因为舍内灯光的突然明暗给鸡群带

图3-33　鸡舍灯光
控制器

来的应激。鸡舍灯光控制器有可编光照程序、时控开关、渐开渐灭型灯光控制和速开速灭型灯光控制4种功能。其功能主要有根据预先设定，实现自动调节鸡舍光的强弱明暗、设定开启和关闭时间和自动补充光源等等。使用鸡舍灯光控制器好处非常多。养殖场（户）可根据鸡舍的结构与数量、采用的灯具类型和用电功率、饲养方式等进行合理选择。

第四章

掌握规模化肉鸡养殖关键技术

一、地面厚垫料平养肉鸡关键技术

厚垫料平养肉用仔鸡是目前国内外最普遍采用的一种饲养方式。该饲养方式简便易行，设备投资少，利于农作物废弃物再利用和粪污资源化利用。垫料吸潮、消纳粪便等污染物，有利于改善鸡舍环境质量。垫料松软，保持垫料处于良好状态可减少腿病和胸囊肿的发生，提高鸡肉品质。缺点是优质垫料如稻壳、锯末等需求量大，成本较高，而且不同地区的供应状况不同。虽然垫料对废弃物有一定的消纳能力，但鸡群与垫料、粪便等直接接触，如果操作管理不当，容易发生球虫病等疾病，用药成本较高。

1. 鸡舍建设

规模化大型肉鸡养殖场通常采用全封闭肉鸡舍养殖肉鸡，这种类型的鸡舍可实现饲喂、饮水、温度、湿度、通风、光照等自动化管理，人工投入减少，生产效率提高。

地面垫料平养肉鸡的鸡舍面积大小要按照养鸡场的占地面积和饲养肉鸡的能力确定。如大型肉鸡舍的长 120 米，宽 12 米，平均高 2.2 米，占地面积为 1440 米^2，按照每平方米饲养密度 12 只，体重 2.5 千克计算，可饲养鸡只 17280 只（1440×12）。

水线和乳头数量计算：水线每 3 米一条，如果鸡舍宽度为 12 米，则共需要水线 4 条。每个乳头饮水器饲养鸡数按照 12 只计，每间隔 25 厘米安装 1 个乳头饮水器。如果鸡舍长度为 100 米，则一条水线需要 396 个乳头饮水器。4 条水线共需要乳头饮水器 1584 个，最多可满足 19000 只肉鸡的饮水需要。

平养肉鸡绞龙盘式料线计算：按照每 4 米一条料线，宽度为 12 米的鸡舍应安装 3 条料线，料盘间距为 75 厘米，如果鸡舍长度为 100 米，一条料线需要料盘 133 个，3 条料线共需要料盘 399 个。按照每个料盘饲养鸡只 40~50 只（体重 2.2~2.5 千克）计算，可满足 15960~19950 只肉鸡的需要。

通风设备安装数量：通常采用纵向通风，为了保证 2 米/秒的风速（过截面的理想风速为 2 米/秒，能起到风冷效应的最小风速为 1.2 米/秒，鸡只能承受最大理想风速为 2.5 米/秒），需要安装的纵向风机数量＝横截面积×风速/风机每秒的额定通风量。

例如一个宽度为 12 米的鸡舍，舍内经过吊棚后，棚距离地面高度为 2.5 米，则截面积为 12 米×2.5 米＝30 米^2，单位时间过截面的风量为：30 米^2×2 米/秒＝60 米^3/秒，若按"50 风机一般的 10 米^3/秒计算，则需 6 台 50"的风机。

水帘安装面积计算：已知 15 厘米厚水帘允许过帘风速为 1.5~2 米/秒，若取过帘风速为 1.8 米/秒，则需 60 米^3/秒÷1.8 米/秒＝33.3 米^2；若水帘高设计为 2 米，则需 33.3 米^2/2 米＝16.65 延长米，两边布置时每边为 8.325 延长米。因水帘纸通常为 0.6 米宽一块（可以分半块），所以每边＝8.325 米/0.6 米＝13.875 块，即 14 块。

2. 鸡舍及饲养用具的准备

（1）设备检修 对照明通风、供暖、供水、供料等系统的线路、管道、闸盒、开关和其他部件进行全面检修，使处于完好状态，以备使用。采用煤炉、火墙供暖方式应特别注意检查是否有串烟的地方，以防一氧化碳中毒。采用育雏伞育雏的，要确保保姆伞和其他供热设备运转正常。将饲槽、水箱、水槽、添料拌料机械及用具等清洗干净，保证育雏护围、饮水器、料秤、家禽秤、食槽及其他设施等在鸡舍内熏蒸消毒之前放置舍内各就各位。

（2）准备垫料 首先是选择垫料，垫料质量直接影响雏鸡的培育效果。要求垫料干燥、松软、无发霉、无异味、吸水性良好。一般选用干燥的稻壳、碎麦秸、松针、玉米秆、碎稻草、锯末或刨花等。

　　其次是垫料使用前一定要进行检查，保证没有发霉，如果发现有发霉的则坚决弃之不用。发霉的垫料容易引起雏鸡发生曲霉菌病，发病后治疗效果不良，对其成活率和生长发育影响很大。用前还要挑出其中的尖利杂质，以免伤及雏鸡腿脚。垫料要经过太阳暴晒，既可起到消毒作用，又可使其充分干燥。

　　最后在鸡舍的地面上按每平方米撒生石灰 1 千克，然后铺上 5～6 厘米厚的垫料，并适当踩压，把饲喂用具和饮水器放置在垫料上，经过熏蒸消毒后等待雏鸡进入。

　　（3）鸡舍消毒　应在上批鸡转走之后就将舍内粪便清除干净，并对鸡舍进行全面的检查和维修，防止漏风、漏雨，堵好鼠洞，还要把鸡舍周围打扫干净，对整个鸡场进行彻底清洗和消毒。至少要在进鸡前一周，将鸡舍进行彻底清扫后封闭，用福尔马林和高锰酸钾进行熏蒸消毒。第一次养鸡的新鸡舍每立方米用甲醛 21 毫升，养过鸡的老鸡舍每立方米用甲醛 42 毫升，用甲醛量半量的高锰酸钾与甲醛反应进行熏蒸消毒。熏蒸消毒 24～48 小时，放风 2～3 天后，再进行喷洒消毒，消毒药要选择对金属没有腐蚀性的产品。以上消毒工作做完后，空舍准备接雏鸡。

　　（4）饲料的准备　雏鸡料必须符合本鸡种的营养标准，配制好的全价料不可放置太久，最好不要超过两周，以防饲料变质及维生素A、维生素 E 等的氧化，一般按每只雏鸡 1.1～1.5 千克计即可。

　　（5）其他物资的准备　燃料、疫苗及常用药物、灯泡等应准备够用，疫苗及药物按要求妥善存放好。

　　（6）鸡舍升温预热　在雏鸡到来前 2～3 天开动加温设备，进行试温，看鸡舍是否达到预期温度，接鸡前 3 小时到接鸡后 2 小时，即雏鸡完全喝上水前温度应控制在 27～29℃之间，以防止长期运输过程后加重雏鸡脱水。雏鸡进入前一天，将育雏舍、保姆伞调至所推荐的温度，或略微高于育雏前期控制中的最高温度。

　　（7）鸡舍内局部隔离　厚垫料平养肉鸡的育雏期和育肥期均可在同一栋鸡舍内完成。由于育雏初期雏鸡占用的鸡舍面积较小，为了节约能源，同时又便于管理，可以在鸡舍内用塑料布或者彩条布等根据雏鸡的数量，按照所需占用面积的大小做出局部隔离，以后随着雏鸡的不断长大而逐渐扩大鸡舍的使用范围，直至最后将隔离

撤除。

3. 品种选择

　　平养肉鸡的品种选择是提高平养鸡经济效益的首要条件，肉鸡品种的优劣直接决定了鸡的生长速度、抵抗疾病、产量、饲料消耗、饲养周期和料肉比等要素。实践表明，优良的肉鸡品种不但可以缩短生长周期，还可以使每只鸡的质量比普通品种提高10％以上，综合来看，优良的肉鸡品种在生长速度、饲养周期、饲料消耗、经济效益方面明显好于普通品种，因此要选择优良的肉鸡品种。

　　选择平养肉鸡的品种以快大型白羽肉鸡为宜，如爱拔益加（AA$^+$）、罗斯308、科宝（Cobb）和艾维茵等均可。也可以饲养817肉杂鸡及黄羽肉鸡品种。

4. 鸡雏挑选

　　雏鸡应来自有种鸡生产许可证，而且无鸡白痢、新城疫、禽流感、支原体、禽结核、白血病的种鸡场，或由该类种鸡场提供的种蛋所生产的经过产地检疫的健康雏鸡。一栋鸡舍或全场的所有鸡只应来源于同一种鸡场。

　　优质雏鸡应该具备的特性：一是生长快、生活力强；二是鸡雏最好来自具有一定规模和信誉度、有相当技术水平、鸡群体质健壮高产、没发生严重疫情的种鸡场；三是对一些重要疫病具有较高、较一致的母源抗体，能够避免幼雏期的疫病感染，也便于适时免疫；四是体重适中，体力充沛，活泼好动，反应敏捷，叫声脆响，抓在手中时挣扎蹬腿有力。

　　挑选健壮的雏鸡，主要通过一看、二摸、三听。所谓"一看"，就是看外形，大小是否均匀，符合品种标准；羽毛是否清洁整齐，富有光泽。"二摸"，就是摸身上是否丰满，有弹性。"三听"则是听叫声是否清脆响亮。健壮的雏鸡一般表现为眼大有神，腿干结实，绒毛整齐，活泼好动，腹部收缩良好，手摸柔软富有弹性，脐部没有出血点，握在手里感觉饱满温暖，挣扎有力。反之，精神萎靡，绒毛杂乱，脐部有出血痕迹等均属弱雏。

　　鸡雏进场后，将静置后的鸡雏按计划分群安置，分群时应强弱分开，弱雏应放在离热源最近的地方。

5. 饮水管理

第 1 次给肉用雏鸡饮水通常称为开水。在雏鸡安置后 1 小时内就应给雏鸡饮水，开水最好用温开水，水中可加入 3%～5% 的葡萄糖或红糖，一定浓度的多维电解质和抗生素，有利于雏鸡恢复体力，增强抵抗力，预防雏鸡白痢的发生。一般这样的饮水需连续 3～4 天。从第 4 天开始，可用微生态制剂饮水来清洗胃肠和促进胎粪排出。水温要求不低于 24℃，最好提前将饮水放在育雏舍的热源附近，使水温接近舍温。

肉鸡的饮水一定要充足，其饮水量的多少与采食量和舍温有关。通常饮水量是采食量的 2～3 倍，舍温越高，饮水量越多，夏季高温季节饮水量可达到采食量的 3.5 倍，而冬季寒冷季节饮水量仅是采食量的 1.5～2 倍。刚到的雏鸡 1000 只鸡大概能饮水 10 千克。

饮水器应充足，每只鸡至少占有 2.5 厘米的水位。饮水器应均匀分布在育雏舍内并靠近光源四周，且与料盘相互交错，距离不超过 1 米为好。应每天清洗 2～3 次饮水器，每周可用 3000 倍液的百毒杀消毒 2 次；饮水器的高度要适宜，使鸡站立时可以喝到水，同时避免饮水器洒漏弄湿垫料。

6. 喂料管理

雏鸡开食时间应在初饮之后 2～3 小时，使用肉鸡雏鸡专用料。一开始可以将饲料撒在干净的报纸、料袋、塑料布或塑料开食盘上让鸡采食。为节省饲料，减少浪费，1～4 日龄最好使用开食盘喂料，也可以采取湿拌料饲喂。注意为保证饲料的新鲜，一次添加的料量不可过多。雏鸡在吃料饮水适宜的情况下，嗉囊内应充满饲料和水的混合物。在入舍后前 10 小时轻轻触摸鸡只的嗉囊可以充分地了解雏鸡是否已经饮水采食。最理想的情况下，鸡只嗉囊应该充满圆实。嗉囊中应该是柔软，像稠粥样的物质。如果嗉囊中的物质感到很硬，或通过嗉囊壁能感觉到饲料原有的颗粒结构，则说明这些鸡只饮水不够或没有饮到水。

自 4～5 日龄起，使用绞龙盘式料线喂料的，注意调整好料线的高度，应符合雏鸡采食高度的要求。采用料桶喂料的，应逐渐加入小料桶（2 千克小料桶），7～8 日龄后全改用大料桶（10 千克料桶）。

除第2～3周需要控制饲喂料量外，其他时间自由采食，即任其吃多少喂多少。第2～3周实行限饲喂，只是为了给鸡群一个净料桶的时间，增加鸡群的运动量，不是为了让其少采食饲料。也就是每天要控制2小时不喂料，可减少肉鸡猝死症的发生而不影响后期体重。饲喂次数应适宜，不少于3次，一般第1周每天喂6～12次，第2周每天喂4次，以后一直到出栏每天喂3次。一般每20～30只鸡需要一个料桶。料桶放置好后，其边缘应与肉鸡的背部等高，每次加料不宜过多，可减少饲料的浪费，避免在鸡舍造成污染和失去新鲜度降低鸡只的食欲。

肉鸡推荐日喂次数：1～3天，喂8～10次；4～7天，喂6～8次；8～14天，喂4～6次；15日龄后，喂2～3次。

目前肉鸡的饲料配方一般分三段制：0～3周龄使用前期饲料，前期料应分为两种（颗粒破碎料和颗粒料），这样分有利于前十几天的采食和后几天提高采食速度。4～5周龄用中期料，6周龄至出栏用后期料。应当注意，各阶段之间在转换饲料时，应逐渐过渡，有7天的适应期，若突然换料易使肉鸡出现较大的应激反应，引起鸡群发病。换料过渡的方法是7天中的头3天饲喂2/3前料＋1/3后料，后4天饲喂1/3前料＋2/3后料的混合料。

7. 温度管理

肉鸡饲养管理中温度控制是至关重要的工作，舍内温度高低直接影响肉鸡的采食量的大小，同样也影响肉鸡增重的效果。在肉鸡的整个饲养期内，肉鸡对温度要求都很严格。有试验表明，5周龄后偏离适宜温度1℃，到8周龄时每只肉鸡体重约减少20克。肉鸡适宜温度的范围如下：1～2日龄34～35℃，3～7日龄32～34℃，8～14日龄30～32℃，15～21日龄27～30℃，22～28日龄24～27℃，29～35日龄21～24℃，35日龄至出栏维持在21℃左右。应注意，育雏舍应悬挂温度计，温度计要挂在保温伞的边缘或挂在距火炉较远，育雏舍中央偏北侧，温度计悬挂应使温度计的水银球与鸡雏的背部同一高度。

育雏舍的温度是否适宜，除了要参考温度计的读数，更要观察鸡群的表现。温度适宜，雏鸡均匀地分布在育雏室内，活泼好动，叫声清脆，食欲良好，饮水适度，羽毛光亮整齐，休息时睡姿伸展；温度过高，雏鸡远离热源，张口喘气，饮水量增加，张翅下垂，食欲下降，叫声烦躁不安；温度过低，雏鸡相互拥挤、扎堆，聚集在热源周围，甚至出现压死或憋死现象，羽毛蓬乱，不喜活动，采食和饮水量减少，不安静休息，并不断发出唧唧声，出现拉稀现象，长期偏离则生长发育缓慢，羽毛缺乏光泽；而当育雏舍有贼风时，雏鸡大多密集于贼风吹入口的两侧。总之，饲养者须根据鸡群的表现适时调节舍温。

当鸡舍温度过高时应逐渐降温，打开窗户、排风扇、天窗等通过排出舍内多余热量或加快气流速度的方式来达到降温的目的，也可以通过往鸡舍屋顶喷水或在鸡舍内喷雾的方法来达到此目的；当舍内温度较低时应尽快升温，可增加火炉、密封鸡舍窗户或增加棉门帘、加盖草苦等以达到保暖的目的，提高鸡舍温度。

8. 湿度管理

湿度对雏鸡的生理调节、预防疾病和生长发育等有重要的作用。湿度过大或过小对肉鸡都极为有害，湿度控制的一般原则是前期高些后期相对低些。一般育雏舍的相对湿度要求为 1～5 日龄 60%～70% 为宜，这对促进雏鸡腹内卵黄的吸收和防止雏鸡脱水有利；5 日龄以后 50%～60% 为宜。衡量育雏舍湿度是否合适，除了观察湿度计外，还可以通过人体感觉和雏鸡表现来判断。湿度适宜时，人进入鸡舍有湿热感，雏鸡的胫、趾润泽细嫩，羽毛柔顺光滑，鸡群活动时舍内无许多灰尘。

在生产中，育雏前期雏鸡舍内温度高，雏鸡排泄量小，相对湿度经常会低于标准，所以必须采取舍内补充湿度的措施，如可以向地面洒水，在热源处放置水盆或挂湿物，往墙上喷水等；育雏中期，育雏舍相对湿度经常高于标准，尤其是冬季塑料大棚等保温性能差的鸡舍，舍内相对湿度更是严重超标，使垫料板结，空气中氨气浓度增加，饲料发霉变质，病原菌和寄生虫繁衍，严重影响肉仔鸡的健康，因此，日常要注意管理，加强通风换气，勤换垫料，不向地面洒水，防止饮水器漏水等。

9. 光照管理

光照管理，1～3 日龄，雏鸡要通宵光照，目的是使雏鸡在明亮

的光线下增加运动，熟悉环境，有利于采食和饮水。3日龄后每天要有1～2小时黑暗时间，以免因突然停电造成鸡只应激。

肉鸡饲养过程中要适当控制光照时间，控光的目的一是与控料相结合，控料不控光不仅难以控制体重，还会出现因饥饿而骚动不安、争食、打斗及啄羽等现象，增加死淘率；二是让鸡安静，在暗光环境下有利于鸡生长发育。

肉鸡对光照强度的要求随着日龄的增加而减弱，一般前1～2周内采用较强的光照，目的是熟悉环境，有利于活动、采食和饮水，3周至出栏降低光照度，限制活动量，有利于增重，也可减少或防止啄癖的发生。光照强度1～7日龄应达到3.8瓦/米^2，8～42日龄为3.2瓦/米^2，42日龄以后为1.6瓦/米^2。另外，为了使光照强度分布均匀，不要使用60瓦以上的灯泡，灯高2米，灯距2～3米为宜。

10. 饲养密度管理

肉鸡饲养密度是否合理，对养好肉鸡和充分利用鸡舍有很大关系。饲养密度过大时，舍内空气质量下降，引发传染病，还导致鸡群拥挤，相互抢食，致使体重发育不均，夏季易使鸡群发生中暑死亡。饲养密度过小，棚舍利用率低。

肉鸡的饲养密度要根据不同的日龄、季节、气温、通风条件来决定，如夏季饲养密度可小一些，冬季大一些。以下饲养密度（每平方米）可供参考：1～7日龄40只，8～14日龄30只，5～21日龄27只，22～28日龄21只，29～35日龄18只，36～42日龄14只，43～49日龄10～11只，50～56日龄9～10只。

根据雏鸡的生长发育规律进行扩栏，可以在8日龄左右，将雏鸡的围圈撤除，在12～21日龄之间，每间隔2天将鸡群逐渐向空闲处疏散1次。22日龄左右，将鸡群扩满整个鸡舍。扩栏顺序为做好新扩栏区域隔离和保温措施—扩栏区域消毒—提高舍内温达到标准温度—移动料位与水位到适合区域—引鸡过来绑好格栏。扩栏时注意，首先对将要扩栏的区域进行清洗消毒处理，消毒对象有水线和乳头饮水器，要先清洗再消毒处理，用毛巾蘸消毒剂清洗一遍即可，扩栏用具也要一并消毒一次。因为扩栏对鸡群是一个较大的应激，要在水中加入电解质多维素以缓解鸡群的应激反应。

11. 日常垫料管理

　　垫料管理是平养肉鸡中最重要的管理内容。在厚垫料饲养过程中，垫料开始厚度应大于 5 厘米，冬天不低于 10 厘米，要求垫料平整，厚度大体一致。以后每周要用新的垫料在旧垫料上铺一层，厚度约 2 厘米。育雏结束时垫料厚度可达 15～25 厘米。鉴定垫料正确含水量的实用方法是握在手中时微粘贴，从手中落地时就散开。

　　垫料的潮湿度决定鸡群的健康状况。垫料过于干燥，舍内的粉尘及鸡群在生长过程中的换毛期造成的粉尘也会引起鸡群的呼吸道疾病；垫料过于潮湿，在适宜的温度，细菌的繁殖会增强，鸡群患球虫病的概率更高，病毒的存活时间长，如果此期间的通风量不足，舍内的氨气浓度经久不散，都会直接或间接地诱发疾病。

　　所以，在饲养期间，要保持垫料干燥、松软，不要将饮水器中的水倒在垫料上。如果使用的是水槽，应在雏鸡熟悉水槽后，尽快降低水位。注意维护饮水线，饮水线漏水会造成垫料潮湿，舒适度降低，容易发生球虫病等疾病，还会促使鸡粪发酵，产生氨气等有害气体。应检查和维修饮水器的渗漏，减少漏水的事情发生。应及时将水槽、食槽周围潮湿的垫料取出更换，防止垫料表面粪便结块。发现垫料板结时，应及时用草叉将垫料挑松，平时经常抖动垫料，使鸡粪落到垫料下面。垫料于育雏结束后 1 次性清除。防止垫料潮湿还可以采取每隔 3～5 天撒 1 次磷酸钙的做法，使用量为每平方米 100 克。

12. 通风管理

　　肉鸡饲养密度大，生长发育快，新陈代谢旺盛，通过通风换气排出鸡舍内多余的热量和水汽，排出鸡舍内污浊的空气，换进新鲜的含氧量高的空气，排出鸡舍内的灰尘，给鸡群提供一个良好的生活环境。

　　理想的通风就是在不影响鸡群适宜温度的情况下保证鸡舍的空气新鲜无异味。为了保证鸡舍空气新鲜，应根据鸡舍情况，打开门、窗、进出气孔或开启排风扇等进行通风换气。达到任何时候舍内不能有异味存在。还要注意通风，不能使冷空气直接吹到鸡身上。鸡舍要维修好，防止贼风、穿堂风侵袭鸡群，造成鸡群感冒。

衡量鸡舍的通风换气是否正常，以人进入舍内不感到空气刺鼻、刺眼流泪、有过分臭味为宜。也可借助于仪表来测量鸡舍内的有害气体的浓度。

夏季对于开放式鸡舍，很难有效地、积极地控制鸡舍环境。可采取降低鸡群密度、增加风扇数、合理放置风扇、调整风扇角度等方式加快鸡只周围空气的流动速度，在空气湿度不高而舍内温度很高的时候，可以采用喷雾器向鸡群喷水等措施改善鸡群状况。

对于密闭式鸡舍，安装湿帘、风机、温度控制仪，可有效地控制鸡舍温度。湿帘纵向通风系统设计合理，保持鸡舍内 2 米/秒的风速。如果进风口小、风机大，会使鸡舍内负压增大、风速快，易造成进风口处鸡只感觉太冷，易诱发腹水症的发生；如果进风口太大、风机太小，鸡舍内风速太低，会造成鸡舍两端的温差太大。密封鸡舍缝隙、漏洞和不必要的进风口，提高湿帘的利用率。如果在高温高湿季节，应关掉湿帘，只通过加大通风量来降温。因为空气中的湿度已经很高，使用湿帘降温不理想，反而会使鸡舍内的湿度更高，给鸡一种蒸桑拿的感觉，更易造成死淘率上升。

冬季通风要给鸡群生长发育提供充足的氧气，排除多余的热量、湿气、灰尘、氨气等，同时要尽可能地保持鸡舍温度，节省能源。对于密封鸡舍，要检查鸡舍排风扇的百叶窗关闭时是否密封。安装自动控制器，根据鸡舍规格、饲养量和雏鸡的体重，按 $0.016 \sim 0.027$ 米³/（千克·分钟），设计鸡舍的风机、进风口。确定适合自己鸡舍环境的循环时间和风扇数量。保持风扇循环时间尽量短些，避免舍内温度发生太大变化，为此可以设定 5 分钟或不超过 5 分钟一个循环，即 1 分钟开、4 分钟关。短时间的循环对舍内的温度影响不会太大，并且也可以节省燃料。同时这种方法也提高了舍内空气质量，保证了鸡群良好性能。热的空气上升，冷空气下降。鸡群是在地面上活动的，所以舍内的温度要以适合鸡群为准，就是说要以地面温度为准。为达到理想的通风换气效果，鸡舍内的静态压力应为 $0.03 \sim 0.10$ 英寸水柱（1 英寸水柱＝2.489×10^2 帕）。假如静压达不到，空气就会低速进入并下降吹到鸡群，使鸡群受冷。

冬季如果舍内的温度上升超过设定的温度，自动调温器或者控制器的设定也不应影响"最小化"通风的设定。当舍内的温度升高，就需要通风，自动调温器将会自动开启通风扇。当舍内温度下降，不再需要降温的时候，"最小化"通风计时器按照设定开始运行，这样可以提供足够的新鲜的空气。

13. 观察鸡群

要养好鸡必须经常细心观察鸡群，熟悉鸡群的动态。注意采食、饮水的快慢和数量，并与前一天的采食量、饮水量进行比较，发现问题要及时查明原因，采取措施。

每天清晨要检查雏鸡的粪便是否正常，正常的粪便为灰绿色，并带有尿碱沉淀的一层白霜，如为黄色浆尿和黄绿色稀粪或粪中带血、稀水等，说明雏鸡有病，应及时查明原因，采取预防治疗措施。夜间雏鸡休息时，要仔细听是否有不正常的呼吸声，呼噜的喉音、甩鼻等。

14. 制订科学的免疫程序

鸡场要根据受不同传染病的威胁程度和饲养管理水平、疫病防治水平及母源抗体水平的高低来制订科学的免疫程序，确定使用疫苗的种类、方法、免疫时间和次数等。有条件的鸡场还可根据抗体监测水平进行免疫。

如受新城疫威胁较大的鸡场，也可采取同时使用弱毒疫苗和灭活疫苗进行免疫的方法，以确保鸡只在整个生产周期中均具有较强的免疫力。肉鸡传染性法氏囊病的发生可致使免疫功能下降，因此传染性法氏囊的早期免疫应避免使用毒力过强的疫苗，以免损伤法氏囊而导致免疫功能降低，可根据不同地区、不同母源抗体水平，使用弱毒疫苗进行 1 次免疫或 2 次加强免疫。在发生过传染性支气管炎特别是肾型传染性支气管炎的鸡场中，应结合新城疫、传染性法氏囊病的免疫，同时安排传染性支气管炎的免疫计划。

15. 坚持环境消毒和带鸡消毒

鸡舍入口应设消毒池，并定期更换消毒药液。日常用具也应定期消毒，以及定期带鸡消毒。常用消毒药品可选用百毒杀、过氧乙酸、抗毒威、碘伏等。常用的方法是用 1∶(2000～3000) 百毒杀，每天 1～2 次，连用 3～4 天；再换用 0.15% 过氧乙酸，以喷雾方式

循环进行消毒，同时还应根据气温、湿度等情况适当调整喷雾剂量和浓度。

16. 药物保健预防

雏鸡的鸡白痢，第 2 周至出栏期的大肠杆菌病、慢性呼吸道病和球虫病是肉鸡最常见的疾病。针对肉鸡饲养周期短这一特点，阶段性地投放预防性药物显得尤为重要。25 日龄前重点防治鸡白痢病和大肠杆菌病；15 日龄后重点防治球虫病，连用 7 天，停药 3 天后，视鸡群情况决定是否再喂第二疗程；20 日龄后，重点防治慢性呼吸道病。

药物预防疾病时，针对性要强，应了解周围环境疾病流行的情况和本场流行疾病的规律，选用敏感性强的药物，并制订适当的用药程序。如预防霉浆体感染，可选用泰乐菌素、高利米先、北里霉素、恩诺沙星等。在发生疾病时，要及时诊断，选用特效药品。在发生大肠杆菌病时，应进行药敏试验，选用敏感性高的药物进行治疗。用药程序应根据本场的实际情况制订，无论使用哪种药品都应使用一个疗程，一般为 3～5 天，同时最好错开免疫时间。

从经济观点出发，饲养前期由于鸡只体重小，用药量亦小，宜选用抗菌广谱、效果好、价格相对高的药品。而饲养后期，鸡体重较大，用药量亦较大，应选用价格相对便宜一些的药品。实践证明，只有做好前期的预防工作，才能避免鸡后期的发病与死亡。

用药物预防时，注意不要从雏鸡入舍至出栏不间断地用药，也应杜绝在同一批鸡中反复使用同一种药物而使病原菌产生抗药性，最终导致防治的失败。一般而言，凡属病毒性疾病不应使用抗菌药物进行治疗。

在防疫、转群和换料前后，为了减少应激造成的损失，可适当投服维生素 C、电解多维、延胡索酸。5 周龄以后，为减少尿酸盐的沉积，可适当投服肾肿解毒药。

17. 加强饲养管理

坚持"全进全出"的饲养方式，避免二步制带来相互传染疾病的机会。保持稳定安静的环境。肉鸡胆小易惊，对环境变化敏感。因此，开闭灯、饮水、饲喂等工作程序一旦确定，不可轻易改变。饲养人员在鸡舍操作时，动作要轻，脚步要稳，尽量减少出入鸡舍的次数，开窗关门要轻。要定时检查温度、湿度、空气、垫料等情况，精心做好日常管理，给肉鸡创造一个适宜生长发育的"小环境"。

18. 淘汰病鸡、弱鸡和残鸡

肉鸡养殖过程中难免会出现病鸡、弱鸡和残鸡。这些病、弱、残鸡只，生长缓慢，达不到标准体重，到时出售时均不能按照正常肉鸡对待，往往都要作半价处理的。而这类鸡在饲料消耗上并不比正常生长的健康鸡只少很多，相反在药品使用、人工管理上还要比健康鸡只投入的多，其中的患病鸡还有传染疾病的风险。所以在肉鸡饲养过程中低于平均体重1/2的小鸡或弱鸡应及时淘汰，否则损失会更大。

19. 肉鸡出栏

出栏前8小时开始断料，饮水照常供应，直至抓鸡装笼时停止，以防鸡体因长时间断水造成体重下降或死亡。使用料桶饲喂的，停料时将料桶撤除并将料桶中的剩料全部清除。使用料线饲喂的，将料线升高，同时清除舍内其他障碍物，平整好道路，以备抓鸡；提前将鸡逐渐赶到鸡舍一端，把舍内灯光调暗，同时加强通风；用木板或网等将鸡围成若干小圈。抓鸡时，应用双手抱鸡，轻拿轻放，避免腿骨或翅骨骨折，严禁抓鸡翅膀和只提一条腿自然悬垂拎鸡、踢鸡、扔鸡。装筐时应避免将鸡只仰卧、挤压，以防压死或者损伤鸡。装好鸡的筐应及时装车送往屠宰场，夏季时，车上应当洒水，以防热死；冬季时，车前侧应用苫布遮盖挡风，以防冻死、压死鸡。

二、网床平养肉鸡关键技术

网床平养肉鸡就是将肉鸡饲养在距离地面一定高度的网床上，使肉鸡不与粪便直接接触，减少病原体再污染的机会，有利于防病，特别是对预防雏鸡白痢病和球虫病有极显著的效果，可提高育雏成活率。网床平养肉鸡的不足之处是投资较高。

网床平养肉鸡要有较高的饲养管理水平，特别是饲料营养要全价，防止鸡产生营养缺乏症。鸡舍要加强通风换气，防止肉鸡排出的粪便堆积产生有害气体。网床平养是我国肉鸡生产的主要饲养模式之

一，不论是快大型肉鸡、优质肉鸡，还是"817"小型肉鸡，都适合网床平养模式。

网床平养肉鸡在饲养管理上与地面厚垫料平养肉鸡基本相同，网床平养肉鸡涉及的鸡舍建设、鸡舍准备、品种选择、温度管理、湿度管理、通风管理、饲喂管理、饮水管理、光照管理，淘汰病鸡、弱鸡和残鸡，肉鸡出栏等均可参照前文"一、地面厚垫料平养肉鸡关键技术"一节。这里主要介绍网床平养肉鸡在网床搭设方面的技术。

网床的床架可以用金属（角铁、方钢、钢管）、竹木（木方、竹竿）等材料搭设。规模化肉鸡场多使用角铁或方钢焊制，也有使用球墨铸铁作支架的网架。金属网架牢固，使用年限较多。网架上铺肉鸡塑料养殖网、鸡用塑料漏粪地板、钢丝绳、竹木制成的网或栅片等。

网床高度从 0.5～0.7 米不等。从鸡舍内硫化氢、氨气等有害气体的分布规律来看，距离地面 0.6～1.0 米之间浓度较高，网床 0.5 米高时鸡群恰好处于该区间，但采用自动清粪系统及时清除粪便可显著改善空气质量。为了防止鸡从网床上掉下来，网床周边用网围成 50 厘米高的围栏。

网床搭设主要采用两种类型，一种是有过道设计，过道宽度通常在 1 米左右，采用自动供水、给料和清粪设备的，过道宽度可适当窄一些，0.75 厘米即可，采用人工喂料和清粪的，过道宽度应适当宽一些，以便于操作。网上可配备自动供水、给料设备，供水和给料设备的高度要能根据肉鸡的生长发育任意调节，以满足各个生长阶段的肉鸡饮水和采食需要。采用清粪机械清粪的，网床下面的地面可砌筑宽度与网床一致的沟槽；另一种是无过道设计。在饮水、喂料、清粪、鸡舍环境控制等实现自动化控制后，无过道设计应用较多。

肉鸡塑料养殖网网孔一般在 1.8～2 厘米，可根据每平方米养殖密度来决定塑料养殖网的厚度与承载力。网眼或栅缝的大小以鸡爪不能进入而鸡粪能落下为宜。采用金属或塑料网的网眼形状有圆形、三角形、六角形、菱形等。雏鸡体积小占用面积少的，可用小孔育雏塑料养殖网，先用网孔 1 厘米左右的小孔塑料网平铺在肉鸡塑料养殖网上面，待育雏鸡长得适应大孔塑料养殖网的时候再撤去小孔塑料网待下次使用。

一般网床为一层的较多，如果鸡舍举架高，管理条件好的也可以实行 2 层或 3 层。

三、笼养肉鸡关键技术

笼养肉鸡关键技术主要包括：采用 3～4 层重叠式或阶梯式笼养，节省空间，提高效率；整个笼箱采用 Q235 低碳钢丝，经热浸锌、冷镀锌、浸塑或喷塑等防腐处理，坚固耐用，笼底加铺耐磨抗腐塑料网，可有效减少肉鸡胸囊肿和腿病发生率；采用自动饮水系统（包括水过滤器、水压调节器、自动加药器和全自动塑料水线）杜绝污染，确保供水洁净，有效防止疾病传播；采用行车喂料系统，喂料均匀，放料速度可调，可有效提高工作效率和减少饲料损耗；配备自动清粪传送带，及时清理粪便，减少舍内氨气、二氧化硫等有害气体；鸡舍全密闭，依靠舍两侧进气口和排风扇通风换气以保持舍内空气质量，交错安装白炽灯，合理实现人工光照，采用水暖风炉、湿帘、自动喷雾装置实现舍内温度和湿度控制。

1. 品种选择

笼养肉鸡的品种选择是提高笼养鸡经济效益的首要条件，肉鸡品种的优劣直接决定鸡的生长速度、抵抗疾病能力、产量、饲料消耗、饲养周期和料肉比等要素。实践表明，优良的肉鸡品种不但可以缩短生长周期，还可以使每只鸡的质量比普通品种提高 10% 以上，综合来看，优良的肉鸡品种在生长速度、饲养周期、饲料消耗、经济效益方面明显好于普通品种，因此要选择优良的肉鸡品种。

选择笼养肉鸡的品种以快大型白羽肉鸡为宜，如爱拔益加（AA⁺）、罗斯 308、科宝（Cobb）和艾维茵等均可。

2. 鸡舍准备

（1）笼具　采用肉鸡专用笼（图 4-1），常见的肉鸡笼的规格为长 140 厘米、宽 70 厘米、高 38 厘米（还可做成 40 厘米、42 厘米、45 厘米或前高后低型），中间加隔网一分为二，在前面各开 1 个门，门宽 40 厘米，高 30 厘米。可养成年肉鸡 20 只。笼身前网、顶网、

侧网和后网的上半部网格间距 5 厘米，下半部分网格加密，间距 2 厘米，防止雏鸡跑出来。也有不在下半部分加密而采取单独加装隔片的，隔片只在雏鸡时使用，随着雏鸡的长大，逐渐调节间距大小，直至最后撤除。笼底网眼，幼雏为 10 毫米×10 毫米，中雏为 18 毫米×28 毫米。笼底要加铺耐磨抗腐的塑料网。要确保每个笼门开关自如，水线和料槽一般安装在笼外侧。

图 4-1　肉鸡笼

笼具的安装有叠层式、阶梯式，每组 3 层，组装后高度 155 厘米，可养成年肉鸡 60 只。每组 4 层组装后高度 195 厘米，可养成年肉鸡 80 只。肉鸡笼摆放要按照满足肉鸡对光照、通风的要求，有利于人员管理和饲喂、饮水、清粪等设备的操作使用，鸡舍的空间利用最大化等原则综合考虑。

（2）设备调试　对自动饮水系统、行车喂料系统、清粪系统、照明系统、舍内温度和湿度控制的水暖风炉、湿帘、自动喷雾装置等进行调试，确保达到最佳运行状态。如水线接头严密，不漏水，料槽接头平滑牢固，光线柔和明亮，能达到各个部位，不要有黑暗死角。各用电器线路无漏电连线。检查锅炉、散热器、温控电脑及输水管道是否完好等。

（3）鸡舍消毒　鸡场坚持"全进全出"的原则，引进的鸡只来自健康的种鸡场，每批鸡出栏后，对整个鸡场进行彻底清洗、消毒。至少要在进鸡前 1 周，将鸡舍进行彻底清扫消毒，然后封闭用福尔马林和高锰酸钾进行熏蒸消毒 24～48 小时，放风 2～3 天后，再进行喷洒消毒，消毒药要选择对金属没有腐蚀性的产品。以上消毒工作做完后，空舍准备接雏鸡。

（4）试温　关闭天窗及所有通风口，点火升温。观察室温达到

30℃需要多长时间，同时根据棚室结构、布局按左、右、前、后、中、上、中、下三层等不同部位放置精确温度计、湿度计，检查每个部位的实际温度、湿度与温控电脑有多大差距，做到心中有数并做好记录。

（5）提前预温　鸡舍温度未达到要求的29～33℃就进鸡，会使育雏前两天温度偏低，等到第2～3天后温度才升上来。这样雏鸡易受凉，发生感冒、下痢，进而影响消化系统、免疫系统、心血管系统发育，甚至对鸡群的生产性能产生长久影响。因此，必须在试温结束后在进鸡前2～3天对育雏舍进行升温。

3. 进雏管理

雏鸡到场卸车后，将鸡盒均匀放置在鸡笼前，安排专人先打开盒盖（尤其是夏季），其他工人迅速放鸡，抱起鸡盒，一侧放在第二层笼的料槽上，另一侧用自己身体的胸腹部顶住，腾出双手，左手抓两只、右手抓三只，同时放入鸡笼，一次就能放五只，这样清点鸡数又快又准确。

入雏前室温要达到30℃左右，入雏后室温逐渐升至33～35℃。笼养肉鸡一般在最上层育雏，以免因不同层之间的温差太大，给雏鸡带来无法避免的损失。每笼育雏27～30只，以后随着雏鸡逐渐长大，并结合免疫、称重等工作向下层分散。

做好初饮和开食。雏鸡进入育雏舍后，要尽早让雏鸡饮到与室温相同的凉开水。为此，水箱应提前加入凉开水，以便尽早预温，使水温和室内温度一致。雏鸡饮水开始可以先用塔式真空饮水器，3天后开始训练雏鸡用乳头式饮水器饮水，等雏鸡适应乳头式饮水器饮水后，将塔式饮水器撤除。育雏前3～5天，饮水中应添加葡萄糖、电解多维、抗菌药物、黄芪多糖等。目的是缓解应激，恢复体力，杀灭垂直传播疾病，同时促进免疫器官发育，提高鸡只抗病能力。

笼养育雏时因所用的饮水器较多，每次加水工作量都较大，这样饲养员在加水时往往一次在饮水器中加许多水，有时雏鸡饮6～7小时还未喝完，此时虽然饮水器中有水，但已变得污浊不新鲜。因此应每2～3小时换1次水，在每次换水时将旧水倒掉并对饮水器进行清洗，饮水器每天刷洗消毒1次，保证鸡只有充足新鲜清洁的饮水。

当雏鸡初饮后，雏鸡有寻食表现时就可开食。开食用料盘，将料盘加满饲料放置笼内。也可在笼内铺干净的硬纸、饲料袋或塑料布，在上面均匀地撒上若干堆饲料，供雏鸡开食，刚开始要少量多次，防止因一次投放的饲料过多被雏鸡弄脏，也能保持饲料的新鲜。开食良好的标志是：在入舍 8 小时后有 80％的雏鸡嗉囊内有水和料，入舍 24 小时后有 95％以上的雏鸡嗉囊丰满合适，否则以后很难生长得较理想。当所有雏鸡都吃上料后（约 48 小时），就可以换成小料桶给雏鸡正常喂料了。

4. 饲喂管理

采用全价配合饲料，按日龄转换饲喂。雏鸡用料最好用营养丰富，易于啄食和消化的全价颗粒料。可以饲喂粗颗粒的粉料，但最好饲喂颗粒破碎料。但无论采用什么料，必须保证其颗粒粒度均匀，否则鸡只挑选适合自己的饲料就很难达到体重标准。实践证明，采用破碎料饲喂的肉鸡，在生长速度、成活率上大大好于饲喂粉料的肉鸡。

育雏期间笼养肉鸡与网上平养和地面平养添料遵循的原则一致，采取人工添料，使用料盘而非料槽添料，育雏期间饲喂人工添料的次数为 6～8 次/天，做到少喂勤添，增加鸡的采食量。

肉鸡在育成期添料采用自动加料机的，以每天 3 次上料最为理想。采用人工添加饲料的，要注意添加均匀，并且要喂料及时，防止饥饿的鸡只因抢食而出现踩踏现象，每天下午饲养员要检查是否有已经吃空的料槽，应及时补料。

保证采食均衡。雏鸡在 2～3 周由小料桶换为料槽时，往往是料槽中有料，但小料桶早就没有料了，因吃料槽中料的鸡只少，这部分雏鸡的采食量会高于其他鸡，1 周后就会成为超重鸡。为避免这种现象的发生，料槽中应少加料，并且小料桶一旦没有料就应加，保证同时都有料，同时吃完料。可以在每天下午料槽中 90％的料已吃完时，就把料倒出到小料桶，一般过渡 3～5 天左右就可以用料槽饲喂。

按日龄转换饲喂，并做好饲料转换的过渡。雏鸡料换成小鸡料、小鸡料换成中鸡料、中鸡料换成大鸡料等都要实行换料过渡制度，不可突然更换饲料引起肉鸡的换料应激，影响肉鸡的正常生长。

技术人员应每天检查料槽的进食情况，剩料较多的，应及时判断是否有以下情况：乳头是否缺水，缺水应及时查明原因；笼内鸡只是否较少，较少的应及时补齐；是否有病号出现，有病鸡应及时挑出淘汰；是否采光不足，光照不足或不均匀的，要及时调整。

5. 饮水管理

除因用药或做疫苗需控水之外，应保证 24 小时供水正常。为确保充足的饮水供应，养鸡场应安排专门的时间和人员对水线进行检修。鸡舍饲养员应每天检查水线，检查是否有堵塞和乳头饮水器漏水。水线堵塞引起肉鸡缺水，后果非常严重。而乳头饮水器漏水流出的水不但浪费药物，而且进入接粪盘将粪便稀释最终会流入料槽，一是浪费饲料，二是有可能引发肠道疾病。这两个问题是每个鸡场都会遇到的问题，早发现、早维修非常重要。

另外，在饮水免疫前对饮水器进行彻底的清洗，确保饮水中无消毒药残留。

6. 温度管理

温度管理的最高境界是"恒定而且平稳过渡"，忽冷忽热是养鸡之大忌。合适的温度是鸡只快速生长的保证，一般情况下温度相对高一点，生长就会快一点。根据雏鸡的生理特点，前 3 天育雏温度应达 33～35℃，4～7 天每天降 1℃，周末达 29～31℃，以后每周降 2～3℃，6 周龄时降到 18～24℃即可。降温一定要缓慢进行，并根据雏鸡体质、体重、季节变化来决定，注意不要使舍内温度发生剧烈变化。温度是否适宜，除观察温度计外（温度计要挂在育雏舍内与雏鸡背等齐的高度。不要离热源太近，也不要放在边角地方），更主要的是根据雏鸡的表现、动态和声音来衡量。平时虽然可以利用温度计来检测舍内温度，但温度计有时会失灵，完全依靠温度计来判断温度是不正确的。饲养员要掌握看鸡施温的方法，要学会不用温度计的情况下，对鸡舍温度是否合适进行判断。如雏鸡分布均匀，全群有几只或个别大点的鸡出现张口时，表示温度正常。若雏鸡出现大群张口蓬翅、远离热源、往边上挤的现象，说明温度超了。出现扎堆，往热源靠、挤一起或东一堆、西一堆扎堆时，说明温度太低。夏天养鸡要防止高温中暑，尤其是 30 天以后的鸡群，及时启用湿帘非常重要，环

境温度超过 33℃时喷水降温设备一定要具备。还要注意，夜间雏鸡处于睡眠状态，休息不动，所需温度就应该高 1~2℃。

7. 卫生与消毒管理

搞好舍内外的环境卫生和消毒工作，切断病原传播途径，一切工作人员无特殊情况严禁离场，离场返回经更衣消毒后方可进入生产区。及时清除鸡粪。无论是人工清粪还是机械清粪，都应定期清理粪便，尽量减少鸡粪在鸡舍内的停留时间。特别是育雏的头几天，通常鸡舍内不通风，每天应视粪便产生的多少及时清除。随着肉鸡的长大，也要定期清除粪便。

有规律地带鸡喷雾消毒是防控传染病发生的重要手段。带鸡消毒应选择无气味、刺激性较小的消毒剂，并且几种成分交替轮番使用。一般情况下，冬天 1 周 1 次，春秋 1 周 2 次，夏天可 1 日 1 次。这里需要注意的一点是，消毒用水应在鸡舍预温后使用。消毒的效果在室温 25℃左右的时候最好，消毒的目的主要是杀灭空气中的细菌、病毒，所以喷出的雾滴是越细越好，不要理解为喷在鸡身上才是消毒。消毒的另一个作用是净化空气中的尘埃粒子。

8. 通风管理

通风的目的是及时排出舍内有害气体，输入新鲜空气（氧气），适度调节舍内温度。通风换气工作是肉鸡养殖过程中的重中之重。敢通风、会通风才能养好鸡。笼养鸡舍一般需要有天窗、边窗、纵向风机和温控器等，这是通好风的基本条件。笼养肉鸡是立体养殖，鸡只较多，密度较大，通风不良会造成缺氧，也是肉鸡后期发生腹水症的原因。

需要通风时应把舍温先升高 1~2℃，这样通风后才能保证温度不至于降得太低，尤其在冬天。还可在喂料后半小时进行通风，因食后体增热，鸡不易受冷刺激而感冒。对于自然通风的鸡舍，打开天窗是向外排除有害气体，开侧窗是向舍内冲入新鲜空气，二者不可互相代替，只有舍内空气对流才能起到通风作用，并且舍内不能有死角。夏天启用湿帘的时候，进风处要有遮挡，严禁冷风直吹附近的鸡只。当天气突变，大风突起，要暂时关闭边窗。秋冬季节通风时应看风向，迎风面窗口开小些，背风面开大些，避免冷空气直接吹到鸡身上，注意鸡舍排水口的贼风入侵。窗口大小随天气变化调整，不可突然大幅度变化，以防鸡群发生应激。通风时间最好选择在舍外温度较高的中午前后。

通风应从第一周就开始，天窗部分开启，适度打开部分边窗，风口呈一定角度向上，在保证温度的情况下，通风量宁大勿小。随着鸡只日龄的增长，逐渐增大通风量，接近 20 日龄的时候，边窗的通风量已不能满足需要，纵向风机需开启。

鸡舍中安装温控器，通过控制风机的开启与关闭做到鸡舍内的通风和换气。育雏期间风机设置，开启温度设置为 35℃，关闭温度为 33℃，即当鸡舍内温度高于 35℃ 时风机自动开启，当鸡舍内温度低于 33℃ 时风机又自动关闭。同时在白天和晚上适当打开鸡舍两边的窗户，增加通风换气量，避免鸡舍内通风换气量不足而造成缺氧。

随着雏鸡日龄的增加，不断调整温控器上温度的设定值，如 21 日龄后风机的开启与关闭设置 1℃ 的温差，即风机的开启温度为 27℃，关闭温度为 26℃，通过鸡舍内风机的开启和关闭控制鸡舍内的通风换气量，做到鸡舍内有充足的氧气而无异味。

另外，对于采取饲养一定时期（如数天、数月甚至一个饲养周期）清 1 次粪的鸡舍，由于清粪时间间隔较长，鸡舍要单独配备通风换气设备，以控制鸡舍内有害气体的浓度不超标。

9. 湿度管理

适宜的湿度有利于肉鸡的正常生长。养殖过程中不要忽视湿度的管理。空气过于干燥会引起尘埃飞扬，由于尘埃上一般都有细菌、病毒附着，飞扬的尘埃进入上呼吸道会引发呼吸系统疾病，还会引起鸡只脱水（尤其是 1 周龄内的雏鸡），导致上呼吸道黏膜干燥，天然屏障作用降低。相反，鸡舍内湿度过大，舍内风速降低，则会影响鸡只散热，这也是夏天肉鸡中暑的主要原因。冬季湿度过高则引起鸡体失热过多，采食量增大，饲料消耗增多，导致料肉比增大，增加养殖成本。

育雏期鸡舍内的湿度应保持在 60%～65%，育成期鸡舍内的适宜湿度为 40%～60%。育雏期湿度过低，可在舍内摆放数个盛水的盆子，通过蒸发来增加鸡舍内的空气湿度，也可以通过定期消毒增加舍内湿度。尽量不采用向地面洒水或者是安装喷头来增加鸡舍内的湿度的做法。育雏期湿度过高，一般是水线漏水，如水管接头不严、饮水器损坏等造成，也有的是鸡舍漏雨、供水管线跑水等造成的，育成期湿度过大，也可采取勤清鸡粪、疏散密度以及加大通风换气的方式解决。

10. 鸡舍内光照的控制

一般采用白炽灯，灯的安装位置应在鸡笼的上方或两排鸡笼的中间，灯泡距离地面的高度为 2 米左右，每 3 米间距安装一个灯泡，呈交错排列，使各层都能得到适宜的光照强度。为了省电，保持适宜的光照强度，最好应设置灯罩，并经常要保持灯泡、灯管、灯罩光亮清洁。光照设备要固定安装，以防刮风时来回摆动，惊扰鸡只。

刚出壳的小鸡视力差，特别是出壳后的前 3 天，为保证采食和饮水应采用 24 小时光照，光照强度为每平方米 6 瓦。从 4 日龄开始，每天减 1～2 小时，在第 1 周末体重达标后，从第 2 周开始，严格准确地给鸡只定料量，每天从开始给料直到雏鸡全部吃完，中间不间断饲料的供应，关灯的时间在吃完料至少 1 小时后。也就是说改掉通过减光来控制摄入量的做法。这样通过雏鸡采食速度的加快，光照也逐渐减下来。在 10～14 天光照降到 8 小时一直保持到出栏，光照强度为每平方米 1.5 瓦。如出现啄羽应降低光照强度。

对于通过窗户和天窗解决鸡舍内光照的，由于白天阳光充足的时候，往往光照强度大于 5 勒克斯，而太阳落山以后鸡舍内光照强度又往往达不到要求，尤其是上、中、下三层笼之间的光照强度也不一致。对于这样的鸡舍，应保证任何时间阳光都不能直接照射到鸡舍内，可采取在鸡舍的朝阳面搭设遮阳棚的措施，防止阳光直射到鸡舍内。并做好各个时间段，以及鸡舍内各个部位的光照强度测试，以便做好人工补光的衔接。这类鸡舍主要利用人工光照解决光照不足和不均匀的问题。

11. 密度管理

笼养肉鸡从育雏 2 周后密度就会明显变大，这时就应及时扩群，但此时最易出现问题，因为最上层比最下层温度一般高 2～3℃，刚开始扩群时应在最上层水平扩，然后再往第二层扩，挑出笼内较大的鸡只放在第二层，并保证第二层温度不低于 $27\sim28℃$，最下层要三周以后再扩，并且温度要在 $24\sim26℃$，这样通过及时扩群的方法使雏鸡饲养密度更加科学合理，也为提高均匀度奠定基础。

注意不能为了降低育雏成本而加大育雏的密度，造成雏鸡拥挤，影响采食、饮水以及休息，舍内的空气也会因密度增大而变得污浊，雏鸡极易感染疾病，如呼吸道病、腿病、啄癖等，死亡率也会随之增加。因此，一味加大育雏密度是一种得不偿失、因小失大的错误做法。

12. 免疫管理

做好卫生消毒和防疫工作是育雏及肉鸡养殖成功的保证。首先根据供雏种鸡的防疫情况和当地疫病的流行情况，制订适合本场实际的免疫程序，并按照程序认真操作，确保免疫效果。笼养肉鸡免疫时较多地采取饮水免疫的方法，免疫时应注意疫苗的剂量和饮水时间的掌握，饮水时间不能太长，太长容易造成疫苗免疫效价的降低。在使用饮水免疫时应注意添加脱脂奶粉，脱脂奶粉能增加疫苗的免疫效果。养鸡场白羽肉鸡免疫参考程序见表4-1针对法氏囊病、新城疫、传支一般发病区的免疫程序，表4-2针对法氏囊病、大肠杆菌高发区的免疫程序，表4-3针对法氏囊病、新城疫高发区的免疫程序，表4-4针对新城疫、传支、法氏囊病高发区的免疫程序。

表 4-1 针对法氏囊病、新城疫、传支一般发病区的免疫程序

日龄	疫苗名称	剂量	使用方法
1 日龄	马立克	1 羽份	皮下注射
2 日龄	球虫疫苗	1 羽份	喷料
5～7 日龄	三价法氏囊	1～2 羽份	滴口
	禽流感	0.25 毫升	皮下注射
12 日龄	新肾支或新支二联四价苗	1 羽份 2 羽份	点眼、滴鼻
	复合新支蜂胶苗	0.3 毫升	皮下注射
18 日龄	法氏囊 或三价法氏囊	1 羽份 2～3 羽份	滴口 饮水

续表

日龄	疫苗名称	剂量	使用方法
23 日龄	C30 或 ND 二价	2～3 羽份 2 羽份	饮水
28 日龄	法氏囊	2～3 羽	饮水
35 日龄	新支 H52	2～3 羽份	饮水

表 4-2　针对法氏囊、大肠杆菌高发区的免疫程序

日龄	疫苗名称	剂量	使用方法
1 日龄	马立克	1 羽份	皮下注射
	法氏囊 S-706	1 羽份	滴口
2 日龄	球虫疫苗	1 羽份	喷料
7 日龄	新肾支 或新支二联四价苗	1 羽份 2 羽份	点眼、滴鼻
	禽流感	0.25 毫升	皮下注射
12 日龄	三价法氏囊 或法氏囊Ⅰ号	2 羽份 1～2 羽份	滴口 饮水
	复合新支蜂胶苗	0.3 毫升	皮下注射
18 日龄	新肾支	2 羽份	饮水
25 日龄	法氏囊 或法氏囊Ⅰ号	2 羽份 1～2 羽份	滴口或饮水
35 日龄	新支 H52	2～3 羽	饮水

表 4-3　针对法氏囊病、新城疫高发区的免疫程序

日龄	疫苗名称	剂量	使用方法
1 日龄	马立克	1 羽份	皮下注射
	法氏囊 S-706	1 羽份	滴口
2 日龄	球虫疫苗	1 羽份	喷料
7 日龄	新肾支 或新支二联四价苗	1 羽份 2 羽份	点眼、滴鼻
	禽流感	0.25 毫升	皮下注射

续表

日龄	疫苗名称	剂量	使用方法
12 日龄	三价法氏囊 或法氏囊	2 羽份 1 羽份	滴口或饮水
	复合新支蜂胶苗	0.3 毫升	皮下注射
18 日龄	C30	2～3 羽份	饮水
25 日龄	法氏囊 或法氏囊 I 号	2 羽份 1～2 羽份	滴口或饮水
35 日龄	新支 H52	2～3 羽份	饮水

表 4-4　针对新城疫、传支、法氏囊病高发区的免疫程序

日龄	疫苗名称	剂量	使用方法
1 日龄	马立克	1 羽份	皮下注射
2 日龄	球虫疫苗	1 羽份	喷料
5～7 日龄	三价法氏囊 或法氏囊 I 号	1 羽份 1 羽份	滴口
	禽流感	0.25 毫升	皮下注射
12 日龄	新肾支 或新支二联四价苗	1 羽份 2 羽份	点眼、滴鼻
	复合新支蜂胶苗	0.3 毫升	皮下注射
18 日龄	三价法氏囊 或法氏囊 I 号	2 羽份 1～2 羽份	滴口或饮水
23 日龄	C30 或 ND 二价	2～3 羽份 2 羽份	饮水
28 日龄	法氏囊	2～3 羽	饮水
35 日龄	新支 H52	2～3 羽份	饮水

注：1. 马立克的免疫可根据当地情况，自主选择使用。

2. 使用球虫疫苗时务必按疫苗说明书的要求使用。

3. 饮水免疫时应先加入 0.1%的脱脂奶粉，点眼、滴鼻应用专用稀释液或蒸馏水。

4. 本免疫程序仅供白羽肉鸡参考使用。

13. 用药管理

不科学用药是引起出栏肉鸡药物残留的主要原因。养鸡场应根据

本场疫病流行情况制订一个合理的用药保健程序，尽量减少抗生素的使用量，并注意饲料中是否含有药物添加剂，以及所含药物添加剂的种类和含量，确保肉鸡出栏时无药物残留。

农业部对食品动物用药有着严格的规定，先后发布兽药停药期限规定（农业部公告 278 号）、禁止在饲料和动物饮用水中使用的药物品种目录（农业部公告 176 号）、食品动物禁用的兽药及其他化合物清单（农业部公告 193 号）、禁止在饲料和动物饮水中使用的物质（农业部公告 1519 号）和禁用兽药目录汇总（农业部公告第 2292 号），禁止在食品动物中使用洛美沙星、培氟沙星、氧氟沙星、诺氟沙星等 4 种原料药的各种盐、酯及其各种制剂的公告等。

在饲养过程中使用的药物必须是农业部有关公告禁止使用以外的，不得使用违禁药物、未被批准的药物和可能具有"三致"作用和过敏反应的药物，同时必须严格按照兽药的使用期限、使用剂量和休药期使用兽药。

送宰前 7 天停用一切药物，出栏前 1 周所用饲料必须不含任何药物。对于个别零散发病肉鸡，在临近出栏时仍需给予药物治疗的，这部分病鸡要进行淘汰或经药物治疗康复后，要在过了休药期（药残安全期）再出售。切记，不得将这部分肉鸡混入大群中出售，影响全群质量。

预防球虫病可选用二硝苯酰胺（球痢灵）、氯苯胍、拉沙里霉素（球安）、马杜拉霉素（加福、球杀死）、三嗪酮（百球清）等药物，但宰前 7 天必须停药。肉鸡 25～30 日龄内可用复方敌菌净、复方新诺明，但 30 日龄后禁用。肉鸡宰前 14～7 天根据病情可继续使用土霉素、强力霉素、北里霉素、红霉素、恩诺沙星（普杀平、百病消）、环丙沙星、泰乐菌素等药物，其药量要符合规定要求，不得超过规定药量。

在整个肉鸡的饲养过程中，禁止使用所有激素及有激素类作用的药物。禁止使用国家明令禁用的氯霉素、痢特灵，同时禁止用性激素类、氯丙嗪、甲硝唑等药物作为促生长药。在整个饲养期禁止使用克球粉、球虫净（尼卡巴嗪）、灭霍灵、氨丙啉、枝原净、喹乙醇（快育灵）、螺旋霉素、四环素、磺胺嘧啶、磺胺二甲嘧啶、磺胺二甲氧嘧啶、磺胺喹噁啉等药物。肉鸡送宰前 14 天禁止用青霉素、卡那霉素、链霉素、庆大霉素、新霉素等药物。

饲养过程中，还要注意防止环境污染问题，如给农作物喷洒农药时污染了水源，或农药污染了饲料，其中有机氯农药的危害问题最大，特别是DDT（滴滴涕）、BHC（六六六）、PCB（多氯联苯）和三氯乙烯等。在肉鸡临近出栏时，用敌百虫、敌敌畏等有机磷类药物灭蝇，也会引起药物残留，也应该引起特别注意。

对于出口到日本、欧盟的肉鸡，在整个饲养期禁用磺胺六甲氧嘧啶及其钠盐、磺胺二甲基异噁唑及其钠盐、四环素类（四环素、土霉素、金霉素）、甲砜霉素、庆大霉素、伊维菌素、阿维菌素等药物。

14. 鸡群观察

笼养育雏密度较大，每次喂料时均要看鸡群对饲料的反应，如采食速度、争抢程度、采食量是否正常等。定期观察雏鸡精神状态、食欲情况、羽毛脱换和色泽、粪便形状和颜色、环境变化等。晚上在关灯半小时后静听鸡的呼吸是否有异音。通过观察以便及时发现问题，尽快查明原因，采取相应措施避免不必要的损失。

15. 做好记录

每天按时记录当天的存栏数、死淘数、耗料数、饮水量、采食时间、温度、湿度、通风、光照、消毒、免疫、用药、称重等情况做一个详细全面的记录，以便在生产中发现异常，查找原因，尽快解决问题，还可以积累资料和丰富经验不断总结和提高。

四、塑料大棚养肉鸡关键技术

用钢筋、钢管、竹木等材料作支架架设一个整体结构，形成一定空间，支架上面覆盖塑料薄膜，四周无墙体、内部无环境调控设备的单跨结构设施，称为塑料大棚。而养鸡用的塑料大棚在结构上与蔬菜大棚一致，只是增加了大棚内部地面硬化、照明、通风换气和增温设备等。大棚饲养肉鸡养殖技术是利用塑料薄膜对太阳光透过率高，对地面和畜（禽）体长波辐射透过率较低的特点，充分利用太阳能和畜禽体温，提高棚舍的温度；利用塑料薄膜透气性差的特点，控制和减缓寒冷气流对畜禽的不良影响。设置通风口，适时通风换气，以调节舍内温度、湿度，控制有害气体含量，维持棚内适宜的小气候，采用网床养肉鸡的，使肉鸡离开地面饲养，不与粪便接触，减少某些传染病的发生，有利于及时清除粪便，从而降低舍内的湿度，为肉鸡的生长发育提供适宜的环境条件。

1. 大棚搭建

棚址要选择地势干燥，靠近水源，光照和通风条件好，无污染的地方，一般不占耕地。以东西走向，坐北朝南为好，利于通风换气和冬春季节采光。在大棚两侧植树绿化，夏季可以起到遮阳降温的作用，冬季还可以阻挡一部分冷风侵袭。

大棚采用钢管和钢筋焊接作主骨架，水泥柱作支柱（跨度大时），用地锚与主骨架、塑料棚膜、压膜线共同组成拱形结构。大棚要求结构牢固，抗风力强，遇降雨时雨水能顺膜流散，棚膜不形成水包。

大棚的跨度宜在6~14米之间，高度宜在2.3~3.5米之间。具体大棚跨度与高度推荐选用的规格参数：跨度6米，高度2.3米、2.5米、2.6米、2.8米均可；跨度8米，高度2.6米、2.8米均可；跨度9米，高度2.8米、2.9米均可；跨度10米，高度3.0米、3.2米均可；跨度11米，高度3.2米、3.5均可；跨度12米，高度为3.5米。

大棚的长度范围可在20~80米之间选择，其中以30~60米为宜。大棚两侧肩高以1.2~1.5米为宜。

大棚立柱、拱架的固定要求是对跨度超过8米的大棚，立柱或拱架埋深应不小于40厘米，同时在立柱或拱架的基部应铺垫砖层或其他建材。在季节性风、雪载荷比较大的地区建设的大棚，应浇筑混凝土基础，混凝土基础的深度应不小于40厘米，横向尺寸不小于10厘米。立柱、拱架与土壤直接接触的部分应采用薄塑料管在现场热套装密封或采用其他防锈措施，以降低锈蚀速度。拱架施工时要按图纸要求，在地面做放大样模具，在模具控制下，用要求的材料制作弧形拱架，焊点要牢固。

大棚压膜线的固定基础可采用混凝土基础（地锚）或其他固定形式。采用混凝土基础时，预埋深度应不小于30厘米，横向尺寸不小于8厘米。挖压膜线地锚坑时，每两个骨架之间的东西两侧距棚架底边10厘米处挖坑，坑间距1.2米，用12#铁丝绑混凝土基础或两块砖上，做好地锚并埋好。

大棚拱架上弦采用 1 寸（1 寸＝0.0333 米）国标内外壁镀锌钢管，下弦用 $\phi12$ 钢筋，拉花用 $\phi8$ 钢筋。钢管不得有裂缝、烧伤及其他影响强度的缺陷。

大棚两端可用塑料布或垒砖墙，但是经济条件允许的话，还是建议采用砖墙。在大棚的一端砖墙中间留门，两侧留通风孔，另一端砖墙只留通风孔或安装窗户，还要留 1～2 个烟筒孔以供育雏或加温时使用。一般跨度 10 米的大棚，采用 2 道通风口。即在大棚东西两侧的肩部距地面 1.2 米高地方。通风口处棚膜要重叠 15～20 厘米，通风时拉开，不通风时拉合即可。

大棚膜选用无滴膜，可防止棚内水蒸气在膜上凝结为水滴，降于地面增加潮湿度。塑料薄膜按规格事先粘好，盖膜时选择无风、无雨天气，棚膜铺好后用压膜线固定。压膜线最好采用包塑的细钢丝绳。压膜线一定要拉紧，两端固定牢固。防止大风将棚膜掀掉。注意绝不能出现风大时拍打棚膜的问题，因为这样既对棚膜有磨损，同时又容易引起棚内肉鸡的惊吓。

大棚内地面宜采用水泥硬化，为冬季防冻，水线主线宜安装在大棚的中间位置，向两侧引出。地面平养肉鸡的可直接铺垫料，并在棚脚处立棚栏防鸡逃出。网上养殖肉鸡的，则要立柱架网。网的高度要考虑除粪时的方便，网架的宽度要结合大棚的跨度，距离地面 50～70 厘米为宜，其余参照网上平养肉鸡的技术要求。一般除去中间过道 0.8 米左右，余下过道两侧均可用作网架，两排网架纵向延续。

增温用的火炉最好建在大棚外面，用直径 40 厘米左右的缸瓦管架空距离地面 30～40 厘米，作为烟道，通过棚内散热，烟囱也建在棚外面，这种方式火炉燃烧不消耗棚内氧气，可改善棚内的环境，还可以降低火灾风险。

2. 日常管理的重点

在日常管理中，采用全进全出制度。重点是解决好大棚昼夜温差大、潮湿、通风换气等问题。

我们首先了解一下大棚的气温日变化规律、棚温逆转、大棚内局部温差等问题。

冬季由于太阳高度角较小，日照时数少，白天增温自然较少，特别是阴天就更少了，因此，棚内昼夜温差一般在 10～15℃；而夏季则相反，太阳高度角较大，而且日照时数也较多，因此，温度差较大，一般在20℃以上。

大棚存在棚温逆转现象。在无多层保温覆盖的塑料大棚中，日落后的降温速度往往比露地快。这时如果再遇到冷空气入侵，特别是有较大北风后的第一个晴朗微风的夜晚，常常出现棚内气温反而低于棚外气温的现象。大棚内棚温逆转的时间可持续8～12小时，持续时间越长，逆转的温差越大。一般逆转温度可达0.2～2.9℃。尤其是春季逆温危害较大。

大棚内的局部温差。白天大棚中部的温度偏高，北部偏低。夜间大棚中部温度略高，南北两侧偏低。在放风时，风口温度较低，中部较高。

大棚内地温一般4月中下旬增温较大，可比棚外地温高3～8℃，最高达10℃以上。夏季与棚外地温基本相等或稍低1～3℃。秋冬季节则棚内地温又略高于棚外地温2～3℃。

根据大棚温度变化的规律，肉鸡大棚内温度的控制主要采取以下方法：

选用保温质量好的保温被、草苫子是保证大棚温度的关键措施。春、秋季节做好大棚保温被或草苫子的覆盖，每天在日出前和日落后及时将保温被放下。根据白天温度变化情况，通过调节薄膜的敞闭程度、方位和时间做好白天大棚的温度调节。春、秋季节一般每天上午10时至下午15时之间，外界温度达到20℃以上时，四周薄膜可全部敞开通风，有利于棚内降温和垫料水分蒸发。

而到了夏季，由于昼夜外界气温较高，必须采取有效的防暑降温措施，否则易导致肉鸡特别是接近出栏时的肉鸡发生中暑死亡现象。夏季要在大棚外部铺设遮阳网，天气炎热时，夏季温度过高，可以将大棚两面的薄膜由底向上逐渐揭开，距地面1.0～1.5米，利用"亭子效应"通风降温，未揭开的上部分棚膜可起到防雨作用，其表面仍要覆盖草帘或遮阳网，以减少光热增温。

除将四周棚膜和所有通气孔、门、窗等敞开外，还可安装数个电风扇进行降温。也可在棚内放置3～4排塑料软管通上凉水让鸡趴伏在上面进行降温。经试验证明，这一办法对防止肉鸡中暑十分有效。另外，还可结合带鸡喷雾消毒，经常用凉水对鸡群进行喷雾。这样对降低棚温也有作用。酷热时，对于 40 日龄以上的肉鸡要降低饲养密度，一般每平方米不超过 8 只。

冬季主要是做好防寒和棚内加温工作。冬季外界气温较低，最低可达零下 30℃以下。而棚内温度要求一般不能低于 18℃。因此，大棚应增加保温被或者草苫子的厚度，或者采取多层覆盖的办法。还可以在大棚内套中棚，这样能够有效提高棚内温度。此外，还可在大棚的四周围上草苫等，形成"围裙"，特别是西北方向冷风危害较大，要重点在大棚的西北方向增加遮挡物，减少棚内的热量向外辐射。

冬季将全部棚膜关闭，四周用炉灰、土等将大棚膜下沿压实，防止漏风。当有阳光时，东西棚前坡 0.9～1 米的草苫掀起；南北棚早上掀东侧苫子，下午掀西边苫子，有利棚内提温。在夜间或阴雨雪天气，可将棚全部封闭。必要时可生 1～2 个炉子，对棚内进行提温。另外，冬季肉鸡饲养密度可提高到 10～12 只/米^2，这样也有利于棚内温度的提高。

由于冬季大棚密闭，棚内有害气体自然会增加，要做好通风换气、光照，及时排出大棚内的有害气体，保持棚内空气新鲜。可以充分利用棚顶及两侧山墙的排气孔，在白天有阳光，待温度升高时，打开排气孔。利用安装在大棚两端的排风扇，采取短时间歇式换气。同时，对地面平养肉鸡的，经常用干沙替换污染的垫料。采取网上平养肉鸡的要及时清除鸡粪，有利于棚内温度的保持和防止有害气体的产生。

冬季还要防止雨雪压垮棚的问题。冬季下大雪时，如果大棚上的雪不能及时清除，特别是雪在保温被或草苫子上不易滑落，雪量一大就容易将大棚压塌。若遇到先下雨后下雪就更增加了大棚上覆盖物的重量，大棚也更容易被压垮。为防止出现冬季大棚被压垮的问题，一是在大棚保温被或草苫子遮盖以后再外铺一层塑料布，使雨雪不容易滞留；二是在下雪时及时清除大棚上及大棚四周的积雪，特别是大棚四周的积雪要及时清除，并尽量将清除到地面的积雪运离大棚周围。因为一旦遇到大暴雪，短时间内雪量非常大，需要较大的堆积空间。如果在雪量小的时候积雪就近堆放，雪量大时既要及时清除大棚上的积雪，又要将雪运走，很多时候根本来不及，同样会因为地面大棚周围积雪量过大将大棚挤垮。

大棚内的湿度控制。由于塑料大棚密闭性好，大棚内空气的绝对湿度和相对湿度都显著高于棚外面，但通风可降低棚内的湿度。大棚内湿度的变化规律是午夜至早晨日出前，大棚内相对湿度往往较高，中午次之。季节上，早春、晚秋最高，夏季较低。阴天湿度大于晴天，特别是低温或阴雨天气容易造成棚内湿度过大，影响肉鸡生长。因此，要注意大棚的排湿防潮。一是大棚的四周要有排水沟，保证棚外四周无积水；二是及时清除粪便，更换垫料；三是在舍内适当投放生石灰作吸潮剂，使舍内的湿度正常保持在 $55\% \sim 65\%$；四是加强通风换气，特别是冬季，还要处理好通风换气与保温的矛盾；冬季通风换气的时间在中午前后，因为中午舍内外温度较高，此时通风换气不致使舍内温度下降到过低的程度，可适当开放通气口通风，以降低棚内氨气、硫化氢和二氧化碳等有害气体的浓度；五是管理好水线，保证水线接头牢固不漏水，并及时更换损坏的乳头饮水器，保证饮水器完好。

大棚内的通风换气。由于肉鸡生长速度快，呼吸量大，新鲜空气要充足，以保证氧气的供给，否则易发生呼吸系统疾病及出现腹水症和猝死症等，给养鸡造成损失。但是，因为大棚易受外界环境影响的特殊性，不能像保温鸡舍那样只重点考虑通风换气一个问题，而是要兼顾到温度和湿度，结合大棚温度和湿度调控一起进行，大棚通风换气要掌握好通风换气的时机和方法。重点是冬季，其次是春、秋季节转换时的通风换气管理。晴天通风换气在日出以后，外界温度高的时候，加大通风换气时间，以打开大棚排风口的自然通风换气为主。阴天及冬季外界环境温度低，又必须进行通风换气的，要使用安装在大棚两端的排风机排风，并注意采取短时间歇排风。切记！一次排风时间不可过长。通风换气的同时，使用火炉或热风炉等增温设备增加棚内温度，保证棚内温度不下降过大，通风换气过后温度符合要求。

五、黄羽肉鸡饲养管理关键技术

黄羽肉鸡又称优质黄羽肉鸡，是由一些地方黄羽土鸡经过多年的纯化选育，生产性能特别是种鸡的产蛋性能有较大提高，生长速度也有所提高，体质、外形、毛色趋于一致的群体。这些鸡种保留了原有地方土鸡的肉质风味，深受国内外消费者的欢迎。其特点是肉味鲜美，肉质细嫩滑软，皮薄，肌间脂肪适量，味香诱人。

　　黄羽肉鸡育雏期宜采用育雏舍育雏，脱温后实行圈养或者生态放养直至出栏上市。还可以在生态放养的后期采用笼养的办法，集中育肥出栏上市。如在南方一些大型优质黄羽肉鸡饲养场，0～6周龄育雏阶段采用火炕育雏，7～11周龄采用竹竿或金属网上饲养，12～15周龄上笼育肥。

1. 育雏期饲养管理技术

　　（1）选择黄羽肉鸡品种　选择的品种应适合当地饲养环境，饲养习惯，适应市场需求。圈养肉鸡要求以体型大、长得快、易育肥的快速性优良品种鸡为主。

　　（2）做好进雏准备　育雏期要准备保温条件好的育雏鸡舍或塑料大棚，雏鸡可以在专用的育雏笼内饲养，也可以在网床、火炕或地面上育雏。

　　进雏前检修好鸡舍、饲养设备、电源，准备好足够的食盘、饮水器以及其他用具，然后将鸡舍及用具彻底清洗消毒。消毒完成后，将育雏笼或者网床、饮水器、食盘和其他用具用消毒水洗刷干净放入育雏舍内，封闭好门窗，对于新鸡舍，每立方米空间用28毫升福尔马林加14克高锰酸钾药量消毒；对于已养过鸡，但未发生烈性传染病的鸡舍，每立方米空间用40毫升福尔马林加20克高锰酸钾药量消毒；对曾发生过烈性传染病的鸡舍，每立方米空间用50毫升福尔马林加25克高锰酸钾药量消毒。待熏蒸24小时左右，打开门窗排出甲醛气味，至少空置2周。进雏鸡2天前，将设备安装布置好后提前预温，将鸡舍内温度调到育雏所需要求。并按雏鸡营养标准配置适量的雏鸡料，备足垫料，还要备足常用的兽药、消毒药和疫苗。

　　（3）雏鸡选购与运输　鸡苗应从健康无病，尤其是无传染性疾病的种鸡场购鸡苗。雏鸡的挑选方法简单概括为"一看、二摸、三听"。所谓"一看"，就是看外形，大小是否均匀，符合品种标准。羽毛是否清洁整齐，富有光泽。"二摸"，就是摸身上是否丰满，有弹性，挣扎有力。"三听"则听叫声是否清脆响亮。健康雏鸡能适时出壳，孵化正常的情况下，健雏出壳时间比较一致，比较集中，通常在孵化第20天到20天6小时开始出雏，20天12小时达到高峰，满21天出雏结束；体重符合该品种标准，雏鸡出壳体重因品种、类型不同，一般肉用仔鸡出壳重约 40 克，蛋鸡为 36～38 克；绒毛整齐清洁，富有光泽；腹部平坦、柔软；脐部没有出血痕迹，愈合良好，紧而干燥，上有绒毛覆盖；雏鸡活泼好动，眼大有神，脚结实；鸣声响亮而脆；触摸有膘，饱满，挣扎有力。

雏鸡要用专用雏鸡盒装运，运雏车要求既要保温又要通风良好，行车要稳，途中不得停留。长途运输要防止雏鸡脱水，最好在出壳后 36 小时内运到育雏舍，路途远时可选择空运。

（4）饮水与开食　买回的雏鸡连盒一起散放在育雏室内休息 5～10 分钟，再放到地面或网上。雏鸡入舍后应先饮水，用加有 5% 葡萄糖和 1% 多维的温水做雏鸡的首次饮水，饮水 2～3 小时后，约有 2/5 的雏鸡有觅食表现时就可开食，把饲料平撒在垫板上，由于雏鸡消化道容积小，消化机能差，故不可过量。要求少给勤添，要有足够的空间让雏鸡自由采食，防止雏鸡相互挤压致死。饲料要求营养丰富，颗粒要求要细小（破碎料）。雏鸡生长发育快，代谢旺盛，所以要保证自由饮水和充足的采食。由于雏鸡处于高温环境中，间断饮水会使雏鸡干渴而造成抢水，暴饮而导致死亡，缺水也容易发生脱水而死亡。

（5）育雏温、湿度控制　育雏温度第 1 周保持在 32～35℃，从第 2 周起每周下降 2～3℃，可根据环境温度来调节。温度过高时易引起雏鸡上呼吸道疾病，饮水增加，食欲减退等，过低则造成雏鸡生长受阻，相互扎堆，扎堆的时间过长就会造成大批雏鸡被压死。如雏鸡活泼好动，食欲旺盛，饮水适度，粪便正常，羽毛生长良好，休息和睡眠安静，在室（笼）内分布均匀，体重增长正常，则表明舍内温度适宜。

育雏相对湿度以 50%～65% 为宜。1～10 日龄舍内相对湿度以 60%～65% 为宜，湿度过低，影响卵黄吸收和羽毛生长，雏鸡易患呼吸道疾病。10 日龄以后相对湿度以 50%～60% 为宜。随着雏鸡体重的增加，呼吸与排泄量也相应增多，育雏室相对湿度提高，易诱发球虫病，此时要注意通风，保持室内干燥清洁。

（6）光照、密度和通风　白天可利用自然光照，晚上以人工补光为主，强度一般 1～4 日龄掌握在 20～25 勒克斯，昼夜照明，以便让雏鸡熟悉环境。以后随着日龄增大，光照时间和强度应逐步缩短和减弱，2～3 周龄为 10～15 勒克斯，4 周龄以后为 3～5 勒克斯。而且光照时间要逐渐减少，直至自然光照。

饲养密度要适中，一般每平方米 1～2 周龄 40～20 只，3～6 周龄 15～10 只，7 周龄以上 10～8 只为宜，采用网上平养比地面垫料方式饲养密度可适当提高。注意通风换气，及时排出舍内氨气和二氧化碳。

（7）断喙与小公鸡阉割　断喙一般在 6～10 日龄进行，太早太迟都对雏鸡不利。使用断喙器断喙。断喙时，一手握鸡，拇指置于鸡头部后端，轻压头部和咽部，使鸡舌头缩回，以免灼伤舌头。如果鸡龄较大，另一只手可以握住鸡的翅膀或双腿。所用断喙器孔眼大小应使灼伤圈与鼻孔之间相距 2 毫米。一般是上喙切去 1/2，下喙切去 1/3。断喙灼伤时间一般为 2.5～3 秒，不能太快，以防切口没有完全止血，造成雏鸡因出血而死亡。为防止断喙带来的应激和出血，在断喙时饲料中应添加维生素 K_3，断喙结束后料桶（槽）中的饲料应有一定的厚度，以便于雏鸡采食。

小公鸡去势育肥是我国传统黄羽肉鸡生产形式，经去势后的公鸡俗称阉鸡，阉鸡具有以下特点：除去小公鸡的睾丸以后，雄性生长优势消失了，生长期变长，育肥性能和饲料利用率都明显提高，一般去势后的成年公鸡比未去势的成年公鸡重 0.5～1 千克，且肉质细嫩、肌间脂肪和皮下脂肪增多，肌纤维细嫩，风味独特。小公鸡去势在 5～8 周龄，体重 0.5 千克左右，能从鸡冠分别公母以后，在鸡的最后一个肋间，距离背中线 1 厘米处，顺肋间方向开口 1 厘米左右，用弓弦法将切口张开，再用铁丝将一根马尾导入腹腔，用马尾将睾丸系膜与背部的联结处捆扎，拉断系膜，使睾丸脱落取出，取出一个睾丸后再取另一个睾丸，必须把睾丸全部取出。取出后如果切口小可不用缝合，切口大则需要缝合。另一种办法是用小公鸡去势钳，将去势钳从切口伸入，转动 90°，用钳嘴压近肠道，看见睾丸后，张开钳嘴，把睾丸夹住，夹断睾丸系膜取出睾丸。去势钳的办法在公鸡睾丸大的情况下不宜采用。

2. 圈养管理

（1）鸡舍要求　圈养肉鸡的鸡舍要选择在与外界隔离条件好的地

方，应远离可能运送禽畜的公路。水质符合无公害食品畜禽饮用水水质的要求。鸡舍要求牢固、防风雨、遮阴、通风良好、便于鸡出入、活动场地大。活动场地要求有遮阳网或树木。活动场地还应有防止野鸟、鹰等飞入的网，鸡舍所有开口处都应用孔径 2 厘米的镀塑铁丝网加以封闭。鸡舍地基和地面最好采用混凝土结构，防止啮齿动物打洞钻入鸡舍。鸡舍周围 15 米之内不应有任何植物杂草。鸡舍内可采用搭设栖架的方式，也可以采用网架的方式供鸡晚间休息。

（2）圈养密度与时间　应根据鸡舍的面积来确定饲养肉鸡的数量，圈养密度以每平方米鸡舍饲养 5～7 只为宜。

30 日龄以后，根据舍外环境温度，将雏鸡放到带有活动场的鸡舍，实行圈养。在白天天气晴朗、无雨、无大风、温度达到 21℃ 左右时让雏鸡在舍外自由活动采食，晚间将鸡赶入鸡舍栖架或者网床上休息，直到鸡适应了外界环境温度后，每天早上将鸡舍门打开，晚间关上鸡舍门。长江以北地区以夏季生产为主，长江以南地区可比长江以北地区多饲养一批。每批鸡的饲养时间应按照黄羽肉鸡的品种和饲养条件确定。但全程采用全价配合饲料饲养的，饲养时间短。而采用补充野草、野菜及诱虫饲喂的，饲养时间相对要增加。

（3）饮水管理　应在活动场地设置自动饮水器，随时保证足够的饮水供应。要保证水质不受污染，并保持饮水器（桶）的干净卫生。

（4）饲喂管理　以饲喂全价配合饲料为主，以适当补充野菜、野草和诱虫灯诱虫为辅。采用吊桶饲喂，减少饲料浪费。每天投喂精饲料 2 次，早晚各 1 次，分别是上午的 7～9 点，下午的 5～7 点。投喂量根据鸡采食昆虫、饲草、青菜情况适当加以补充。30～60 日龄每只鸡日投喂量 30～50 克；60～90 日龄，每只鸡日投喂量为 50～70 克；90～130 日龄，每只鸡日投喂量为 70～110 克；130～150 日龄，每只鸡日投喂量增加到 110～130 克，补充牧草、野菜。可利用房前屋后和菜园大量种植蔬菜，自留地和林间套种牧草，山间、路边沟渠、荒坡草地等采摘野草、野菜、草药等。实践证明，采用野草、野菜、草药和蔬菜喂鸡，饲喂后可明显提高鸡的抵抗力和鸡肉风味，还可减少精饲料的投喂量。

诱虫喂鸡。夏季在鸡舍前活动场地夜间使用诱虫灯收集昆虫。诱虫好处很多，一是消灭害虫，减少周边农作物病虫害，降低作物和果园的农药使用量，实现生态种植与养殖的有机结合；二是昆虫虫体不仅富含蛋白质和必需氨基酸，还含有抗菌肽及多种未知生长因子；三是节省一部分饲料。实践证明，鸡采食一定的昆虫饲料，生长发育速度快，发病率降低，成活率提高。

（5）活动场放置沙子　沙子对鸡的生长作用很大，沙子既可满足鸡吞食沙砾帮助消化食物，又可以满足鸡沙浴，驱除鸡虱、羽虱、羽虫等体外寄生虫。

（6）全进全出　鸡场应采用"全进全出"的生产方式。同一鸡舍不同年龄的鸡群将为病原微生物提供生存环境。因此，应禁止不同日龄不同批次的鸡混养。

（7）防止传播疾病　每批鸡出栏后要及时将鸡舍内外进行彻底的清洁和消毒，并保证有足够的空舍时间，减少场内污染源，建议最短的空舍时间为2周，方可进下一批鸡。

平时要及时整理收集起场区内所有的设备、建筑材料和垃圾等，以减少啮齿类、野生动物的隐藏地。

鸡场所有入口处都应加锁并设有"不准入内"和"谢绝参观"等标志，以限制来访人员。

若管理人员1天之内需走访多个鸡场（一个以上），最好先走访最年轻的鸡群。一定要最后走访有疾病问题的鸡群。

所有进入鸡场的人员必须遵守生物安全程序。所有进出场内的工作人员及来访人员都必须沐浴并更换干净的工作服，这是避免场与场之间交叉感染最好的方法之一。若条件不允许，所有工作人员和来访人员到达鸡场时，应更换干净的一次性工作服和靴子。

来访人员要进行详细记录，包括姓名、单位、来访目的、来本场之前到过哪个场，再准备走访哪个场。进出每一栋鸡舍时，所有工作人员和来访人员必须清洗、消毒双手和工作靴。

（8）戴鸡眼镜、鸡脚环和公鸡戴鸡鼻签　对于后期实行圈养的肉鸡，随着鸡体型的增大，饲养密度的增加，鸡群易发生相互打架、啄毛、啄肛的现象，从而影响鸡正常采食和饮水。鸡眼镜是一种能够防止饲养鸡群发生相互打架、啄毛、啄肛而不影响鸡正常采食、饮水、活动的特制眼镜。它的作用是使鸡只能斜视和看下方，不能正常平视，这样就能有效地防止鸡之间的啄毛、啄肛、打架现象，降低鸡群死亡率，提高养殖效益，是鸡场养殖的好助手。因此，在实行圈养以后，应立即给鸡佩戴鸡眼镜。

鸡脚环是养鸡场的经营策略，鸡佩戴脚环和商品有标签是一个道理。养鸡场为了宣传自己的鸡品牌，只有提升鸡的价值，才能获得更高的利润。同时也方便区别鸡的品种、出栏时间等管理。

一般的鸡脚环都是由防水材料制成的，例如铝制材料，上面可以刻上用户所需要的信息，一般在 15 个汉字左右，鸡开始佩戴的时间，根据制作材质不同，从小鸡到 0.5 千克以上均有。

同样，对于后期实行圈养的肉鸡，公鸡和母鸡往往混养在一起，由于公鸡体型大，总是和母鸡争食，为了控制公鸡跟母鸡抢食可以给公鸡戴上塑料鼻签。当公鸡采食母鸡槽的饲料时，鼻签就会挡住不能采食，而母鸡可以把头伸进料槽。这时公鸡就开始寻觅自己的食物，公鸡的料槽较高，母鸡同样无法吃到。这样就实现公母鸡的混养，节约空间。一般种公鸡在 18 周龄左右才可以佩戴，刚开始鸡会有反抗反应，慢慢地就会适应。

在种鸡场里，为了提高母鸡的产蛋率，公鸡和母鸡的饲料是有区别的，母鸡的饲料营养更高些。因此为了防止公鸡抢吃母鸡饲料而给公鸡佩戴鼻签。佩戴鸡鼻签不影响公母鸡的自然交配。

3. 放养管理

（1）选择品种　选择的鸡只品种必须活泼好动，觅食能力强。对鹰、蛇、老鼠、黄鼠狼等天敌有一定的躲避能力。体重、体型大小适中，放养鸡的选择应当以中、小型鸡为主。应当选择那些体重偏轻、体躯结构紧凑、结实、活泼好动、对环境适应能力强的品种。对于大型鸡种来说，体躯大、肥胖，行动笨拙，不适于野外放养。由于不同地区消费者的喜好不同，因此，不同地区还应根据当地的消费习惯选择适宜的品种。

（2）放养场地的选择　放养场地的选择除要求具有较为开阔的饲喂和活动场地外，还需要有一定面积的果园、林地、草场或草山坡等，以供其自由采食杂草、野菜、昆虫、谷物及沙砾等丰富的食料，满足其营养的需要，促进机体的生长发育，增强体质，改善肉蛋品质。无论是哪种放养地，最好均有树木遮阴，在中午能为鸡群提供休息的场所。

选择果园作为放养地的，以干果、主干略高的果树和用农药少的果园地为佳，并且要求排水良好。最理想的是核桃园、枣园、柿园和桑园等。这些果树主干较高，果实结果部位亦高，果实未成熟前坚硬，不易被鸡啄食。其次为山楂园，因山楂果实坚硬，全年除防治1～2次食心虫外，很少用药。在苹果园、梨园、桃园养鸡，放养期应躲过用药和采收期，以减少药害以及鸡对果实的伤害。选择林间隙地放养的，宜选择树冠较小、树木稀疏、地势高燥、排水良好的地方，空气清新，环境安静，鸡能自由觅食、活动、休息和晒太阳。林地以中成林为佳，最好是成林林地。鸡舍坐北朝南，鸡舍和运动场地势应比周围稍高，倾斜度10°～20°，以利于鸡舍通风换气。选择山区林地最好是果园、灌木丛、荆棘林或阔叶林等，土质以沙壤为佳，若是黏质土壤，在放养区应设立一块沙地。附近有小溪、池塘等清洁水源。鸡舍建在向阳南坡上。果园和林间隙地可以种植苜蓿，为放养鸡提供优质的饲草，采食苜蓿不但能使蛋黄颜色变深，还能降低鸡蛋的胆固醇含量。选择草场作为放养地的，草场应具有丰富的虫草资源，草场养鸡，以自然饲料为主，鸡群能够采食到大量的绿色植物、昆虫、草籽和土壤中的矿物质；草场生态环境优良，饲草、空气、土壤等基本没有污染；草场是天然的绿色屏障，有广阔的活动场地，传染性疾病很少，鸡体健壮，药物用量少，所生产的鸡蛋和鸡肉纯属绿色食品，有益于人体健康。近年来草场蝗灾频频发生，放养鸡灭蝗效果显著，配合灯光、激素等诱虫技术，可大幅度降低草场虫害的发生。选择草场一定要地势高燥，草场中最好有树木，能在中午为鸡群提供遮阴，若无树木则需搭设遮阴棚。选择草山草坡放养鸡还要避开风口、泄洪沟和易塌方的地方，将棚舍搭建在背风向阳、地势高燥的场所。

不宜选择正在生长的农田作为放养地，只有秋收过后的农田适合放养。以玉米地为例，目前玉米种植均采用除草剂，玉米地几乎没有杂草生长，喷洒过除草剂的玉米地也不适合除玉米以外的其他作物生长，没有可以供鸡采食的植物。而放养鸡觅食能力强，放养时采食一切可以吃的植物，跳得又高，在林地放养时，如果杂草稀少，距离地面1米左右高的树叶均可被鸡吃掉。如果玉米地没有杂草，鸡必然要吃玉米植株的叶子和玉米棒等，其他矮科农作物就更不适合了，所以说正在生长期间的农田不适合作为放养鸡的场地。

(3)放养密度与时间　一般选择4月初至10月底放牧，这期间林地杂草丛生，虫、蚁等昆虫繁衍旺盛，鸡群可采食到充足的生态饲料。此时，外界气温适中，风力不强，能充分利用较长的自然光照，有利于鸡的生长发育。其他月份则采取圈养为主放牧为辅的饲养方式。一般在雏鸡4周龄后开始放养，放养密度以每亩100只左右为宜。刚开始放养的2～3天，因脱温、环境等变化影响，可在饲料或饮水中加入一定量的维生素C或复合维生素等，预防应激。随着雏鸡的长大，可在舍内外用网圈围，扩大雏鸡活动范围。放养应选择晴天，中午将雏鸡赶至室外草地或地势较为开阔的坡地进行放养，让其自由采食植物籽实及昆虫。放养时间应结合室外气候和雏鸡活动情况灵活掌握。

(4)放养训练　为尽早让鸡养成在果园山林觅食和傍晚返回棚舍的习惯，放养开始时，可用吹哨法给鸡一个响亮信号，进行引导训练。让鸡群逐步建立起"吹哨-回舍-采食"的条件反射，只要吹哨即可召唤鸡群采食。经过一段时间的训练，鸡只会逐步适应外界的气候和环境，养成了放牧归牧的习惯后，全天放牧。

(5)放养鸡的科学补饲　生态放养鸡仅仅靠野外自由觅食天然饲料是不能完全满足其生长发育需要的。应根据鸡的日龄、生长发育、草地类型和天气情况，决定次数、时间、类型、营养浓度和补料数量。夏秋季可以少补，春冬季可多补一些。如在补料时记录补料量，作为下次补料量的参考数据，也可定期测定鸡的生长速度，即每周的周末，随机抽测一定数量的鸡的体重，看是否与标准体重符合。补料次数越多，效果越差。因此，补充饲料的次数以每天1次为宜，但在下雨、刮风、冰雹等不良天气时难以保证鸡在外面的采食量，可临时增加补料次数。一旦天气好转，立即恢复每天1次。

补饲要定时定量，时间要固定，这样可增强鸡的条件反射。以傍晚补料效果最好，以颗粒料最佳。颗粒饲料适口性好，不易剩料和浪费，避免挑食。在制作颗粒饲料过程中，高温使部分抗营养因子灭活，破坏了部分有毒成分，杀死了一些病原微生物，饲料比较卫生。补料时一定要保证每个鸡都吃到料，因此，必须摆放足够的食槽。5～8周龄的鸡生长速度快，食欲旺盛，每只鸡日补精料25克左右，

9 周龄至上市的鸡要以促进脂肪沉积，改善肉质和羽毛的光泽度为主，做到适时上市。可在早晚各补饲 1 次，按"早半饱、晚适量"的原则确定日补饲量，每只鸡一般在 35 克左右。

补料需注意的问题：一是在放养场地的鸡舍前用石棉瓦、塑料瓦或者塑料布等搭建遮阳棚作为补料场所，内置饲料槽；二是每次补料应与信号相结合，使鸡养成条件反射，便于管理和收牧；三是补料时应观察整个鸡群的采食情况，防止胆子小的鸡不敢靠近采食。可增加料桶的数量和扩大摆放的范围，也可以延长补料时间。

（6）饮水管理　放养鸡的饮水要以供应为主，在鸡舍附近的活动场地铺设专门的供水管线，安装饮水器，保证鸡能方便地饮到清洁的水。

（7）放养鸡诱虫　灯光诱虫：有虫季节在傍晚后于棚舍前活动场内，用支架将黑光灯或高压灭蛾灯悬挂于离地 3 米高的位置，每天照射 2～3 小时。个性激素诱虫盒或以橡胶为载体的昆虫性外激素诱芯片，30～40 天更换 1 次。昆虫激素如特殊的性气味和食物引诱剂的结合能产生一种配合作用，对雌性和雄性昆虫都有诱惑捕杀作用。从一开始到最高效时段，捕获器里的气味和食物引诱剂都是稳定地持续释放，对人和动物都无害，确保环境安全。

（8）轮牧划定轮牧区　一般每 5 亩地划为一个牧区，每个牧区用尼龙网隔开，这样既能防止老鼠、黄鼠狼等对鸡群的侵害和带入传染性病菌，有利于管理，又有利于食物链的建立。待一个牧区草虫不足时，再将鸡群转到另一块牧区放牧。公母鸡最好分在不同的牧区放养。在养鸡数量少和虫草不足时，可不分区，或每饲养 3 批鸡（一般为 1 年）后将放养场转换至另一个新的地方，使病原菌和宿主脱离，并配合消毒对病原做彻底杀灭。这样不但能有效减少鸡群间病菌的传染机会，而且有利于植被恢复和场地自然净化，同时通过鸡群的活动，可减少放养场内植株病虫害的发生。

（9）勤观察　放养期日常管理还要做到"四勤"。一是放鸡时勤观察。放鸡时，健康鸡总是争先恐后向外飞跑，弱鸡常常落在后边，病鸡不愿离舍。通过观察可及时发现病鸡，进行隔离和治疗。二是补料时勤观察。健康鸡敏感，往往显示迫不及待；病弱鸡不吃食或吃食动作迟缓；病重鸡表现精神沉郁、两眼闭合、低头缩颈、行动迟缓

等。三是清扫时勤观察。正常鸡粪便软硬适中，呈堆状或条状，上面覆有少量的白色尿酸盐沉积物；粪便过稀为摄入水分过多或消化不良；浅黄色泡沫粪便大部分由肠炎引起；白色稀便多为白痢病；排泄深红色血便可能为球虫病。四是关灯后勤观察。晚上关灯后倾听鸡的呼吸是否正常，若带有"咯咯"声，则说明有呼吸道疾病。

（10）卫生防疫　黄羽肉鸡养殖通常较白羽肉鸡饲养时间要长，有的还要放养接触外界与土壤，鸡接触病原菌多，给疾病防治带来了难度。因此，必须做好卫生消毒和防疫工作。

（11）育肥期饲养管理技术

① 适当控制营养需要。按黄羽肉鸡营养水平，饲养那些中、慢速型黄羽肉鸡是一种浪费。应该适当降低饲料的营养水平。应根据实际饲养方式、环境条件及其他因素进行调整。例如，放牧条件下饲养黄羽肉鸡，鸡可以采食到天然动植物饲料，只需补充部分营养物质即可。但因商品鸡生长快、食欲旺盛，所以，补充饲粮中必须含有较高能量和蛋白质，一般饲料中代谢能要高于育雏期，粗蛋白可略低于育雏期，并且增大喂量，供给充足清洁的饮水。

② 实行公母分群饲养。由于公母鸡对营养的需要不同，生长发育速度也不同，公母鸡分开饲养不仅可以提高饲料利用率，而且因为公鸡发育快，可比母鸡提早上市1周左右。通过阉割去势再进行育肥，是我国民间的传统习惯，这个传统习惯在许多农村地区至今仍然保持。

③ 适当的饲养方式。可以采用笼养。优质黄羽肉鸡生长速度慢、体重小，因此，胸囊肿现象基本不会发生。可以采用笼养，特别是后期育肥阶段，采用笼养更有明显效果。在广东一些大型优质肉鸡饲养场，0～6周龄育雏阶段采用火炕育雏，7～11周龄采用竹竿或金属网上饲养，12～15周龄上笼育肥。

④ 保持环境安静。外人的突然出现，狗、猫、鼠及其他野生动物的窜动，都会惊动鸡群，产生应激，严重影响鸡群采食、饮水、休息等活动，妨碍鸡群的生长发育。

⑤ 实行全进全出制。"全进全出"是黄羽肉鸡养殖成功的关键，有条件的每饲养两批鸡要变换场地，并对原场地进行消毒，间隔3～4周净化后再饲养鸡。

六、817 小型优质肉鸡饲养管理关键技术

817 小型优质肉鸡是山东省农科院家禽研究所从 14 个品种组成的 18 个杂交组合中筛选出来的优质肉鸡配套系,1990 年通过了山东省科技厅组织的专家鉴定,经过十几年的试验推广,受到了广大养殖户和消费者的欢迎。817 小型优质肉鸡体型紧凑、鸡肉丰满、肉质好、生长速度快、饲料转化率高、抗病力强,成为各地区加工"扒鸡"的首选。

817 小型优质肉鸡 7 周龄体重能达到 1250～1500 克,料肉比(1.9～2.0):1。在整个饲养过程中,基本上没有腹水症、胸部囊肿、腿病的发生。

1. 养殖条件

817 小型优质肉鸡适应性好,在我国大部分地区都能饲养。但是,对饲养管理要求比较高,饲养管理的好坏直接影响肉鸡的性能发挥,也直接影响养殖户的经济利益。

(1)养殖环境 向阳、避风、地势高、有利于排水的地方,交通比较方便,有水电资源,离居民区较远,有利于防疫的地方,都可以建造 817 小型优质肉鸡的养殖场。

817 小型优质肉鸡最适合大棚规模化养殖,大棚规模化养殖能够最大限度地给鸡提供一个适宜的、比较恒温的、适合鸡群生长的环境,养殖大棚要求通风良好,饮水和采食方便,冬暖夏凉,便于冲洗消毒。

(2)养殖大棚建设 养殖大棚南北走向、东西走向都可以,大棚的宽度 7～10 米,长度根据饲养规模决定,可大可小,一般 50～80 米。棚高 2.7～2.85 米,两肩高 0.85～1.1 米,每隔 4 米加一个通气天窗。棚顶为 4 层结构,第一层为无滴塑料薄膜,第二层为草栅或麦秸等保温材料,第三层为塑料薄膜,最后一层为厚稻草栅。棚顶的边角要用砖压实,以防大风损坏。

(3)网床建设 817 小型优质肉鸡的养殖方式有笼养、网上养殖和地面平养等多种方式,但以网上养殖最为合适,网上养殖就是在离地 50 厘米至 60 厘米的高度上架设网架,用 2 厘米左右粗的圆柱杆或者木条平排在网架上,制成网床,上面铺上塑料网或者铁丝网,鸡群

就生活在网上。用这种方式养鸡，虽然设备投资较高，但由于鸡粪落在地面上，鸡群不接触鸡粪，可以显著降低各种疾病的发生，减少医药费用，鸡舍内的环境也容易控制。

网上养殖使饲养管理更为方便，鸡从小到大一直在一栋舍内管理，中间不需要换舍，这样可以减少因换舍抓鸡引起的应激反应，减少人力的浪费。另外，鸡粪漏在网下面，有利于及时收集，可再利用喂猪或做肥料。

2. 育雏期管理

（1）进雏前的准备　同所有的肉鸡养殖一样，817 小型优质肉鸡育雏期的管理是非常重要的，进雏前 1 周，育雏室内外要彻底打扫干净，用不同类型的消毒剂交替使用，进行消毒，进雏前首先将大棚外的塑料布放下来，将大棚密封，舍内用炉子、保温伞等措施加温。使育雏区的温度达到 32～34℃，育温时间要看外界温度和季节而定，要随时检查温度表，看育雏室内的温度范围是否符合育雏的温度要求。最初几天，育雏温度要保持在 32～33℃，随着雏鸡的生长，温度可以逐渐降低，通常每周下降 2℃，至 4 周龄后，可最终保持在 22～24℃。

（2）饮水开食　雏鸡进入育雏室后，应给雏鸡及时供应与室温一致温度的凉开水，建议在前 3～5 天的饮水中加入电解多维、抗菌药物，以增加鸡的免疫力，阻止病菌传播。在 3～5 小时雏鸡充分饮水后，即可开食。817 小型肉鸡的饲料可以使用正规饲料厂家生产的育雏期全价饲料，2 周龄内要少投勤添，每天至少 4～6 遍，以后每天投料不少于 3 次。

3. 817 小型优质肉鸡育成期管理

当雏鸡生长到 5～6 周后，进入育成期。育成期已经能够适应外界的变化，是生长的高峰时期，也是骨架和内脏生长发育的重要阶段。这个时期采食量大，排泄量大，新陈代谢旺盛，应及时清粪、通风透气，育成室的温度控制在 22～24℃。

在高密度养殖的过程中，一定要防止氨气的聚集。鸡舍内的氨气浓度过高，容易诱发肉鸡的呼吸道疾病。因此，除了每天需要及时清粪外，还要做好鸡舍的通风换气。特别是夏天，将鸡舍两侧的塑料布卷起，创造条件使鸡舍有对流风，即使在冬季也要适当进行换气，以保持室内空气新鲜。通风换气好的鸡舍，人进入后感觉不闷气、不刺眼、不刺鼻。

（1）鸡群健康检查　育成期生长发育旺盛，稍有差错就会产生严重影响。因此，饲养人员不仅要严格执行卫生防疫制度和操作规程，按规定做好每项工作，还必须在饲养管理过程中，经常细心地观察鸡群的健康状况，做到及早发现问题，及时采取措施，提高饲养效果。

（2）供给充足饮水　新鲜清洁的饮水，对于育成期的肉鸡尤为重要，要保证饮水器里有足够的水，且分布均匀，任何地方的鸡都能方便地饮水。

（3）调整饲料营养　817小型优质肉鸡育成期生长发育快，采食量增加，获得的蛋白质营养较多，可适当降低饲料中蛋白质的含量，育肥期的饲料可使用正规饲料厂家生产的育成期全价饲料。

4．繁殖

在养殖场自己繁殖817小型优质肉鸡的时候，可以用817小型优质肉鸡做父系，用褐壳蛋鸡做母系，杂交生产商品肉鸡。因为褐壳蛋鸡在我国分布较广，而且价格低，产蛋量高，使用褐壳蛋鸡做母系生产商品肉鸡，可以让养殖户的生产成本降低50%以上，因而养殖成本显著降低。

5．疾病防治

疫苗接种是预防鸡传染病的最有效方法，当疫病流行时，鸡会因为体内有抗体保护而减少损失，817小型优质肉鸡的疫苗接种时间、次数和疫苗种类的选择，必须严格遵循当地的疫病流行情况，以及鸡群的实际情况，制订出合适的免疫计划。免疫程序参考表4-5 817小型优质肉鸡免疫程序表。

表4-5　817小型优质肉鸡免疫程序表（仅供参考）

接种时间	使用疫苗及接种方法
6～8日龄	用新城疫Ⅳ系苗和传染性支气管炎冻干疫苗点眼滴鼻
13～15日龄	用传染性法氏囊炎冻干疫苗饮水或滴口
21～25日龄	用新城疫Ⅳ系苗和传染性支气管炎冻干疫苗饮水或滴鼻

注：用量参考说明书。

七、肉蛋兼用型肉鸡的养殖技术

通常肉蛋兼用型品种，耐粗饲，抗病力强，觅食力强。在生产当中既可以做集约化的养殖鸡种，又非常适合在农村生态散养，这在人们追求安全、健康的今天是非常的受欢迎。

1. 种鸡的饲养

首先需要准备好养鸡场，包括种鸡舍、孵化室、育雏室、青年鸡舍、成年鸡舍等等。这样才能够引进种鸡，来进行饲喂管理。

（1）鸡舍准备 饲养种鸡前，种鸡舍要进行消毒处理，连同相关设备要提前3天进行清洁消毒。选用高锰酸钾和甲醛进行烟熏消毒，按照使用说明操作就可以。新鸡舍消毒1次，老鸡舍消毒3次，每次消毒间隔24小时以上。

（2）种鸡选择 选从开产之前30～35天进入种鸡舍，使它们适应环境，淘汰体弱的、体貌不纯的母鸡。150日龄左右，体重在2千克，有5～6个冠齿，冠头红而高的母鸡，并且两个耻骨之间可以容纳两个手指，肛门和腹部比较柔软充实，说明性成熟发育较好，可以作为种母鸡。

（3）种公鸡的选择 种公鸡的年龄要求在150日龄以上，体重达到3千克，个体健壮，鸡冠厚大，肉垂和耳叶鲜红，雄性特征明显，身体结构匀称，体质结实灵活，无生殖器官疾病的健康公鸡。在笼养条件下，一只公鸡可以配25只母鸡。可以采用人工采精。在放牧条件下，种公鸡与种母鸡按照1∶12的比例搭配。

（4）饲养管理 母鸡主要投喂种母鸡饲料，种鸡饲料用自配料比较好。种母鸡饲料选用22％的豆粕、60％的玉米粉、5％的麦麸、5％的预混料、8％的石粉。每只种母鸡日投喂量保持在110克左右，早上和傍晚各投喂1次。

种公鸡饲料配方为20％的豆粕、68％的玉米粉、5％的麦麸、5％的预混料、2％的石粉。日投喂量为每只150克左右，可以根据公鸡的体重和食量适当增减。在凌晨和傍晚各投喂1次。凌晨投喂主要是让它们提前吃食，提前排便，养成习惯，方便以后采精。

饮水最好有自动饮水设施，经过人工引导让它们自主饮水，出水头不能堵塞，鸡舍内保持空气流通，温度保持在18～28℃，高于

30℃时，要通过喷水或风扇吹风降温。低于 10℃ 时，可以关门窗保温或人工增温。

散养种鸡为避免鸡舍的冷湿环境，需要在鸡舍里架设离地面半米高的竹竿，有利于鸡在上面栖息。同时补水设施也应该放到鸡舍外面，也是避免鸡因为过度潮湿生病。

种鸡要在夜间每 5 米^2 用一盏 5 瓦的灯泡悬挂在高处，每天补光 30 分钟，逐步增加补光时间。每天下午 5 到 6 点要清除鸡粪，同时每天要带鸡消毒 1 次，以预防种鸡生病。

开产 30 天之前就可经训练采精了。剪掉尾巴上的羽毛，用力从左右两侧挤压泄殖腔，此时公鸡会自己翻出生殖器，精液即可顺利排出，流进采精管里，重复地挤压，直到没有精液排出。没有精液和采精量少的种公鸡要淘汰，不能做种公鸡。

母鸡开产时，一只公鸡每次可以采精 2 毫升，一般下午 4~6 点进行，每 2 天采精 1 次，以获得质量更高的精液。同时延长公鸡使用期。采精和受精先后相隔最多 10 分钟，拨开鸡毛，用采精的方法翻出母鸡生殖器，将精液注入生殖道，母鸡受精分批进行，每 5 天受精 1 次。每只母鸡受 0.2 毫升左右，超过 30 分钟的精液就不能再使用了。每一轮产蛋前 2 天开始受精，一次受精可以产蛋 4~5 天。

产蛋一般在 12~14 点，种蛋最好在 1 周之内就送去人工孵化。

（5）种蛋孵化 通常一年四季都可以来进行孵化，以春季孵化视为最好。我们都知道，种蛋的品质决定孵化率的高低，所以不是所有的种蛋都适合进行孵化，必须要经过严格的挑选，无裂纹、无异味、厚的鸡蛋才能作为入孵的种蛋。大头朝上摆放到蛋盘上，因为大头是鸡头的位置，这样有利于它们出壳。摆放到孵化架上，使用烟熏法，按照使用说明进行操作，对种蛋进行消毒，杀死种蛋上可能存在的致病菌，关好门。

孵化第 1 周，种蛋的孵化温度保持在 38℃ 左右，温度慢慢下调；孵化第 2 周，温度保持在 37.5℃ 左右；第 3 周，温度降至 37℃ 左右，出雏前温度在 36.8℃ 以上，相对湿度要调节到 40%~70%。孵化架下面有水潭，要及时加水，要一直保持有水的状态，随着温度的不同，湿度自动调节，孵化期间要确保进气风门和排风扇保持 24 小时打开。孵化机内的空气新鲜，有足够的氧气，温度高了要及时开门通

风换气。

① 晾蛋。晾蛋是孵化后期的重要环节，从 15 天左右开始晾蛋，每天早上和傍晚打开孵化机，人工翻动晾蛋，每次不超过 30 分钟，晾蛋帮助胚胎散热和呼吸新鲜空气，保证孵化的顺利进行。

② 翻蛋。从孵化第 1 天，每隔两小时转动孵化架进行翻蛋，使胚胎的位置发生变化，以促进胚胎运动，受热均匀，避免胚胎与蛋壳粘连。

③ 照蛋。孵化期间照蛋 3 次，检查种蛋是否发育正常，用照蛋器对准种蛋的大头，观察胚胎的发育情况，照蛋过程要轻、快、准，防止种蛋破损。第 6 天照蛋时，发育良好的胚胎，可以看到卵黄血管网分布均匀。蛋壳拨开后可以看到大致轮廓，可见黑色眼珠，剔除无精蛋和死胚蛋。第 12 天照蛋时，血管加粗，颜色逐渐加深，蛋内黑影部分占四分之三，蛋壳剖开后，背部覆盖绒羽，尿囊小头部分合拢。第 18 天，还要进行 1 次照蛋，照蛋时，气室向一方倾斜，俗称斜口。蛋壳剖开后，羽毛包裹着身体，并开始吸收营养。

④ 出雏。第 18 天照蛋检查完毕，将种蛋转入出雏机里，为出雏做好准备，转移时动作要轻和准，不要碰伤了蛋壳，出雏机的温度控制在 36.5～36.8℃，继续孵化，20 天小鸡出壳，到 21 天小鸡全部出齐了，再把它们拣出来。出孵时要分出雌雄，公鸡后屁股部位有绿豆大小的生殖器，而母鸡没有。小公鸡和小母鸡在这时就分开饲养了，不过饲养方法是一样的。0～30 日龄之间的饲养叫做育雏期。

2. 雏鸡的饲养管理

育雏舍和种鸡舍一样，提前 48～72 小时进行消毒，选用高锰酸钾和甲醛进行烟熏消毒，按照使用说明操作就可以。消毒时关闭门窗，进鸡前开门窗通风，以免影响雏鸡。

准备好了育雏舍，接着就可以选择健康、活泼、无疾病、无损伤并且从外观毛色上看品种纯正的雏鸡，送到温暖、舒适的育雏舍进行养殖。饲养密度要求每平方米在 80 只左右。

（1）0～8 日龄的饲喂管理

① 防疫。0～8 日龄是育雏的关键时期，要合理进行防疫，在出壳 24 小时以内，要立即接种马立克氏病疱疹病毒活疫苗，按照说明的剂量在颈部皮下注射，预防鸡的马立克氏疾病的发生。在 36 小时

内运送到育雏场。

6 日龄时，接种新城疫和传染性支气管炎二联苗，以预防鸡瘟和传染性支气管炎的发生。对于鸡舍，每隔 3 天要对着地面喷洒 1 次消毒液，消毒药品要多种轮换使用。要注意，在进行疫苗接种的前后 2 天不能进行消毒。

② 开饮开食。出壳后 24～36 小时之间，给小鸡开饮开食，新到育雏舍，先开饮，再开食。用自来水或者井水加葡萄糖，兑成 5％的葡萄糖水。再加畜禽用的多种维生素，按照说明操作使用，兑成水溶液，水温调整到和室温一样，盛装到饮水器里让它们第 1 次喝水，叫开饮。开饮之后接着开食，选择蛋白质含量高的雏鸡全价配合饲料，投喂小鸡，让它们第 1 次学习采食，叫开食。开食过早影响小鸡吸收卵黄营养，过晚不利于小鸡的生长。开食当天就可以正常饲喂了。

③ 雏鸡投喂。2～8 日龄时，投掷雏鸡全价配合饲料。为防止鸡过度采食，分 4 次投喂；早上、中午、傍晚和晚上各投喂 1 次，每只雏鸡日投喂量为 5～10 克，随着日龄增加而适当增加投喂量。

④ 雏鸡饮水。2～4 日龄每天用乳酸环丙沙星可溶性粉按照 1∶4000 的比例稀释到饮水当中，预防呼吸道疾病。这样喂水 12 小时，另外 12 小时喂清水，保持饮水器的干净卫生，随时保证饮水供应。5～8 日龄以后，每天一半的时间喂清水加适量多种维生素的水溶液，另一半时间喂清水。

⑤ 温度和湿度的调节。雏鸡期温度必须控制好，0～3 日龄，鸡舍温度应 24 小时保持在 35℃，温度低于正常范围用取暖设备加热升温。温度高于正常范围，打开窗户散热通风就可以。4～8 日龄白天和夜间温度都保持在 33℃，温度调节方法和前 3 天一样，注意观察。温度适宜时小鸡精神活泼，食欲良好，饮水适度，睡眠安静；温度过高时，小鸡远离热源，张口喘气，饮食减少，饮水增加；温度低时，雏鸡挤在一起，常发出唧唧的叫声。

相对湿度保持在 60％～70％较为适合，以人感到温热为好，湿度大了要加强散热通风，湿度不够了，向地面喷水，增加湿度。每天清粪 1 次。当鸡舍内有刺鼻的氨气味时，要尽快通风和清粪。

⑥ 光照。1～8 日龄每天晚上要开照明灯，每 5 米^{2}用一盏 40 瓦灯泡照明，要保持 24 小时有光照，光源分布要均匀。

⑦ 调整饲养密度。7～8 日龄，雏鸡长出了初翅，这时需要降低饲养密度。

（2）9～15 日龄的饲养管理

① 饲喂。雏鸡全价配合饲料的日投喂量增加到每只 10～15 克，分四次投喂，每 6 小时左右喂 1 次。投完饲料接着喂水，只要供应足够的清水就可以了。

② 温度、湿度和光照度的变化。日出将温度降低到 30～33℃，用前 8 天的方法将温度保持在这个范围内，相对湿度保持在 60%～65%，可以打开排气扇，通风换气，阴雨天注意保持干燥。这期间要适当降低光照强度，光照度降低到每 5 米²25 瓦，大约 10 天后开始减少光照时间，光照时间每天减少 1 小时，夜间保持每 5 米²5 瓦灯泡的光照度就可以了。随着排泄物的增加，鸡舍要加强通风换气，排出舍内的污浊空气，以人进入鸡舍没有刺眼、刺鼻的感觉为准。

③ 防疫。到 13～14 日龄，用滴口或饮水服用的方法，接种法式囊疫苗。按说明操作使用，避免传染性法式囊疾病的发生。

④ 饲养管理。9～15 日龄，幼雏的饲养密度为每平方米 60 只左右。鸡生长到 16 日龄每平方米饲养密度就要降为 40～50 只了。另外，还要注意每天要清除鸡粪，保持鸡舍的卫生和干燥，还要使用消毒液，每隔 3 天要对鸡舍进行消毒，以避免发生疾病。

（3）16～30 日龄的饲喂方法

① 饲喂。18 日龄以后，日投喂量增加到每只 15～30 克，每天投喂 3 次，分别在早上 7 点、下午 1 点、晚上 9 点。每天喂水 3 次，喂食后接着喂水。

② 温度、湿度和光照度的变化。温度保持在 28～30℃，22 日龄后，雏鸡适应自然温度。夜间保持每 5 米²5 瓦灯泡的光照度就可以了。

③ 防疫。28 日龄时，合理接种鸡痘活疫苗，预防鸡痘。

到 30 日龄，小鸡就度过育雏期了，软毛开始脱落，慢慢生长尾羽，变成青年鸡，要将它们转移到青年鸡舍里饲养。

3. 青年鸡的饲养管理

从 30 日龄饲养到 60 日龄，体重从 0.3 千克生长到 0.6 千克，为青年鸡饲养期。转鸡前，提前消毒鸡舍。转移鸡舍可以利用鸡在夜间看不见的习性，将它们抓到鸡筐里，送到青年鸡舍。刚到新环境，需要在饮水中添加多种维生素，根据说明适量添加，避免它们到新环境产生应激反应。

（1）青年鸡投喂　青年鸡饲养阶段饲喂发生了变化，以自配饲料为主。自配饲料的参考配方为 21% 的豆粕、55% 的玉米粉、11% 的麦麸、4% 的预混料、3% 的石粉、6% 的苜蓿粉。投喂自配饲料需要从雏鸡全价饲料逐渐地过渡。怎么过渡呢？一般过渡期为 3～5 天，第 1 天，用 70% 的雏鸡全价饲料和 30% 的自配饲料。第 2 天，两种饲料各占 50%。第 3 天，30% 的雏鸡全价饲料和 70% 的自配饲料。第 4 天就可以全部投喂自配饲料了。日投喂量为每只青年鸡 30～50克，每天喂 2 次，分别是上午的 7～9 点，下午的 5～7 点。喂食后可以利用自动饮水设施让它们自主饮水，保持饮水机的干净卫生，随时保证饮水供应。日常要多注意观察鸡群的精神状态，是否活跃，吃料饮水是否正常。

（2）防疫　35 日龄时，在当地畜牧部门的指导下，合理接种新支流三联苗。到 60 日龄前后，青年鸡长到 0.6 千克左右，青年鸡就可以当成鸡饲养了。

4. 成年鸡饲养管理

60～150 日龄，体重从 0.6 千克左右增加到 2～3 千克为成年鸡饲养时期，像种鸡舍和育雏舍一样，成年鸡舍也需要使用高锰酸钾和甲醛进行烟熏消毒，严格消毒后 2～3 天再让青年鸡住进成鸡舍。

（1）放养训练　刚到成鸡舍，除了人工投喂，还需要适应外出活动、自由采食的生活。早上让它们吃完饲料后将它们赶到鸡舍外，增加运动量，逐步习惯外出采食。大约 10 天它们就习惯外出了。

（2）成年鸡的投喂　成鸡可以投喂专门的成鸡自配饲料。成鸡自配饲料的参考配方：20% 的豆粕、60% 的玉米粉、8% 的麦麸、3% 的预混料、1% 的鱼粉、8% 的苜蓿粉。在 60～90 日龄期间，每只鸡日投喂量为 50～70 克，上午 7～8 点、下午 5～6 点各投喂 1 次。90～130 日龄，每只鸡日投喂量为 70～110 克，每天投喂 2 次，分别是上午的 7～9 点和下午的 5～7 点。130～150 日龄，每只鸡日投喂量增加到 110～130 克，供给足够的饮水。

（3）放牧　在适宜的天气，鸡群都在野外放牧，加强运动。在春、夏、秋三个季节，上午 5～6 点打开舍门，让它们外出采食、活动。在山地、果园等地放养，鸡群可以采食大量的青草、昆虫补充营养。成鸡放养，不仅可以利用自然资源，而且可以节省饲料，降低成本。不过放养时一定要注意搞好安全防范，用围网围着放牧场地，以防它们走失。投喂时间它们自然回到鸡舍，中午和傍晚它们自动回到鸡舍休息。

（4）消毒　成年鸡饲养阶段主要注意清除鸡粪，打扫、消毒，每周 1～2 次，按照消毒液说明操作，带鸡消毒，加强通风，保证地面干燥。

（5）产蛋　到了 150 日龄左右，每只鸡日投喂量增加到 150 克。这时性成熟早的产蛋鸡就开始产蛋了，我们需要在鸡舍里做一些鸡窝，方便鸡产蛋，也方便饲养人员捡蛋。

（6）上市销售　150 日龄左右，母鸡长到 2 千克左右，公鸡长到 3 千克左右，就可以出栏上市销售了。

八、种鸡人工授精技术

种鸡人工授精从 20 世纪 90 年代以来在许多规模化的养殖企业普遍推广应用。种鸡人工授精可以减少公鸡饲养只数，扩大公母配种比例，节约饲料，降低成本，可提高种蛋受精率，使全程受精率达 92％～95％，雏鸡成本下降 10％左右。笼养还可节约垫料，能及时挑出寡产鸡淘汰，降低成本，并及时发现疾病和饲养管理存在的问题。采用一鸡一管输精技术还能有效防止母鸡之间的疾病交叉感染，对鸡白痢等种源性疾病的预防十分有利。

种鸡人工授精是一项操作技术性很强的工作。包括种公鸡的选择及训练、用具准备、采精、精液品质检查、精液稀释、输精等操作技术。

1. 种公鸡的选择及训练

（1）种公鸡的挑选分四个阶段　第一阶段（1～2 周龄），选择符合品种特征，卵黄吸收良好，绒毛整洁，体格健壮，精神活泼，叫声清脆，握时双腿蹬弹有力，生殖器突起明显，结构典型的公鸡，在选留数量上 1：10 左右配套；第二阶段（3～4 周龄），选择精神好、体重符合标准体重，性成熟明显的留作种用，在选留数量上以 1∶15 左右配套；第三阶段（6～8 周龄），此时公鸡的雄性特征表现明显，应选择鸡冠发育明显，颜色鲜红，具有明显品种特征，体格健壮者，在选留数量上以 1∶18 左右配套；第四阶段（18～20 周龄），此时公鸡已发育成熟，也是选留的最后一个环节，为开始输精做好准备，应选择体格健壮，发育良好，冠髯鲜红，精液品质良好的种公鸡留做种用，选留数量上以 1∶（20～30）为宜。

（2）种公鸡的训练　受训公鸡单笼饲养 3～4 周。在训练前，剪除肛门周围 2 厘米左右的羽毛。在配种前 2～3 周，开始采精训练，将公鸡逐只捉出，反复进行背部按摩，使其建立条件性反射。按摩方法是左手掌向下，贴于公鸡背部，从翼根向背腰部，由轻渐重推至尾羽区，按摩数次，即引起公鸡的性反射。采精宜在相对固定时间进行，每天 1 次或隔天 1 次，一旦训练成功，则应在固定时间采精。经 3～4 次训练，大部分公鸡都能采到精液。注意体重轻、经常有排粪反射、拉稀便的以及经多次训练仍不能建立条件反射的公鸡应淘汰。

2. 用具准备

种鸡人工授精器材一般有集精杯、保温瓶、胶头、细头玻璃吸管、药棉等。

在使用前应将集精杯、采精杯、输精器等器具用洗涤剂洗刷污垢，用水冲洗干净，再用蒸馏水冲洗 1～2 次，然后用纱布包好，放入消毒锅或消毒柜消毒 15～30 分钟，烘干备用。

3. 采精时间

一般安排在 14∶30～15∶30 为宜。在公鸡的利用上，一般刚开始采精 1 天，休息 1 天，数周后可以采精 2 天休息 1 天。

4. 采精

采精一般采用背腹式按摩法，通常由 2 人操作，1 人捉住公鸡保定，1 人按摩与收集精液。保定员双手将公鸡双腿和翅膀握住置于腋下固定，头朝后，尾朝前。采精员左手拇指和其他四指自然分开，以掌面贴在公鸡背部两翅内侧向尾部区域轻快按摩，并往返多次，一般经过训练的公鸡 1 次按摩即可出现性反射，表现为尾羽上翘，泄殖腔外翻，待公鸡引起性反射，立即翻转左手，并以左手掌将尾羽向背部

拨，使其向上翻，拇指和食指放在勃起的交配沟两侧，向交配器挤压。与此同时，右手紧握集精杯，手背紧贴公鸡腹部柔软处触动按摩几次，等精液射出时，把集精杯口转到交配器下承接精液。左手挤压几次见已无精液流出时，即可将接精杯移去。采精员的左手的食指和中指夹一小团药棉，采精时发现有尿酸盐流出时，立即用药棉擦去，防止污染精液。采好的精液要在 30 分钟内完成输精工作。正常情况下，每只公鸡每次采精量为 0.3～0.6 毫升。

采精注意事项：

① 采精时应注意将公鸡从笼内抓出时动作要轻，防止公鸡过分挣扎，精液自动流失。

② 采精人员相对固定，因为每个人的手势不同，公鸡已适应了某一人手势，换人后，往往采精量下降或采不到精液。挤压生殖器不可太猛，防止生殖器出血，污染精液。

③ 留心一些性反射较快的鸡，每天要先采这部分鸡，否则等采完其他鸡，再采这部分鸡就采不到精液了。建立公鸡采精制度，不能因为某些公鸡好用就多用，要坚持隔日采精。

④ 公鸡采精前 3～4 小时停食，防止公鸡过饱时采精排粪，污染精液；每只公鸡准备 1 个接精杯，弃去不合格精液，将合格精液用吸管吸出，集中于集精杯中。

⑤ 收集精子时不要将粪便、羽毛等混入集精杯内，以免造成精子污染，影响精子活力；由于保温、酸碱度、氧化性等诸多因素，要求采精要迅速准确。采精时间控制在 30 分钟左右为宜。

5. 精液品质检查

精液品质检查包括外观检查和活力检查。

（1）外观检查　正常精液为乳白色不透明液体。混入血液为粉红色；被粪便污染为黄褐色；尿酸盐混入时则呈粉白色棉絮状；过量的透明液混入则有水泽状。凡受污染的精液其品质急剧下降，受精率不会高，应弃之不用。

（2）活力检查　精子活力在人工授精时对受精率、孵化率影响较大。试验表明，精子活力指数在 0.8 以上，受精率为 92.5%；精子活力指数在 0.7 时，受精率仅有 67.5%。

采精后 20～30 分钟内进行，取精液及生理盐水各一滴，置于载玻片一端混匀，放上盖玻片。精液不宜过多，以布满两片空隙不溢出为宜。在 37℃用 200～400 倍显微镜检查，活力高、密度大的精液呈旋涡翻滚状态。精子呈直线前进运动的，有授精能力。精子呈圆周运动、摆动两种方式的均无授精能力。

6. 精液稀释

通常可用原精液输精。精液稀释通常采用生理盐水（0.9％的氯化钠溶液）、葡萄糖生理盐水或专用精液稀释液。稀释比例以 1∶1 为宜。实践证明，在稀释液中加入适量的青链霉素可提高 1％的受精率。采精后应尽快稀释，将精液和稀释液分别装于试管中，并同时放入 30℃保温瓶或恒温箱中，使两者温度相等或相近。稀释时稀释液应沿装有精液的试管壁缓慢加入，轻轻转动，使均匀混合。加入稀释液后不能急速晃动或用吸管、玻璃棒快速搅动，以免精子的颈部断裂。

7. 输精

种母鸡在 180 日龄，产蛋率达到 5％时，就可以进行人工授精，一般每只母鸡每隔 4～5 天输精 1 次，产蛋后期或夏季可 3～4 天输精 1 次。输精时间在每天 16∶00 产蛋后，夏季可安排在 19∶00 进行。输精宜采用一鸡一管输精技术，即输精时采用移液管，每只母鸡配 1 个管套。可用棉布缝制一张能插入数百个管套的围裙，输精人员将所有消毒好的管套插入特制的围裙中，将围裙扎在腰间，围裙的侧面挂一个特制器皿，即可进行一鸡一管输精操作。

输精时由 2～3 人操作，其中一人输精，另外 1～2 人翻肛。可将母鸡抓到笼外面输精，也可以不抓出，直接在笼内进行输精操作。将母鸡抓到笼外面输精的，翻肛人员右手抓住母鸡腿的基部，左手拇指与其他四指自然分开放在母鸡腹部左侧，从肛门向头前方挤压，掌心用力，借腹部压力便可翻出输卵管口，输精员用消毒吸管吸取已被稀释的精液 0.025～0.03 毫升（母鸡接受第 1 次输精时或产蛋后期的输精量应该加倍），向位于泄殖腔左侧的输卵管口插入，滴管插入阴道不宜过深，一般没过精液的高度即可（2～3 厘米），同时翻肛员左手迅速放开肛门，精液即可输入。输精员每输完 1 只母鸡后，都要用消毒药棉擦净输精滴管口。

在笼内直接输精的，翻肛人员左手抓住母鸡鸡尾。向上提起，拉至笼门口。右手紧贴泄殖腔向下抓起腹部，增加腹压，使泄殖腔外翻，暴露出输卵管口。输精人员将吸有精液的移液器吸嘴插入输卵管口 2～3 厘米，将精液挤入输卵管内，移液器沿输卵管口上壁拔出。抓鸡人员松开右手，左手将母鸡推回笼内。输精后的吸嘴用脱脂棉擦拭，再吸入精液等待给下 1 只母鸡输精。

输精的注意事项：

① 输精人员要有责任心、有耐心、操作要细心。翻肛用力不能太猛，防止将输卵管内的蛋挤破，造成输卵管炎或腹膜炎，翻肛员给母鸡腹部加压力时，一定要着力于腹部左侧，因输卵管开口在泄殖腔的左上方，右侧为直肠开口，如果着力相反便会引起母鸡排粪。碰到输卵管有蛋或感觉精液未输入的鸡做好记号，隔日重输。

② 翻肛员与输精员在操作上要密切配合，当输精器插入的瞬间，翻肛员应迅速解除对母鸡腹部的压力，使精液借助于腹内压降低作用将精液输入输卵管内。输精员应熟练掌握吸取精液的力度，保证每次吸取的精液量相等，既不浪费精液也保证输精量，要求输入的精液所含精子 0.5 亿～0.7 亿个，输精剂量以 0.025～0.03 毫升为宜。

③ 输精时的力度应保证和吸取精液时的力度相同，在滴管插入阴道前，发现前端有空气柱应排空，否则输入的精液会包裹空气而形成泡沫，而且将空气泡输入输卵管内会使精液外溢，输精失败，影响受精率。

④ 吸嘴不能太尖，防止刺伤输卵管。平时采精后最好半个小时内把精液输完，冬季输精不超过半个小时，若精液暴露时间过长，精液的 pH 值、渗透压等已发生改变，会降低受精率，影响输精效果。第 1 次输精输精量加倍，以后每次输 0.025 毫升原精即可。

⑤ 输精员左手紧握刻度试管稍微倾斜向右，右手拿滴管从精液斜面最顶端吸取精液，滴管插入精液越浅越好。人为地搅动精液会增加精子的畸形率。

⑥ 输精时间应在 16：00 点以后，如有可能越晚越好。因为如果输卵管内有蛋影响受精率，过了 16：00 点后输卵管内有蛋的鸡的比例减少，可以减轻翻肛对母鸡的伤害。每输完 1 组鸡，要更换一个吸嘴，减少疾病传播机会。

⑦ 在人工授精方案实施中，维持高水平受精率需要随季节（日龄）的推移逐步提高输精量，以弥补功能性精子的渐进减少。其输入的有效精子数应达 0.6 亿～1 亿，产蛋高峰期每次输入原精液 0.025 毫升，末期以 0.05 毫升原精液为宜。

⑧ 不论是两人一组还是三人一组的授精组合，输精员都应站在翻肛人员的右边完成输精。根据鸡左侧输卵管的生理特点，在左边输精很容易划伤鸡的阴道，造成创伤，影响鸡的健康。

⑨ 严格执行灭菌、消毒制度。为防止相互感染，每输一次精液应更换新的输精管，即使是同一只鸡重复输精也应更换，以防污染精液。每次使用后的玻璃器械应清洗干净，再放入干燥箱中高温消毒，烘干备用。每使用一段时间还应在沸水中煮沸消毒以去除水垢。操作中也应做到小心谨慎，防止因污染而引起母鸡生殖器官的感染。

⑩ 加强种公鸡的饲养管理至关重要，要调配好公鸡的日粮，种公鸡使用较勤时，应适当地增加其日粮中蛋白质含量和多种维生素，特别是维生素 A、维生素 B_1、维生素 B_2 以及微量元素。母鸡 5 天输精 1 次，频繁的应激会降低抗病能力，平时也应在种鸡日粮中多添加一些维生素。

九、养鸡场消毒技术

规模化养鸡场的消毒工作是保障鸡场安全生产的重要措施，通过消毒可以达到杀灭和抑制病原微生物扩散或传播的效果。消毒这项工作应该是很容易做到的，但鸡场常常会放松这些标准，甚至流于形式，从而不知不觉中让坏习惯得以形成。为了降低鸡群的疾病挑战、提高鸡群的健康水平、生长速度、效率和生产放心安全的肉鸡，必须重视消毒工作。养鸡场的消毒通常有清舍消毒和带鸡消毒。

1. 消毒的时机

一是进鸡前消毒。购买雏鸡或者育成鸡进入产蛋舍的至少提前 1 周时间，对育雏舍或者蛋鸡舍及其周边环境进行 1 次彻底消毒，杀灭所有病原微生物。

二是定期消毒。病原微生物的繁殖能力很强，无论养禽还是养畜，都要对畜禽圈舍及其周围环境进行定期消毒。规模养殖场都要有严格的消毒制度和措施，一般每月至少消毒 1～2 次。

三是鸡转群或者淘汰出栏后。鸡转群或者淘汰出栏后，舍内外病原微生物较多，必须来一次彻底清洗和消毒。消毒鸡舍的地面、墙壁及其周边，所有的清理出的垃圾和粪便要集中处理，鸡粪可堆积发酵，垃圾可单独焚烧或者深埋，所有养殖工具要清洗和药物消毒。

四是高温季节加强消毒。夏季气温高，病原微生物极易繁殖，是畜禽疾病的高发季节。因此，必须加大消毒强度，选用广谱高效消毒药物，增加消毒频率，一般每周消毒不得少于 1 次。

五是发生疫情紧急消毒。如果畜禽发生疫病，往往引起传染，应立即隔离治疗，同时迅速清理所有饲料、饮水和粪便，并实施紧急消毒，必要时还要对饲料和饮水进行消毒。当附近有畜禽发生传染病时，还要加强免疫和消毒工作。

2. 清舍消毒的方法

(1) 消毒前要做好准备　如参加消毒的人员穿着必要的防护服装，了解消毒剂的安全使用事项和处置办法。搬出可移动物件，例如料槽、饮水器、清扫工具等，这些物件要单独清洗消毒。要记住将固定的供电设施绝缘！清洗消毒饮水系统（包括主水箱和过滤器）应单独进行。注意用消毒液清洗饮水系统的过程中乳头饮水器可能会堵塞，因此清洗完成后要检查所有的饮水器。

(2) 准备消毒药物　消毒药物按作用效果分为高效、中效、低效3 类。高效消毒药对病毒、细菌、芽孢、真菌等都有效，如戊二醛、氢氧化钠、过氧乙酸等，但其副作用较大，对有些消毒不适用；中效消毒药对所有细菌有效，但对芽孢无效，如乙醇、碘制剂等；低效消毒药属抑菌剂，对芽孢、真菌、亲水性病毒无效，如季铵盐类等。

选择消毒液时，要根据消毒对象、目的、疫病种类，调换不同类型的药物。如对带鸡消毒刺激性大、腐蚀性强的消毒药不能使用，如氢氧化钠等，以免造成人畜皮肤的伤害。

配制消毒药液时，应按照生产厂家的规定和说明，准确称量消毒药，将其完全溶解，混合均匀。大多数消毒药能溶于水，可用水作稀释液来配制，应选择杂质较少的深井水或自来水，但需注意水的硬度，如配制过氧乙酸消毒液，最好用蒸馏水。有些不溶于或难溶于水的消毒药，可用降低消毒液表面张力的溶剂，以增强药液的消毒效果或消除拮抗作用。临床表明，用乙醇配制的碘酊比用水配制的碘液好，相同条件下碘所发挥的消毒效力强。

（3）实施消毒作业

① 清洗消毒共分为 5 个基本步骤。

第一步：清除有机质。将栏舍内粪便、羽毛、垃圾、杂物、尘埃等清扫干净，不留任何污物。污物是消毒的障碍，干净是消毒的基础。因此，消毒前必须将栏舍空间、地面全部清理干净。要去除鸡舍内外的有机物，例如鸡笼、喂料车等设备上、墙壁上、地面上的粪污和血渍、垫料、泥污、饲料残渣和灰尘。

第二步：使用洗涤剂。用冷水浸透所有表面（天花板、墙壁、地板以及任何固定设备的表面），并低压喷撒清洗剂，如洗衣粉、洗洁精、多酶洗液等，最好是鸡场专用的洗涤剂。至少浸泡 30 分钟（最好更长时间，例如过夜）。注意一定不要把这个步骤省掉，洗涤剂可提高冲洗、清洁的效率，减少高压冲洗所需的时间，最主要的是因为有机质会令消毒剂失活，即便是彻底的热水高压冲洗都不足以打破保护细菌免遭消毒剂杀灭的油膜，只有洗涤剂可以做到这一点。

第三步：清洗。使用高压清洗机将栏舍用清水按照从顶棚→墙壁→地板自上向下的顺序反复冲洗干净，特别要注意看不见的和够不到的角落，例如风扇和通风管、管道上方、灯座等等，确保所有的表面和设备均达到目测清洁。

最好用热达到 70℃ 以上的净水高压冲洗。注意不能使用高压冲洗的设备，例如仔猪采暖灯，必须通过手工清洗。要确保脏水可自由排出，而不会污染其他区域。

第四步：消毒。采用消毒剂进行正式消毒。鸡舍地面、墙壁、笼具可用 3%～5% 的烧碱水洗刷消毒，待 10～24 小时后再用水冲洗一遍。舍内空气可采用喷雾消毒法，气雾粒子越细越好。消毒剂选择复合酚类、强效碘、氯类均可。按标签推荐用量配制药剂，特殊时期、疫病流行期可适当加大浓度。墙面也可用生石灰水粉刷消毒。

第五步：干燥。细菌和病毒在潮湿条件下会持续存在，所以在下一批鸡进舍之前舍内应彻底干燥。消毒完毕后，栏舍地面必须干燥 3～5 天，整个消毒过程不少于 7 天。7 天的干燥可将细菌负载降低至十分之一。

② 熏蒸消毒。熏蒸消毒法适合空鸡舍的彻底消毒。利用福尔马

林与高锰酸钾发生反应快速释出甲醛气体杀死病原微生物。对杀灭墙缝、地板缝中残余的病原微生物和虫卵效果好。

熏蒸消毒之前，先要对鸡舍的所有门窗、墙壁及其缝隙等进行密封，可将鸡笼、水槽、料槽等用具移进同时进行消毒。

按每立方米空间使用福尔马林溶液 28 毫升、高锰酸钾 14 克的标准（刚发生过疫病的鸡舍，要用 3 倍的消毒浓度，即每立方米空间用福尔马林溶液 42 毫升、高锰酸钾 21 克）准备整个鸡舍所需要的高锰酸钾和福尔马林溶液，然后将高锰酸钾放入消毒容器内置于鸡舍内，如果鸡舍面积过大，可以分成若干个消毒容器，分别放置在鸡舍内不同的部位，并将与高锰酸钾放入量相当的福尔马林溶液放在装有高锰酸钾的消毒容器旁边。

操作时，将福尔马林溶液全部倒入盛有高锰酸钾的消毒容器内，然后迅速撤离，把鸡舍门关严并进行密封，2～3 天后打开通风即可。

熏蒸消毒的注意事项：

一是甲醛气体的穿透能力弱，只有表面的消毒作用。故进行熏蒸消毒之前，先要对鸡舍地面、墙壁和天花板等处的粪便、灰尘、蜘蛛网、鸡羽毛、饲料残渣等污渍和杂物进行彻底清扫，然后用高压喷雾式水枪对其进行冲洗，确保鸡舍内任何地方皆一尘不染，以便使甲醛气体能够和病毒、芽孢、细菌及细菌繁殖体等病原微生物充分接触。

二是能够对鸡舍进行熏蒸消毒的有效药物是甲醛气体，它在鸡舍内的浓度越高、停留时间越长，消毒的效果就越好。因此，熏蒸消毒之前，一定要用塑料薄膜或胶带将鸡舍的所有门窗、墙壁及其缝隙等密封好。

三是盛消毒液的容器要比消毒液体积大 5～10 倍，以免剧烈反应时溢出容器外，因为福尔马林和高锰酸钾均有腐蚀性，持续时间达10～30 分钟，并释放出大量的热。最好用耐腐蚀和耐热的陶瓷或搪瓷容器。

四是用于熏蒸消毒的福尔马林浓度不得低于 35％，它与高锰酸钾的混合比例要求达到 2：1。福尔马林和高锰酸钾的混合比例是否合适，可根据其反应结束后的残渣颜色和干湿程度进行判断：若是一些微湿的褐色粉末，说明比例合适；若呈紫色，说明高锰酸钾用量过大；若太湿，说明福尔马林用量过大。

　　五是消毒容器应均匀地置于鸡舍内，且尽量离舍门口近一些，以便使甲醛气体能够更好地弥漫于整个鸡舍空间和有利于工作人员操作结束后迅速撤离。操作时，工作人员应先将高锰酸钾放入消毒容器内，然后按比例倒入福尔马林，绝对禁止向福尔马林中放入高锰酸钾。

　　六是为防止甲醛聚合沉淀，舍温应保持 18℃ 以上，温度越高，消毒效果越好，相对湿度也应在 65% 以上。为了达到上述要求，可通过在鸡舍内用火炉加热的方法使温度保持在 18～26℃，用喷雾器喷洒清水或按每立方米空间用清水 6～9 毫升加入高锰酸钾 6～9 克的办法，使相对湿度上升到 65% 以上。

　　七是在进行熏蒸消毒鸡舍之前，要打开所有门窗通风换气 2 天以上，排净其中的甲醛气体。如果急需使用，先按每立方米空间使用碳酸氢铵（或者氯化铵）5 克、生石灰 10 克、75℃ 的热水 10 毫升的标准，将它们放入消毒容器内混合均匀，用其产生的氨气中和甲醛气体 30 分钟，最后打开鸡舍门窗通风换气 30～60 分钟。

十、带鸡消毒的方法

　　带鸡消毒就是对鸡舍内的一切物品及鸡体、空间用一定浓度的消毒药液进行喷洒消毒。它是集约化养鸡综合防疫的重要组成部分，是控制鸡舍内环境污染和疫病传播的有效手段之一。尤其对那些隔离条件差，不同批次的鸡在同一鸡场饲养及各种疫病经常发生的老鸡场更为有效。带鸡消毒既能直接杀灭隐藏于鸡舍空气中的病原微生物，又能直接杀灭鸡体表、呼吸道浅表滞留的病原体。对马里克氏病、传染性法氏囊、新城疫有良好的预防作用，对细菌性疾病如葡萄球菌病、大肠杆菌病、沙门氏杆菌病、支原体等也有良好的防治作用，尤其对预防传染性鼻炎、支原体病等呼吸道系统疾病的效果更佳。此外，还可以防暑降温、提供湿度、净化空气、改善鸡舍环境，也利于饲养人员的健康。

　　带鸡消毒应包括鸡体消毒和地面、墙壁、天棚等鸡舍内的空间和环境的消毒，而不应仅仅是鸡体消毒。

◀ 1. 消毒前清洁环境 ▶

　　带鸡消毒前应扫除屋顶、墙壁、鸡舍通道的灰尘等污染物，以提高消毒效果和节约药物用量。尽可能彻底地扫除鸡笼、地面、墙壁、物品上的鸡粪、羽毛、粉尘、污秽垫料和屋顶蜘蛛网等。

2. 冲洗干净

主要是用清水冲洗地面、粪沟、排污沟、下水道等地方，冲洗的目的是将污物冲出鸡舍，提高消毒效果。冲洗的污水应由下水道或暗水道排流到远处，不能排到鸡舍周围。

3. 合理选择消毒药

消毒药必须广谱、高效、强力，对金属、塑料制品的腐蚀性小，对人和鸡的吸入毒性、刺激性、皮肤吸收性小，不会残留在鸡肉和蛋中。对鸡体喷雾消毒可用的消毒剂有过氧乙酸、新洁尔灭、次氯酸钠、菌毒敌、百毒杀、复合酚等。对下水道和排污沟等地方消毒可用氢氧化钠（但一定要在消毒后再冲洗）。

4. 消毒药液配制

配制消毒药液用杂质较少的深井水或自来水较好。一般喷雾量按每平方米 30～50 毫升计算，平养喷雾量可少些，笼养喷雾量应多些；雏鸡喷雾量少些，中大鸡喷雾量多些。

消毒液的浓度要均匀，对不易溶于水的药应充分搅拌使其溶解。消毒药液温度由 20℃提高到 30℃时效力可增加 2 倍，所以配制消毒药液时要用温水稀释。一般水温应控制在 40℃以下。寒冷季节水温要高一些，以防水分蒸发引起鸡受凉而患病；炎热季节水温要适当低一些，选在气温高的时候，以便消毒的同时还能起到降温作用。消毒液稀释后稳定性变差，不宜久存，消毒药液应现用现配，一次用完。

5. 正确实施消毒

带鸡消毒可使用雾化效果较好的自动喷雾装置或农用小型背包式喷雾器。要控制好雾滴的大小，雾粒太小易被鸡吸入呼吸道，引起肺水肿，甚至诱发呼吸道疾病；雾粒太大易造成喷雾不均匀和增加鸡舍湿度。雾粒大小控制在 80～120 微米，喷头距鸡体 50 厘米左右为宜。喷雾时喷头向上，将喷头嘴向上以划圆圈方式先内后外逐步喷雾，使消毒药液像雾一样缓慢下落，不得直接喷在鸡体上。喷雾时以地面、墙壁、天花板均匀湿润和鸡体表微湿为止，喷雾时应将舍内温度较平时提高 3~4℃，冬季寒冷，不要把鸡体喷的太湿；夏季可选用大雾滴的喷头，有利于降温和减少鸡的热应激。

密闭式鸡舍亦可选用易挥发的消毒药挂放在进风口处，随着空气进入鸡舍，达到鸡舍空气消毒的效果。

一般每周带鸡消毒 1~2 次，发生疫情期间每天带鸡消毒 1 次。带鸡消毒不适合太小的雏鸡，至少在 1 周龄以后方可实行，消毒时间可以根据禽舍内的污染情况而定，一般在育雏期 42 日龄以前每周进行 1 次，育成期 7~10 天进行 1 次。

6. 注意事项

① 活疫苗免疫接种前后 3 天内应停止带鸡消毒，以免影响免疫效果。

② 喷雾消毒时间最好固定，宜在光线较暗的条件下进行，以防应激。

③ 消毒后应加强通风换气，以利鸡体及鸡舍干燥。

④ 根据不同消毒药的特性、成分、原理、消毒作用，交替使用，以防产生抗药性。一般每 3~4 周更换一种。

十一、免疫接种技术

免疫接种是用人工方法将免疫原或免疫效应物质输入到鸡体内，使鸡体通过人工自动免疫或人工被动免疫的方法获得防治某种传染病的能力。用于免疫接种的免疫原（即特异性抗原）、免疫效应物质（即特异性抗体）等皆属生物制品。

《无公害食品 畜禽饲养兽医防疫准则》（NY/T 5339—2006）规定：畜禽饲养场应根据《中华人民共和国动物防疫法》及其配套法规的要求，结合当地疫病流行的实际情况，制订免疫计划，有选择地进行疫病的预防接种工作；对国家兽医行政管理部门不同时期规定需强制免疫的疫病，疫苗的免疫密度应达到 100%，选用的疫苗应符合《中华人民共和国兽用生物制品质量标准》，并注意选择科学的免疫程序和免疫方法。

1. 疫苗的类型

疫苗是指由病原微生物及其产物制成的并接种动物后能激发机体

产生自动免疫，从而预防疫病的一类生物剂。用细菌制成的叫菌苗，用病毒制成的叫疫苗。另外还有一些类毒素、灭活疫苗和亚单位疫苗以及各种新型的疫苗等。由于病原体是个活体，会有变异，如传染性支气管炎病毒、传染性法氏囊病病毒引起的疾病，用标准株疫苗不行，必须用变异型病毒制造的疫苗才有效，这种疫苗称为变异株疫苗。

强毒疫苗是在饲养条件较好的情况下，利用强毒株病毒使全群动物感染，待康复后，就可产生良好的免疫力，强毒疫苗的毒力较强。通常说的强毒疫苗包括传喉苗和传染性法氏囊疫苗等。

弱毒活疫苗是通过物理的、化学的和生物的方法获得减毒毒株或从天然毒株中筛选出自然弱毒株，用以制备的疫苗。其优点是接种较少量就可诱导产生坚强的体液和细胞免疫，免疫力持久，无须使用佐剂，产量高，生产成本低。其缺点是残毒在鸡群中持续传递后毒力有增强、返祖为毒力型的可能；弱毒苗多制成冻干苗，以便于运输和延长保存期。如新城疫Ⅳ系、克隆-30、新城疫Ⅰ系疫苗、鸡传染性支气管炎弱毒疫苗、传染性喉气管炎弱毒疫苗和马立克氏病疫苗等。

灭活疫苗也称死苗，是将病原体用物理的或化学的方法，使细菌或病毒丧失感染性或毒性，但仍保持其免疫原性。最常用的灭活方法是使用化学灭活剂如福尔马林。灭活苗的优点是研制周期短、无毒、安全并易于保存运输，疫苗稳定，便于制备多价或多联苗，不受干扰，能刺激机体产生较长时间的较高水平的体液免疫应答。但死苗不能在体内复制，所以，每单位容积内要含有大量抗原。为了增强灭活苗的免疫效果，做疫苗时必须加入适当的佐剂。

利用同一种微生物菌株或同一种微生物中的单一血清型菌株的增殖培养物制备的疫苗，称为单价疫苗，简称单苗。单苗对单一血清型微生物所致的疫病有免疫保护作用，如新城疫各疫苗株制备的疫苗，都能使被接种鸡获得完全的免疫保护，但单价苗仅对多血清型微生物所致疾病中的对应血清型有保护作用，而不能使被免疫鸡获得对所有血清型的免疫保护，如预防马立克氏病的火鸡疱疹病毒冻干苗，只对马立克氏病血清Ⅰ型毒株有效免疫保护，而对血清Ⅱ型等其他血清型毒株无保护作用。

多价疫苗是指用同一种细菌或病毒的不同血清型混合制成的疫苗。多价疫苗能使免疫鸡只完全的免疫保护，并且可在不同地区使用，如鸡马立克病二价冷冻疫苗、鸡马立克病三价冷冻疫苗、传染性法氏囊病三价疫苗等。

多联疫苗应用不同种微生物分别制成疫苗，然后将其按一定比例混合在一起，配制成的疫苗，则称为联合苗或混合苗。这种疫苗具有减少接种次数、使用方便等优点，可以达到免疫一次预防几种疫病的目的。其缺点是免疫剂量大，不同抗原间有干扰。多联疫苗根据实际疫病流行情况、微生物组合的多少，有二联疫苗、三联疫苗、四联疫苗等之分。如鸡新城疫病毒（La Sota 株）、禽流感病毒（H9 亚型，SS 株）二联灭活疫苗，鸡新城疫、传染性支气管炎二联活疫苗（La Sota 株＋H120 株），鸡新城疫、传染性支气管炎二联活疫苗（La Sota 株、H52 株），鸡新城疫、鸡传染性支气管炎、鸡痘三联苗，新城疫、传染性支气管炎、传染性法氏囊病、病毒性关节炎四联灭活油乳剂疫苗等。

2. 常用的疫苗种类及使用方法

在常规商品疫苗中，灭活苗的比例占 70%。而且多为 2～4 联疫苗，一次免疫可预防多种传染病，简单而且节省人工。肉鸡常用疫苗及使用方法见表 4-6。

表 4-6　肉鸡常用疫苗及使用方法

名称	用途	用法	免疫期	注意事项
鸡新城疫活疫苗(Clone 30 株)	用于预防鸡新城疫	滴鼻、点眼、饮水或喷雾接种均可。按瓶签注明的羽份，用生理盐水或适宜的稀释液稀释。滴鼻或点眼，每只 0.05 毫升；饮水或喷雾，剂量加倍	4 个月	(1)有鸡支原体感染的鸡群,禁用喷雾接种 (2)稀释后,应放冷暗处,限在 4 小时内用完 (3)饮水接种时,饮水中应不含氯等消毒剂,饮水要清洁,忌用金属容器 (4)用过的疫苗瓶、器具和未用完的疫苗等应进行无害化处理

续表

名称	用途	用法	免疫期	注意事项
鸡新城疫Ⅳ系灭活疫苗（La Sota 株）	用于预防鸡新城疫	滴鼻、点眼、饮水或喷雾接种均可。按瓶签注明的羽份，用生理盐水或适宜的稀释液稀释，滴鼻或点眼，每只 0.05 毫升（约 2 滴）；饮水或喷雾，剂量加倍	7～9 天产生免疫力，免疫期受多种因素影响，3～6 周不等	(1)有鸡支原体感染的鸡群，禁用喷雾接种 (2)疫苗稀释后，应放冷暗处，限 4 小时内用完 (3)饮水接种时，饮水中应不含氯等消毒剂，饮水要清洁，忌用金属容器 (4)用过的疫苗瓶、器具和未用完的疫苗等应进行无害化处理 (5)−15℃ 以下保存，有效期为 24 个月
鸡新城疫油乳剂灭活疫苗	用于预防鸡新城疫	雏鸡 0.25 毫升，成鸡 0.5 毫升，皮下注射	注射育苗后 2 周产生免疫力，免疫期 3～6 个月不等	必须逐只注射，剂量一定要准确，严禁冻结保存，免疫后仍需要进行监测，疫苗质量影响免疫期
鸡马立克氏病活疫苗	用于预防鸡马立克氏病	各种品种 1 日龄雏鸡均可使用，肌内或皮下注射。按瓶签注明羽份用稀释液稀释成 0.2 毫升/羽份，每羽 0.2 毫升	接种后 8 日可产生免疫力，免疫期为 18 个月	(1)应在液氮中保存和运输 (2)从液氮中取出后应迅速放于 38℃ 温水中，待完全融化后加稀释液稀释，否则影响疫苗效力 (3)稀释后，限 1 小时内用完。接种期间应经常摇动疫苗瓶使其均匀 (4)接种时，应做局部消毒处理 (5)用过的疫苗瓶、器具和未用完的疫苗等应进行无害化处理

续表

名称	用途	用法	免疫期	注意事项
鸡马立克氏病火鸡疱疹病毒活疫苗	用于预防鸡马立克病	适用于各品种的1日龄雏鸡，肌内或皮下注射。按瓶签注明羽份，加 SPG 稀释，每羽 0.2 毫升	免疫期为 1.5 年，免疫后 2～3 周产生免疫力	(1)已发生过马立克氏病的鸡场，雏鸡应在出壳后立即进行预防接种 (2)疫苗应随配随用，用专用稀释液稀释。稀释后放入盛有冰块的容器中，必须在 1 小时内用完
鸡马立克氏病二价冷冻疫苗	用于预防高发区鸡马立克病	1 日龄皮下或肌内注射 0.2 毫升。0.2 毫升中含 Ⅰ、Ⅱ 型毒共 3000 个蚀斑单位以上	接种 1 周后产生免疫力，可获终生免疫	同鸡马立克氏病活疫苗
鸡传染性法氏囊病活疫苗（中等毒力）	用于预防法氏囊病	供有母源抗体的雏鸡饮水免疫，也可用滴眼及口服法免疫，首次免疫在 2 周龄左右，二次免疫于 3 周后进行	3～5 个月	(1)免疫前应按规定用琼脂扩散法测定母源抗体 (2)免疫前后应严格消毒，将鸡舍及环境中的传染性法氏囊病病毒降至最低程度，才能保证免疫效果
法氏囊活疫苗(B87株)	用于预防鸡传染性法氏囊病。可用于各品种雏鸡，依据母源抗体水平，宜在 14～28 日龄时使用	(1)按瓶签注明的羽份，可采用点眼、口服、注射等途径接种 (2)饮水免疫:按瓶签注明的羽份，将疫苗加入不含氯离子、消毒剂及其他药物的清洁水中(如深井水、冷开水等)充分溶解搅匀饮用，(如能加入 1%～2% 脱脂牛奶或 0.1%～0.2% 脱脂奶粉，免疫效果更佳)。饮水免疫剂量加倍 (3)点眼免疫:按瓶签注明的羽份，用适宜稀释液或生理盐水稀释，每只鸡 0.05 毫升	4 个月	(1)免疫对象必须为健康雏鸡 (2)饮水器必须干净，不宜用金属容器。饮水要清洁 (3)饮水前应停水一定时间:一般停水 2～4 小时，要保证每只鸡都能充分饮服，并在短时间内饮完，饮完后经 1～2 小时再正常给水 (4)用过的疫苗瓶、器具等应消毒处理，不可乱扔 (5)疫苗不要溅到人的眼睛里 (6)-15℃ 以下保存，有效期为 18 个月

续表

名称	用途	用法	免疫期	注意事项
鸡传染性支气管炎疫苗H52	用于雏鸡支气管炎病二免	4周龄以上雏鸡,滴鼻或饮水	5～6个月	本疫苗中等毒力,适用于经过H120免疫过的鸡应用。对肾毒株引起的肾型传染性支气管炎无效
鸡传染性支气管炎疫苗H120	用于预防3周龄以内鸡的支气管炎	滴鼻或饮水	3～4周	本疫苗弱毒力适用于1月龄的鸡,对肾毒株引起的肾型传染性支气管炎无效
鸡新城疫、传染性支气管炎二联活疫苗(La Sota株＋H120株)	用于预防鸡新城疫和鸡传染性支气管炎。适用于7日龄以上的鸡	按瓶签注明羽份,用生理盐水、注射用水或水质良好的冷开水稀释疫苗。滴鼻接种:每只1滴(0.03毫升)饮水接种:剂量加倍。其饮水量根据鸡龄大小而定,5～10日龄5～10毫升;20～30日龄10～20毫升	12个月	(1)稀释后,应放冷暗处,限4小时内用完(2)饮水接种时,忌用金属容器,饮水前应停水2～4小时(3)用过的疫苗瓶、器具和未用完的疫苗等应进行消毒处理(4)－15℃以下保存,有效期为18个月

续表

名称	用途	用法	免疫期	注意事项
鸡新城疫、传染性支气管炎二联活疫苗（La Sota 株、H52 株）	用于预防鸡新城疫和鸡传染性支气管炎。适用于 21 日龄以上的鸡	按瓶签注明羽份用生理盐水、蒸馏水或水质良好的冷开水稀释疫苗　滴鼻免疫：每只鸡滴鼻 1 滴（0.03 毫升）　饮水免疫：剂量加倍，其饮水量根据鸡龄大小而定，一般成鸡每只 20~30 毫升	4 个月	（1）疫苗稀释后，应放冷暗处，必须在 4 小时内用完　（2）饮水免疫忌用金属容器，饮用前至少停水 4 个小时　（3）在 -15℃ 以下保存，有效期为 18 个月
鸡痘鹌鹑化弱毒冻干活疫苗	用于预防鸡痘	按规定稀释后在翅下刺种，按说明书规定的稀释倍数稀释并刺种　1 月龄以内雏鸡刺1 下，1 月龄以上雏鸡刺 2 下	雏鸡 2 个月，大鸡 5 个月	接种苗后 10 天抽测 0.5% 的鸡，刺种部有痘痂形成则有效，否则应重新接种
鸡新城疫病毒（La Sota 株）、禽流感病毒（H9 亚型、SS 株）二联灭活疫苗	用于预防鸡新城疫和由 H9 亚型禽流感病毒引起的禽流感	颈部皮下或肌内注射。1~5 周龄鸡，每只 0.3 毫升；5 周龄以上鸡，每只 0.5 毫升；母鸡在开产前 2~3 周接种，每只 0.5 毫升	4 个月	（1）严禁冻结，在运输过程中应避免日光直射　（2）使用前应先放至室温，摇匀后使用　（3）若出现破损、异物或破乳分层现象，切勿使用　（4）仅用于健康家禽预防接种。疫苗开启后限当日用完，残留的疫苗要报废　（5）接种器具必须灭菌　（6）屠宰前 28 日内禁用　（7）当鸡群新城疫或禽流感 H9 亚型的 HI 抗体少于 4.01g2 时，应根据生产需要合理安排免疫

续表

名称	用途	用法	免疫期	注意事项
鸡球虫病三价活疫苗（柔嫩艾美耳球虫 PTMZ 株＋巨型艾美耳球虫 PMHY 株＋堆型艾美耳球虫 PAHY 株）	用于预防肉鸡球虫病 3～7 日龄鸡饮水免疫	饮水接种：每鸡 1 羽份。每瓶 1000 羽份（或 2000 羽份）的疫苗兑水 6 升（或 12 升），加入 50 克/瓶或 100 克/瓶的球虫病疫苗助悬剂，配成混悬液 1 瓶。供 1000 羽（或 2000 羽）雏鸡自由饮用，平均每只鸡饮用 6 毫升球虫病疫苗混悬液，4～6 小时饮用完毕 不良反应：接种疫苗后 12～14 日个别鸡只可能会出现拉血粪的现象，不需用药。如果出现严重血粪或球虫病死鸡，则用磺胺喹噁啉或磺胺二甲嘧啶按推荐剂量投药 1～2 日，即可控制	接种后 14 日开始产生免疫力，免疫力可持续至饲养期末	（1）本品严禁结冻或在靠近热源的地方存放。仅用于接种健康雏鸡，使用时应充分摇匀 （2）对饲料中药物使用的要求：严禁在饲料中添加任何抗球虫药物 （3）对扩栏与垫料管理的要求：①建议不要逐日扩栏，接种球虫病疫苗后第 7 日，将育雏面积"一步到位"地扩大到免疫接种后第 17 日所需的育雏面积，以利于鸡群获得均匀的重复感染机会；②接种球虫病疫苗后的第 8～16 日内不可更换垫料。③垫料的湿度以 25％～30％（用手抓起一把垫料时，手心有微潮的感觉）为宜 （4）做好免疫抑制性疾病的预防和控制工作。许多免疫抑制性疾病如传染性法氏囊病、马立克氏病、霉菌毒素中毒等，会严重影响抗球虫免疫力的建立，加重疫苗反应。应避免这些疾病对疫苗免疫效果的干扰 （5）减少应激因素的影响。免疫接种球虫病疫苗后的第 12～14 日是疫苗反应较强的阶段，在此期间应尽量避免断喙、注射疫苗和迁移鸡群

续表

名称	用途	用法	免疫期	注意事项
鸡球虫病四价活疫苗（柔嫩艾美耳球虫 PTMZ 株＋毒害艾美耳球虫 PNHZ 株＋巨型艾美耳球虫 PMHY 株＋堆型艾美耳球虫 PAHY 株）	用于预防鸡球虫病	（1）免疫接种程序：用于 3～7 日龄鸡饮水免疫（2）接种方法及剂量：饮水接种。每鸡 1 羽份。每瓶 1000 羽份（或 2000 羽份）的疫苗兑水 6 升(或 12 升)，加入 1 瓶 50 克/瓶（或 1 瓶 100 克/瓶）球虫病疫苗助悬剂，配成混悬液。供 1000 羽（或 2000 羽）雏鸡自由饮用，平均每羽鸡饮用 6 毫升球虫病疫苗混悬液，4～6 小时饮用完毕 不良反应：接种疫苗后 12～14 日个别鸡只可能会出现拉血粪的现象，不需用药。如果出现严重血粪或球虫病死鸡，则用磺胺喹噁啉或磺胺二甲嘧啶按推荐剂量投药 1～2 日，即可控制	接种后 14 日开始产生免疫力，免疫力可持续至饲养期末	（1）本品严禁冻结或在靠近热源的地方存放（2）仅用于接种健康雏鸡，使用时应充分摇匀（3）严禁在饲料中添加任何抗球虫药物（4）建议不要逐日扩栏，接种球虫病疫苗后第 7 日，将育雏面积"一步到位"地扩大到免疫接种后第 17 日所需的育雏面积，以利于鸡群获得均匀的重复感染机会；接种球虫病疫苗后的第 8～16 日内不可更换垫料。垫料的湿度以 25%～30%（用手抓起一把垫料时，手心有微潮的感觉）为宜（5）做好免疫抑制性疾病的预防和控制工作：许多免疫抑制性疾病如传染性法氏囊病、马立克氏病、霉菌毒素中毒等，会严重影响抗球虫免疫力的建立，加重疫苗的反应。应避免这些疾病对疫苗免疫效果的干扰（6）减少应激因素的影响：免疫接种球虫病疫苗后的第 12～14 日是疫苗反应较强的阶段，在此期间应尽量避免断喙、注射其他疫苗和迁移鸡群（7）剩余的疫苗及空瓶不得任意丢弃，经加热煮沸灭活后方可废弃

3. 免疫程序的制订

免疫程序系指预防某种传染病，选择最适的日龄、最好的接种途径和高质量的疫苗，对鸡群进行人工主动免疫，增强鸡体对该传染病的特异性免疫力。免疫程序应根据疫苗种类、饲养期、流行特点，以科学试验得出的最佳疫苗接种日龄、免疫剂量和接种途径等制订，使鸡体的特异性免疫力在一定饲养期内维持在免疫临界线以上。

通常肉鸡的免疫程序有六种病，即马立克氏病、新城疫、传染性支气管炎、传染性法氏囊病、鸡痘和传染性喉气管炎，其中新城疫、传染性法氏囊病和传染性支气管炎这三种病被广泛列入免疫程序。养鸡场还可以根据本场情况决定是否免疫马立克氏病、禽流感疫苗、鸡痘和球虫病等。

免疫多用弱毒疫苗中的单苗，也有用联苗的。一般新城疫免疫二次，首免时间在 7 日龄，二免时间在 21 日龄；传染性法氏囊病免疫时间在 14 日龄。由于传染性支气管炎往往和新城疫一起采用新城疫、传染性支气管炎二联苗在 7 日龄免疫，这样免疫以后，新城疫 21 日龄二免的时候采用新城疫Ⅳ系（La Sota 株）单独免疫即可。

4. 常用的免疫接种方法

免疫是一项技术性很强的细致工作，每一种疫苗都有一定的免疫方法，只有正确地使用才能获得预期的效果。常用的免疫方法有饮水、滴鼻、点眼、皮下、肌注、刺种、涂擦和喷雾等。在生产中采用哪一种方法，应根据疫苗的种类、性质及本场的具体情况决定。

（1）饮水法　饮水免疫法（图 4-2）是将弱毒疫苗混入饮水中，让鸡群在 1～2 小时内饮完的免疫接种方法。加入疫苗前，给鸡群禁水 30～90 分钟或更长时间，取决于气候和渴的程度，如夏季最好夜间停水，清晨饮水免疫。免疫接种前，检查饮水器和乳头是否清洁和运行正常。将饮水器反复洗刷干净，再用凉开水冲洗一遍，确保所有水消毒系统已关闭，水管内无残留消毒剂或异物，仅有清洁的水。彻底排空整个水管系统，确保所有的水都被排干，特别是水箱底部和水管系统最低处的水。

图 4-2　饮水免疫法

预测饮水量，应能够在约 2 小时饮完。饮水量大约是前 1 天饮水量的 1/7。如 5～15 日龄的鸡每只 5～10 毫升，16～30 日龄的鸡 10～20 毫升，30～60 日龄的 20～30 毫升。然后，在疫苗中溶入少量矿泉水（或蒸馏水），疫苗剂量应至少满足该日龄免疫的鸡数。再把其完全混合（用塑料搅拌棒）到预先制备好的加入奶粉（每升水中加 2.5 克的脱脂奶粉，避免结块）的水中。可用标记颜色的方法识别疫苗溶液。保持疫苗液常温，避免暴露于阳光下直射。检验所有饮水器和乳头是否充满疫苗溶液，特别是使用乳头饮水器时，打开水管末端的开口，使管内的空气排出，确保疫苗溶液注满末端。检查整个鸡舍，确保所有鸡均饮到疫苗溶液。最后，打开水管阀，转到正常饮水。再过半小时方可喂料，2 小时内不准饮高锰酸钾及其他消毒药水，新城疫Ⅳ系苗、传染性支气管炎 H120 和 H52 弱毒苗、法氏囊炎等弱毒苗可以应用这种方法免疫接种。

该法的优点是省时、省力，免疫接种后反应温和、安全可靠，减少鸡群的应激反应，近年来已被广泛使用。其缺点一是每只鸡的饮水量不同，导致整个鸡群免疫水平高低不齐；二是水中的盐碱杂质会影响疫苗的效力。

（2）滴鼻、点眼法　滴鼻、点眼是常用的对鸡进行免疫的两种方法，具有操作简便的特点。优点是使每只鸡都能得到准确的疫苗量，鸡苗接种均匀，免疫效果较好，被养殖界称为弱毒苗的最佳方法，适用于任何年龄的鸡；缺点是需要捉鸡，对免疫鸡群应激大，费时费力。

点眼：对于小鸡雏要用左手轻握住鸡，使其不乱动，右手拿点眼瓶，向左右眼睛各轻轻点一滴（图4-3），等鸡做完一个眨眼动作，药液完全进入眼中吸收后再松开，否则放手早了，药液只在眼球表面，没有进入眼内，鸡很容易甩头，这样就把药液甩出去了，没达到免疫的目的。成鸡免疫时，只需打开鸡笼门，握住鸡颈部（鸡只是头颈部在笼外，身体在笼内），点眼方法同小鸡雏。

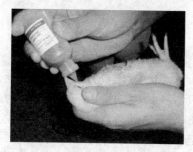

图4-3　点眼法

　　滴鼻：滴鼻也是鸡进行免疫的一种方法，有些疫苗对眼睛刺激很大，如传喉，点眼后往往鸡出现闹眼现象，所以应滴鼻，其方法为左手握住鸡颈部使其不能动，右手拿滴鼻瓶朝鸡鼻孔左右各轻滴一滴（图4-4），也要待鸡完成一次呼吸，完全将药液吸入鼻孔内后，左手方可松开鸡，若药液滴入后，不向鼻内渗入，又想加快免疫进程，工作人员可用右手轻捏鸡的嘴或用手堵另一侧鼻孔，药液自然会渗入。此法适合雏鸡的新城疫Ⅱ、Ⅲ、Ⅳ系疫苗和传支、传喉等弱毒疫苗的接种。

图4-4　滴鼻法

（3）皮下注射法　皮下注射（图 4-5）是将疫苗注入皮肤与肌肉之间的组织，疫苗被机体缓慢吸收后即可获得免疫力。可分为颈部、胸部、腿部皮下注射等。颈部皮下注射操作时，注射部位选择在颈部正中线的下 1/3 处，一手食指和拇指分开在鸡头部横向由下而上将皮层挤压到上面提住拉高，不能只拉住羽毛，使表皮和颈部肌肉分离，另一手将注射器针头向着背部方向，以小于 30°的角度刺入捏起的皮下，

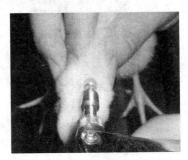

图 4-5　皮下注射法

缓慢注入疫苗。注射正确时可感到疫苗在皮下移动，推注无阻力感。进针位置应在颈部背侧中段以下，针尖不伤及颈部肌肉骨头，否则易引起肿头或颈部赘生物生长。同时针体以与头颈部在一直线为宜，可减少刺穿机会，若针头刺穿皮肤，则有疫苗溶液流出，可看到或触摸到。发现刺穿现象应补注。

皮下注射适用于马立克氏病疫苗及各种灭活苗免疫。优点是颈部由于皮下活动区域较大，皮下血管丰富，油乳剂灭活疫苗吸收迅速，免疫效果好，产生的抗体维持时间较长，是最常用的注射方法，也是油乳剂灭活疫苗免疫接种的最佳方法；缺点是如果注射不当，会造成严重不良后果。

（4）肌内注射法　肌内注射法根据注射部位的不同，可分为胸部肌内注射、腿部肌内注射和翅根肌内注射等 3 种注射方法。根据被注射鸡只大小、日龄、用途等选择适合的肌内注射方法。

胸部肌内注射操作方法（图 4-6）：一手持双翅根固定鸡只，鸡只平放使胸部朝上，胸部上 1/3 处，龙骨突两侧，注射针距龙骨 2～3 厘米，锁骨 2～3 厘米，在胸部肌肉厚实处进针，进针方向与胸骨平行，与胸肌呈 30°角刺入。雏鸡刺入深度为 0.5～1 厘米，较大鸡为1～1.5 厘米，将药液注入浅层肌肉。

翅根肌内注射操作方法（图 4-6）：一手持双翅翅根，暴露翅根部。在鸡翅膀根部内侧肌肉部位，将注射器针头平行翅膀骨骼垂直于身体刺入，注入药液后，观察药液是否倒流，轻按针孔。注意翅根部

(a) 翅根肌内注射法

(b) 胸部肌内注射法

图 4-6　肌内注射法

中央存在血管，不要在中央进针及作为进针方向。

　　腿部肌内注射方法：青年鸡一人单独操作，产蛋鸡两人或三人操作，一人注射，一人或两人抓鸡。抓鸡人固定好鸡并充分暴露鸡腿部肌肉，在正后侧腿部上 1/3 处进针，针头呈 30°倾斜，朝背部方向刺入腿部肌肉，注射完毕轻轻把鸡放回笼内。

　　肌内注射法的优点是肌肉内神经分布少，吸收速度较快，疼痛刺激小，适用于各种灭活疫苗；缺点是抗体形成快，维持时间少。操作复杂，劳动量大，易造成死亡，疫苗及吸收因素会影响屠宰胴体品质等。

　　（5）刺种法　将疫苗按规定剂量稀释后，充分摇匀，用蘸笔（文具店有售）或接种双峰刺种针蘸取疫苗，在鸡翅膀内侧无血管处刺种 1～2 下（图 4-7），此法适用于鸡痘弱毒苗的接种，但需 3 天后检查刺种部位，若有小肿块或红斑则表示接种成功，或者 7 天后检查刺种部位是否结痂，结痂说明刺种成功，否则需重新刺种。

图 4-7　双针头刺种免疫

　　（6）涂擦法　涂擦法主要用于特殊情况下鸡传染性喉气管炎强毒的免疫。方法是将 1000 只剂量的疫苗加入 30 毫升生理盐水稀释，捉鸡倒提，用手捏腹使肛门黏膜外翻，用消毒的棉签或小刷子蘸取疫苗，直接涂擦在泄殖腔的黏膜上（图 4-8），使黏膜发红为止。接种过程中，应严禁疫苗接触鸡的其他部位，否则易引起喉气管炎。擦肛后 4~5 天，可见泄殖腔黏膜潮红，否则应重新接种。

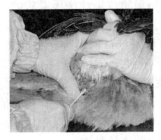 

图 4-8 涂擦法　　　　　　　图 4-9 喷雾接种操作

（7）喷雾接种法　喷雾免疫（图 4-9）是一种常用的蛋鸡免疫形式，主要在鸡大群免疫时应用。省时、省力，对散养或笼养的鸡免疫都很方便；可诱导鸡的呼吸道局部免疫力的产生，同时刺激机体产生循环抗体；使鸡群产生良好一致的免疫效果，而且产生免疫力的时间比其他方法快，适于较大型鸡场。按要求将疫苗稀释后，用专用喷雾器将药液均匀地喷于鸡舍内。喷雾前先关通风孔，将 1000 只剂量的疫苗加蒸馏水 150~300 毫升稀释，用纱布过滤，用喷雾器（枪）喷于 500 只鸡的鸡舍空中，要求喷雾均匀，喷头离鸡 1.5 米，喷完 20 分钟打开通气孔，免疫后的饲料中添加抗生素防止气囊炎。此法适合鸡瘟 Ⅱ、Ⅲ、Ⅳ 系，传支疫苗接种。喷雾免疫不适用于 30 日龄内的雏鸡。比较适合 8 周龄以上鸡免疫，因为 8 周龄以内鸡的免疫系统发育不健全，容易产生一定的免疫副反应，所以在小鸡阶段进行喷雾免疫要更加小心。缺点是对禽群有一定干扰，往往会加剧慢性呼吸道病及大肠杆菌引起的气囊炎；对操作的技术要求比较严格，操作不当时往往达不到预期的免疫效果甚至可引起免疫失败，导致严重的疫苗反应。

5. 免疫接种注意事项

① 加强鸡群的饲养管理和隔离消毒工作。健康的鸡群才能获得良好的免疫效果。

② 根据本地疫病情况、饲养蛋鸡品种、数量和免疫程序选择相

应的疫苗。随着病原微生物变异株的不断变化，给免疫防治造成较困难，选择恰当的疫苗株是取得理想免疫效果的关键。若疫苗株与疫病病原的血清（亚）型有差异，则难以取得良好的免疫效果。因此，针对血清型的疫病，应使用多价苗，如选用预防传染性法氏囊病的三价苗，预防传染性支气管炎的三价油苗等。到畜牧兽医行政主管部门指定的畜禽疫苗供应处去购买，购买时要看好疫苗的名称、批准文号、生产日期、有效时间、包装剂量等。要仔细查看有无破损、有无变质、变色、上下分层、絮状沉淀等现象。要优先购买近期生产的疫苗，不得使用即将到期或已经过期的疫苗，更不能贪图便宜到其他兽药经营点购买无批准文号的劣质疫苗。严格按要求运输保管，注意疫苗的失效期。按照说明书要求选择合适的免疫接种方法。

③ 根据本地鸡病流行情况，制订合理的免疫程序。主要包括什么时间接种什么疫苗，剂量多少，采用什么接种方法，间隔多长时间加强免疫等。首先考虑危害严重的常发病，其次是本地特有的疫病。雏鸡首免时间要考虑母源抗体对免疫力的影响，一般母抗体要降到一定程度才能取得好的免疫效果。还应考虑疫苗间的互相干扰。

④ 工作人员穿工作服、戴工作帽、穿工作鞋，工作前后手应消毒。做好预防接种记录，包括日期、品种、数量、日龄、疫苗名称、生产厂家、批号、生产日期、保存温度、稀释剂和稀释浓度、接种方法等。注射器具要严格消毒，注射部位也应消毒。疫苗要摇匀，用量要准确。

⑤ 免疫接种前应先检查鸡群的健康情况，健康鸡群才能按照标准的接种程序接种。鸡群在断喙或转群的同时，应与接种错开。三种以上的单苗不可在同一天接种。接种前（后）48 小时补充抗应激制剂以缓解应激和促进抗体的产生，青年鸡或成鸡接种前 1 周进行驱虫，免疫效果会更好。

⑥ 选择应激小的接种方式。鸡场要根据疫苗特点和自己的技术水平选用适宜的免疫方法以减少应激。如接种鸡新城疫、法氏囊冻干苗可选择饮水免疫方式，鸡痘苗多在翅下无血管处刺种，接种喉苗则宜选择点眼方式。

⑦ 注射部位要正确。注射疫苗应选择在颈部皮下（下 1/3 处）或浅层胸肌进行注射。不提倡在腿肌注射，特别是细菌苗的注射。许

多养鸡户在进行颈部皮下注射时，直接握住鸡头，注射器与颈部呈90°角进行注射，导致油苗注射到颈部肌肉内。由于颈部肌肉较少，血管、神经非常丰富，注射后容易引起鸡颈部肿胀，鸡群出现缩颈弯脖、精神不振，采食下降，消瘦、排黄绿色稀粪，很像发生疫病的鸡群。如果注射部位靠近头部，极易在注射疫苗后7天左右出现鸡的肿头肿脸。另外有许多养鸡户为了图省事，不把鸡抓出笼外进行注射，而是直接在笼子中进行抓鸡注射，由于鸡扑腾乱动容易使注射部位过深。在进行胸肌注射时，应该用7～9号短针头，针头与注射部位成30°角，于胸部的上1/3处，朝背部方向刺入胸肌，不能垂直刺入，以免刺入胸腔而损伤内脏器官。

⑧ 疫苗与饮水混合时须特别注意计算用水量，因为不同气候条件和日龄的用水量不同，稀释量不能太大。同时免疫前鸡群必须限水，这样才能使配制的疫苗在规定时间内让鸡群饮完，另外，应避免使用自来水或其他消毒水稀释疫苗（因自来水含有漂白粉消毒剂）。

⑨ 由于有些疫苗间（尤其是弱毒苗之间）会发生干扰，因此，不能为了节省时间和劳力，把两种疫苗混在一起进行免疫接种。一般两种疫苗注射时间要间隔1～2周，活菌苗注射前后7～20天避免使用抗生素和磺胺类药。

⑩ 疫苗接种期间要停止饮水中加消毒剂和带鸡消毒。疫苗接种后要保护好鸡群，免受野毒的侵袭，保证鸡舍有良好的通风，保持空气新鲜，有足够的饮水。

⑪ 鸡群的营养状况是免疫防治中不可忽略的因素。饲料中氨基酸、维生素、微量元素缺乏都会使机体免疫功能下降。例如，维生素A缺乏会导致淋巴器官萎缩，影响淋巴细胞的分化、增殖、受体表达与活化，导致体内T淋巴细胞和自然杀伤细胞（NK细胞）数量减少，吞噬细胞的吞噬能力下降，B淋巴细胞的抗体产生能力下降。另外，受到霉菌毒素和其他化学物质污染的饲料也会引起淋巴细胞中毒，导致体液和细胞免疫抑制。因此，鸡的饲料不但需要营养全面，而且应防止有毒物质的污染，方能提高鸡群的免疫效果。

十二、鸡群体用药技术

鸡群体用药的方法有饮水给药、拌料给药、气雾给药、注射给

药、口服给药等 5 种方法，不同的给药途径不仅影响药物吸收的速度和数量，也与药理作用的快慢和强弱有关。要根据鸡病防治的需要，采用合适的给药方法，达到防治的目的。

1. 饮水给药

饮水给药是将药物溶于水中，让家禽自由饮用。此法是目前养鸡场最常用的方法，用于禽病的预防和治疗。饮水方法利用禽群发病时往往出现采食量下降，甚至不采食，而饮水量增加的现象，采用饮水给药，一举两得，既保证了病禽对水的需求，又达到了用药治病的目的。是禽用药物的最适宜、最方便的途径，这一方法适用于短期投药和紧急治疗投药。

饮水给药时，首先要了解药物在水中的溶解度。易溶于水的药物，能够迅速达到规定的浓度，难溶于水的药物，或经加温、搅拌、加助溶剂后，能达到规定浓度，也可混水给药。其次，要注意饮水给药的浓度，并要根据饮水量计算药液用量。一般情况下，按 24 小时 2/3 需水量加药，任其自由饮用，药液饮用完毕，再添加 1/3 新鲜饮水。若使用水中稳定性差的药物或治疗需要，可采用"口渴服药法"，即用药前让整个禽群停止饮水一段时间，具体时间视气温而定，一般寒冷季节停水 4 小时左右，气温较高季节停水 2～3 小时。然后以 24 小时需水量 1/5 加药供饮，令其在 1 小时内饮毕。此外，禁止在流水中给药，以避免药液浓度不均匀。家禽的饮水量受舍温、饲料、饲养方式等因素的影响，计算饮水量时应予考虑。

注意事项：

一是油剂及难溶于水的药物不能用此法给药。

二是不知道哪些制剂中有不溶于水或难溶于水的药物成分，为保险起见，建议在投药时先把药品溶于水盆中，并充分搅拌后再倒入水箱或大的盛水容器中。

三是对微溶于水且又易引起中毒的药物片剂，要充分研磨，再用纱布包好浸泡在水中给饮。

四是在水溶液中不容易破坏的药物，可让鸡长时间地自由饮用。但有些药物在水中是不稳定的，例如氨苄西林很快水解是其不稳定的原因，当选用含有氨苄西林药物成分的制剂时，应采用口渴法给药，即在给鸡群饮用药物溶液前停止饮水，夏季约 2 小时，冬季约 3

小时。

五是使用水槽饮水的，水槽摆放要均匀。使用饮水器的要做好检查，因为水中添加药物易堵塞饮水器。应保证使每只鸡都能饮到。

2. 拌料给药

拌料给药是将药物均匀地混入饲料中，供家禽自由采食。拌料给药是常用的一种给药途径。拌料给药的药物一般是难溶于水或不溶于水的药物。此外，如一般的抗球虫药及抗组织滴虫药，只有在一定时间内连续使用才有效，因此多采用拌料给药。抗生素用于控制某些传染病时，也可混于饲料中给药。

拌料给药简便易行，节省人力，减少应激，效果可靠，主要适用于预防性用药，尤其适用于几天、几周、甚至几个月的长期性投药。

拌料时首先要准确掌握混料浓度，准确、认真计算所用药物的剂量和称量药物。若按禽只体重给药，应严格按照禽只体重，计算总体重；折算出需要的药物添加量。药物的用量要准确称量，切不可估计大约，以免造成药量过小起不到作用，或过大引起中毒等不良反应。混于饲料中的药物浓度以百万分之几（毫克/千克）表示，例如百万分之一百（100 毫克/千克），等于每吨饲料加入 100 克药物，或每千克饲料加入药物 100 毫克。然后进行搅拌，因为直接将药加入大批饲料中是很难混匀的，因此常用递增稀释法进行混料，以避免因混合不均匀而造成个别禽只中毒的发生。拌料时先将药物加入少量饲料中混匀，再与 10 倍量饲料混合，依次类推，直至与全部饲料混匀。

注意事项：

一是要保证有充足的料位，让所有禽只能同时采食，从而使每只禽都吃到合适的药量。

二是用药后密切注意有无不良反应。有些药物混入饲料后，可与饲料中的某些成分发生拮抗反应，这时应密切注意不良反应。如饲料中长期混合磺胺类药物，就易引起 B 族维生素和维生素 K 的缺乏，这时应适当补充这些维生素。另外还要注意中毒等反应，发现问题及时加以补救。

三是对于用药量少，毒副作用较大的药物不宜拌料投用。

3. 气雾给药

气雾给药是利用机械或化学方法，将药物雾化成微滴或微粒弥散到空间，通过家禽呼吸道吸入体内或作用于鸡只体表的一种给药方法。也可用于鸡舍、鸡舍周围环境鸡用具、孵化器及种蛋等的消毒。

注意事项：

一是恰当选择气雾用药，充分发挥药物效能。要选择对鸡呼吸道无刺激性，且能溶解于呼吸道分泌物中的药物，否则不宜使用。

二是准确掌握气雾剂量，确保用药效果。气雾给药的剂量与其他给药途径不同，一般以每立方米空间用多少药物来表示，如硫酸新霉素对鸡的气雾给药剂量为每立方米 100 万单位，鸡只吸入 1.5 小时。为准确掌握气雾用药量，首先应计算鸡舍的体积，再计算出总用药量。

三是严格控制雾粒大小，防止不良反应发生。微粒越细，越容易进入肺泡，但与肺泡表面的黏着力小，容易随呼气排出；微粒越大，则大部分落在空间或停留在上呼吸道的黏膜表面上，不易进入肺的深部，则吸收较差。通常治疗深部呼吸道或全身感染，气雾微粒宜控制在 0.5～5 微米；治疗上呼吸道炎症或使药物作用于上呼吸道，如治疗鸡传染性鼻炎时，气雾微粒宜控制在 10～30 微米。

4. 注射给药

注射用药主要是肌内和皮下注射，药物不经肠道就直接进入血液，适用于个体治疗，尤其是紧急治疗，但必须每日 2～3 次（油剂和长效药剂除外）。除给大群鸡注射疫苗外，一般适用于小群体发病或发病严重的个体。因为大群注射比较费时费工。注射部位一般在鸡体的胸部和腿部肌肉。由于是群体饲养，频繁抓鸡易造成应激或损伤，影响其生长。

（1）皮下注射　主要用于疫苗接种或需要缓慢吸收的药物，因为这种方法的特点是药液吸收慢，作用时间长。按部位不同可分为两种：颈皮下注射，适用于小鸡，如马立克疫苗则应用此法注射；翅内侧皮下注射，适用于中、大鸡，注意避开血管，严防刺伤骨骼。

（2）肌内注射　主要是注射抗生素针剂时使用，有时也用于注射疫苗。优点是药液吸收快，用药量容易精确掌握。肌内注射分为胸肌注射和腿部注射。

（3）嗉囊注射　适用于用药量准确的药物（抗寄生虫药等），或经口咽有刺激性的药物（四氯化碳等），或用于有暂时性吞咽障碍的鸡。最好在嗉囊有一定食物的情况下注射。

注射注意事项：

一是腿部打针不要打内侧。因为鸡类腿上的主要血管神经都在内侧，在这里打针易造成血管、神经的损伤，出现针眼出血、瘸腿、瘫痪等现象。

二是皮下打针不要用粗针头。粗针头打针因深度小、针眼大，药水注入后容易流出，且容易发炎流血。因此，皮下注射特别是给仔鸡注射要用细针头（人用针头），注射油苗可以用略粗一点的针头。

三是胸部打针不能竖刺。给仔鸡、雏鸡打针时，因其肌肉薄，竖刺容易穿透胸膛，将药液打入胸腔，引起死亡，所以，应顺着胸骨方向，在胸骨旁边刺入之后，回抽针芯以抽不动为准（说明针头在肌肉中），这时再用力推动针管注入药液。

四是药液多时不要在一点注射。因鸡的肌肉比猪、牛等的薄，在一点打入多量药液易引起局部肌肉损伤，也不利于药物快速吸收。应将药液分次多点注入肌肉。

五是刺激性强的药液不要在腿部注射。鸡的主要活动器官是腿部，有些药物刺激性强、吸收慢，如青霉素、油苗等，这些药物打入腿部肌肉，易使鸡腿长期疼痛而行走不便，影响饮食和生长发育。所以应选翅膀或胸部肌肉多的地方打针。

六是捉拿鸡只要掌握力度。打针时捉拿鸡只应既牢固又不伤禽。如力度过大，轻则容易造成针眼扩大、撕裂、出血或流出药液，影响药效，重则造成刺入心肺等重要部位而导致内出血死亡。

5. 口服给药

适用于个别病禽的用药，优点是针对性强，节约药费，收效较快，主要是片剂剂型。此法多用于用药量较少或用药量要求较精确的鸡群。

十三、配合饲料的配制技术

饲料是能提供动物所需营养素，促进动物生长、生产和健康，且在合理使用下安全、有效的可饲物质。

1. 养肉鸡饲料产品种类

养肉鸡常用的饲料有配合饲料、浓缩饲料和添加剂预混合饲料。

（1）配合饲料　根据饲养动物的营养需要，将多种饲料原料和饲料添加剂按饲料配方经工业化加工的饲料。

（2）浓缩饲料　主要由蛋白质饲料、矿物质饲料和饲料添加剂按一定比例配制的均匀混合物，与能量饲料按规定比例配合即可制成配合饲料。

（3）添加剂预混合饲料　由两种（类）或两种（类）以上饲料添加剂与载体或稀释剂按一定比例配制的均匀混合物，是复合预混合饲料、微量元素预混合饲料、维生素预混合饲料的统称。

2. 配合饲料的配制技术

（1）确定营养需要标准　饲养标准中规定了动物在一定条件（生长阶段、生理状况、生产水平等）下对各种营养物质的需要量。饲养标准主要有中国《鸡的饲养标准》（2004）、美国 NRC《家禽营养需要》（1994）、法国 RPLC 鸡饲养标准（1993）、日本 1997 年版鸡饲养标准，以及部分家禽公司饲养管理手册。养鸡场要根据蛋鸡的品种、生长阶段选用不同营养需要标准，特别是饲养品种的饲养管理手册所列的饲养标准，对我们有很重要的参考价值。

（2）掌握常用饲料的营养价值　常用饲养的营养价值可参照最新的《中国饲料成分及营养价值表》。但是，成分并非固定不变，要充分考虑到饲料成分及营养价值可因收获年度、季节、成熟期、加工、产地、品种、储藏等不同而不同。要充分考虑原料的水分、粗灰分、粗蛋白质、粗纤维等的变化可能影响能量值的高低。原则上要采集每批原料的主要营养成分数据，掌握常用饲料的成分及营养价值的准确数据，还要知道当地可利用的饲料及饲料副产物，饲料的利用率等。

（3）日粮配制的方法　根据确定的饲养标准、可用的饲料原料营养成分数据进行配方设计。设计时要掌握原料的容量、饲喂方式、加工工艺、适口性和各种原料的价格等。

配置前要注意以下几点。一是控制粗纤维的含量。配合饲料中的粗纤维含量为雏鸡 2%～3%；育成期 5%～6%；产蛋鸡 2.5%～

3.5%，一般鸡控制在5%以下。二是控制饲料中的有害、有毒原料。很多饲料原料中含有一些天然的有毒、有害物质。如在雏鸡饲料不用菜籽粕、棉籽粕等，配合饲料中不能有沙门氏杆菌（致病菌），重金属含量也不宜超过规定含量。三是饲料组成体积应与动物消化道大小相适应。饲料组成的体积过大，可造成消化道负担过重，影响饲料的消化和吸收；体积过小，即使营养物质已满足需要，但动物仍感饥饿，而处于不安状态，不利于正常生长、生产。同时还要了解不同饲料的组合特性，对饲料之间的相互影响要根据原料之间的相互作用科学搭配。

日粮配合方法有计算机法、正方形法、联立方程法和试验-误差法等4种方法。我们以目前普遍采用的计算机法为例介绍日粮配合方法。

饲料配方软件很多，从简单的电子制表（EXCEL）饲料配方系统到大型饲料生产商专用的饲料配方系统，无论采用哪种方式，都必须经过以下步骤。

① 根据饲养对象确定饲养标准，营养需要量通常代表的是特定条件下实验得出的数据，是最低需要量。实际应用中需要根据饲养的品种、生理阶段、遗传因素、环境条件、营养特点等进行适当调整，确定保险系数，使鸡达到最佳生产性能。

② 参照最新版的《中国饲料成分及营养价值表》确定可用原料的营养成分，必要时可对大宗和营养价值变化大的原料的氨基酸、脂肪、水分、钙和磷等进行实测。

③ 确定用于配方的原料的最低和最高量并输入饲料配方系统。

④ 对配方结果从以下几个方面进行评估。

a. 该配方产品能否基本或完全预防动物营养缺乏症发生，特别是微量元素的用量是重点。

b. 配方设计的营养需要是否适宜，不出现营养过量情况。

c. 配方的饲料原料种类和组成是否最适宜、最理想，整个配方有利于营养物质的吸收利用。

d. 配方产品成本是否最适宜或最低，最低成本配方的饲料应不限制鸡对有效营养物质摄入，动物生产的单位产品饲料成本。

e. 配方设计者留给用户考虑的补充成分是否适宜。

f. 对配合的饲料取样进行化学分析，并将分析结果和预期值进行对比。如果所得结果在允许误差的范围内，说明达到饲料配制的目的。反之，如果结果在这个范围以外，说明存在问题，问题可能出在加工过程、取样混合或配方，也可能出在实验室。为此，送往实验室的样品应保存好，供以后参考用。

　　（4）实际检验　　配方产品的实际饲养效果是评价配制质量的最好尺度，有条件的最好以实际饲养效果和生产的畜产品品质作为配方质量的最终评价手段。根据试验反馈情况进行修正后完成配方设计工作。

十四、饲料加工技术

　　饲料是畜禽生产的基础，饲料成本决定着畜牧业的经济效益，规模化养鸡最主要的工作之一就是饲料供应问题。目前，养鸡场所用的各种全价配合饲料已经能够从专业生产饲料的公司购买到。但是，通常从饲料公司购买的全价配合饲料价格往往较高，为了节约养鸡成本，通常规模较大的养鸡场都是采购鸡用预混合饲料，然后按照全价配合饲料的配方自行添加玉米、豆粕、麦麸等原料来生产全价配合饲料。因此，规模化养鸡有必要掌握饲料加工技术。

1. 鸡饲料的加工工艺流程

　　鸡饲料的加工工艺流程主要包括饲料原料接收、原料去杂除铁、粉碎或微粉碎或超微粉碎、配料、混合、输送、称重包装等工序，对颗粒状鸡饲料还包括制粒或膨化、熟化、烘干、冷却、筛分或破筛分等。

2. 饲料加工设备

　　饲料加工设备主要有输送设备、原料清理设备、粉碎设备、制粒设备、挤压膨化设备、混合设备、化验设备、计量设备、包装设备等。

　　（1）输送设备　　在饲料生产过程中，从原料到成品的生产过程中的各个工序之间，除部分依靠物料自流外，都需采用不同类型的输送设备来完成输送工作，以保证饲料厂生产顺利进行。因此输送机械是饲料生产的重要设备之一。饲料加工常用的输送设备有适合远距离水平输送的刮板输送机、适合短距离水平输送的螺旋输送机、适合提升散装物料的斗式提升机、适合容重轻的物料的水平和垂直输送的气力输送机，以及输送线路适应性强又灵活，线路长度可根据需要而定的，并可以上下坡传送，有节奏流水线作业所不可缺少的经济型物流输送设备带式输送机等。

（2）原料清理设备　SCY型冲孔圆筒初清筛。

（3）粉碎设备　粉碎设备是影响饲料质量、产量、电耗和加工成本的重要因素。粉碎机动力配备占饲料厂总功率配备的1/3左右，微粉碎能耗所占比例更大。因此合理选用先进的粉碎设备、设计最佳的工艺路线、正确使用粉碎设备，对于饲料生产企业至关重要。

锤片式粉碎机因具有适应性广、生产率高、操作维修方便等优点，在国内外大中小型饲料厂中被普遍采用。有9FQ和SFSP两大系列。目前以SFSP系列为主，在饲料生产企业，一般选用中碎的锤片式粉碎机作为主要粉碎机械。

（4）制粒设备　分为环模饲料制粒机、平模饲料制粒机、对辊饲料制粒机。各种不同的饲料制粒机，以外观和生产方式的不同予以分类。

（5）挤压膨化设备　挤压膨化设备有单螺杆膨化机、双螺杆膨化机、膨胀器等。

（6）混合设备　性能优越的混合机应该满足耗能少、混合时间短、混合均匀度高和物料残留少等优点，具有较高的生产效率等要求。但实践证明，无论何种混合机都无法完全满足以上要求，每种混合机各具优缺点。需根据混合对象、液体物料的添加量及生产者的要求选择适合的混合机。卧式螺带混合机混合速度快，混合时间短，混合质量好。该混合机不仅能混合散落性较好的物料，且能混合散落性较差、黏附力较大的物料。可允许液态添加（如添加油脂或糖蜜），因此在饲料厂中被广泛使用。

（7）化验设备　烘箱，马弗炉，定氮仪，显微镜等。

（8）附属设备和设施

① 台秤：用于包装原料的进厂称重。

② 自动秤：散装原料的称重。

③ 缝包机：为塑料编织袋（物）、纸袋（物）、纸塑复合袋（物）、敷铝纸袋等袋口用线缝合而制的设备，主要完成袋或编织物的

拼接、缝口等工作。

④ 地中衡：自动车辆接收原料和发放产品的称重。

⑤ 设施：原料储存仓（存放玉米、小麦、豆粕等颗粒状原料的立筒式，各种包装原料的房式仓，微量矿物元素和添加剂的存仓）、卸货台、卸料坑等。

根据饲料生产数量多少的要求，以及生产饲料品种的不同，需要的加工设备也不一样。目前，还有集粉碎设备、混合设备、垂直提升器、制粒设备、计量设备、包装设备等以上部分设备组成的大、中、小型饲料加工机组。选购设备时可以根据本场加工饲料品种和数量选择相应的设备。养鸡场如果加工数量不大，建议选用小型饲料加工机组。

3. 饲料加工

（1）原料的接收　原料的接收是将生产饲料所需的各种原料用一定的运输设备运送到饲料加工厂内，并经过质量检验、数量称重、初清（或不清理）入库存放或直接投入使用。原料的进厂接收是饲料厂饲料生产的第一道工序，也是保证生产连续性和产品质量的重要工序。根据接收原料的种类、包装形式和采用的运输工具的不同，采用不同的原料接收工艺，从而对原料进行质检和斤检。原料接收一般程序：原料运输→质量检测→计量称重→清理→计量→入库。

① 散装车的接收。散装卡车和罐车适合谷物籽实及其加工的副产品，经过地中衡称重后，自动卸入接料坑。

汽车接料坑应配置栅栏（栅栏格间隙约为40毫米），可保护人车安全又可以除杂。接料坑处需配吸风罩，其风速为1.2～1.5米/秒，以减少粉尘。

原料卸入接料坑后，经水平输送机、斗提机、初清筛磁选器和自动秤，送入立筒仓储存或直入待粉碎仓或配料仓（不需要粉碎的粉状副料）。

② 气力输送接收。气力输送适合从汽车、罐车和船舱等吸收原料，尤其适用于从船舱接收原料。大饲料厂采用固定式气力输送的形式，小型饲料厂采用移动式。

③ 袋装接收。袋装饲料原料可采用人工接收，即用人力将袋装原料从输送工具上搬入仓库、堆垛、拆包和投料，劳动强度大、生产

效率低、费用高。也可以采用机械接收，即用汽车或火车将袋装原料运入厂内，由人工搬至胶带输送机运入仓库，机械堆垛。或由吊车从车、船上将袋吊下，再由固定式胶带输送机运入库内码垛。

④ 液体原料的接收。饲料厂接收最多的液体是糖蜜和油脂。液体原料接收时，需首先进行检验。检验的内容有颜色、气味、密度、浓度等。

液体原料需要用桶车或罐车装运。桶装液料可用车运人搬或叉车搬运入库。罐车进入厂内，由厂配置的接收泵将液体原料泵入储存罐内。储存罐内配有加热装置，使用时先将液体原料加热，后由泵输送至车间添加。

⑤ 质量检测。通用感官判定标准：色泽新鲜一致、无发酵、无霉变、无虫蛀、无结块、无异味、无异嗅、无掺假等。

其他直观判定项目：包装、标签、生产日期、定量包装计量等。

化验指标：水分、粗蛋白、灰分、钙、磷等。

常用的玉米、麦麸、豆粕等质量标准及验收指标如下。

a. 玉米的质量标准及验收指标。

色泽：黄或金黄色，霉变粒≤2%，无虫害、无霉味、无异味异嗅。

水分≤14.0%，粗蛋白质≥8.0%，粗纤维≤2.0%，粗灰分≤2.0%，黄曲霉毒素 B_1≤50 微克/千克，玉米赤霉烯酮毒素≤500 微克/千克，呕吐毒素≤1000 微克/千克，杂质≤1%，容重≥680g/L，不完善粒≤6.5%，玉米脂肪酸值≤50mgKOH/100g。

b. 麸皮（适用于白色硬质、软质、混合硬质、软质等各种小麦为原料，按常规制粉工艺所得到产物中的饲料用小麦麸。不得掺入麸皮以外的其他物质）的质量指标及验收指标。

色泽：新鲜一致，淡褐色或红褐色。细度：本品为片状，90%以上可通过 10 目标准筛，30%以上可通过 40 目标准筛。味道：特有的香甜风味，无酸败味、无腐味、无结块、无发热、无霉变，无虫蛀。无其他异嗅。杂质：木质素检验，石粉检验。

水分≤13.0%，粗蛋白质≥15.0%，粗纤维≤10.0%，粗灰分≤6.0%。酸值≤50 毫克 KOH/克，呕吐毒素≤500 微克/千克。

c. 大豆粕（以大豆为原料经浸提法提取油后所得饲料用大豆粕）

的质量指标以及验收指标。

色泽：淡黄至淡褐色，颜色过深表示加热过度，太浅则表示加热不足；具有烤大豆香味；如颜色异常，做尿素酶活性和 KOH 溶解度试验。

水分≤13％，粗蛋白质≥43％，粗脂肪≤2.0％，粗纤维≤7.0％，粗灰分≤6.0％。尿素酶活性：0.05～0.4，（0.2％）KOH 溶解度：70.0％～85.0％，黄曲霉毒素≤50 微克/千克。

（2）原料的清理 原料清理就是将饲料厂所需的各种原料经一定的程序，入库存放或直接投入使用的工艺过程。一般为饲料厂生产能力的 3～5 倍。

谷物饲料及其加工副产品等饲料原料中不可避免地会有石块、泥块、麻袋片、绳头、金属等杂物。如果不在加工前进行清理，将会影响动物的生长，造成管道的堵塞，甚至破坏设备。玉米、小麦、大麦、高粱、稻谷等谷物原料中清选出的碎屑中，可含有各种霉菌病菌。有鸡场实证：使用经过彻底清选的玉米，鸡的发病率明显降低。

原料清理方法：一是利用饲料原料与杂质尺寸的差异，用筛选法分离；二是利用导磁性的不同，用磁选法磁选；三是利用悬浮速度的不同，用吸风除尘法除尘；四是综合利用以上几种方法进行清理。

（3）原料的粉碎 粉碎是用机械的方法克服固体物料内聚力而使之破碎的一种操作。饲料原料的粉碎是饲料加工过程中的最主要的工序之一。

① 原料粉碎的工艺流程。饲料粉碎的工艺流程是根据要求的粒度、饲料的品种等条件而定。按原料粉碎次数，可分为一次粉碎工艺和循环粉碎工艺或二次粉碎工艺。按与配料工序的组合形式可分为先配料后粉碎工艺与先粉碎后配料工艺。

a. 一次粉碎工艺。一次粉碎工艺是最简单、最常用、最原始的一种粉碎工艺，无论是单一原料还是混合原料，均经一次粉碎后即可，按使用粉碎机的台数可分为单机粉碎和并列粉碎，小型饲料加工厂大多采用单机粉碎，中型饲料加工厂有的两台或两台以上粉碎机并列使用，缺点是粒度不均匀，电耗较高。

b. 二次粉碎工艺。二次粉碎工艺是在第一次粉碎后，将粉碎物料进行筛分，对粗粒再进行一次粉碎的工艺流程，二次粉碎工艺弥补了一次粉碎工艺的不足，该工艺成品粒度一致，产量高，能耗也省。缺点是增加分级筛、提升机、粉碎机等，投资大。

c. 先配料后粉碎工艺。按饲料配方的设计先进行配料并进行混合，然后进入粉碎机进行粉碎。这种工艺适用于小型饲料厂或饲料加工机组。

d. 先粉碎后配料工艺。本工艺先将待粉料进行粉碎，分别进入配料仓，然后再进行配料和混合。

② 粉碎粒度要求。饲料粉碎对饲料的可消化性和动物的生产性能有明显影响，对饲料的加工过程与产品质量也有重要影响。适宜的粉碎粒度可显著提高饲料的转化率，减少动物粪便排泄量，提高动物的生产性能，有利于饲料的混合、调质、制粒、膨化等。

饲料粉碎的粒度各国有各国的标准。据报道，美国常用 4 毫米孔径筛片。我国国家技术监督局 1988 年 035 号文件的规定，上层筛应有 99.8% 的颗粒通过，筛上物仅有 0.2%，只有这样才算全部通过。我国商业部 1985 年 3 月发布的配合饲料质量标准规定，生长鸡、产蛋鸡和肉用仔鸡的粒度标准是 0～6 周龄全部通过 2.5 毫米圆孔筛，孔径 1.5 毫米圆孔筛上物不大于 15%；7～20 周龄全部通过孔径 3.5 毫米圆孔筛，孔径 2.5 毫米圆孔筛上物不大于 15.0%；0～4 周龄肉用仔鸡全部通过孔径 2.5 毫米圆孔筛，1.5 毫米圆孔筛上物不大于 15.0%；4 周龄以上肉用仔鸡全部通过孔径 3.5 毫米圆孔筛，孔径 2.5 毫米圆孔筛上物不大于 15.0%。

通过大量综合研究结果，鸡采食小粒度饲料的增重显著高于采食大粒度。肉鸡饲料中谷物的粉碎粒度在 700～900 为宜。产蛋鸡对饲料的粉碎度反应不敏感，一般控制在 1000 为宜。

据张燕鸣等的试验结论，在试验条件下，综合考虑各项指标，玉米-豆粕型饲粮中最适合蛋鸡生产的饲料粒度为玉米粉碎后通过 8 毫米筛孔，豆粕粉碎后通过 4.5 毫米筛孔。

鸡的饲料不宜过细，因鸡喜食粒料或破碎的谷物料，可以粗细搭配使用。稻谷、碎米可直接以粒状加入搅拌机，小麦、大麦的粉碎细度在 2.5 毫米以下为宜，玉米、糙米和豆饼应加工成粉状料。

③ 影响锤片粉碎机粉碎效果的因素。

a. 筛孔直径。粉碎的越细能耗越多，筛孔加大不仅可以节省能

量，而且还可提高产量和生产率。据我国标准，筛孔直径分为四个等级，小孔，1～2毫米；中孔，3～4毫米；粗孔，5～6毫米；大孔，8毫米。

b. 筛面面积。开孔率随筛孔直径的增加而增加，随筛孔孔距的增加而减少。开孔率大则粉碎效率和生产率也大。所以在选择筛片时，在满足饲养要求的饲料粒度标准的前提下，应选用较大孔、较小孔距的筛片。但应注意如果将孔距取得过小，则筛片的强度和刚度不够，筛片容易损坏，发生穿大孔现象。国外粉碎机筛片的开孔率达到45%以上，国内一般为30%左右。

c. 湿度。粉碎效率与物料的湿度成反比。当相对湿度高于12%～14%时，粉碎所需能量增加。

d. 锤片末端线速度。对不同物料，最佳线速度不同。锤片末端线速度与粉碎细度成正比。

e. 锤片厚度。锤片过厚，粉碎效率不高。而大型粉碎机由于锤片尺寸大，仍采用5毫米的较厚锤片。

f. 锤片数目及锤片排列。锤片数目增多时，空载能耗增加，在其他条件相同时，粉碎粒度变细，产量下降。

g. 锤筛间隙。锤筛间隙直接决定粉碎室内物料的厚度。物料层太厚，摩擦粉碎作用减弱，粉料可能将筛孔堵塞，不易穿过筛孔。物料层太薄，物料太易穿孔，对粉碎粒度有影响。

h. 谷物种类。

i. 进料口位置。有中央进料和切向进料两种，中央进料使生产率降低20%；切向进料时，会使物料直接随气流落入锤片的最大速度区。

j. 喂料速度。负荷小，产量低，能耗大；负荷过大，产量高，但粉碎机寿命会缩短。

k. 粉碎机内的空气流量。长期连续运转的粉碎机要进行吸风，以免堵塞筛孔。

（4）饲料的配料计量　饲料的配料计量是按照预设的饲料配方要求，采用特定的配料计量系统，对不同品种的饲用原料进行投料及称量的工艺过程。饲料配料计量系统指的是以配料秤为中心，包括配料仓、给料器、卸料机构等，实现物料的供给、称量及排料的循环系统。现代饲料生产要求使用高精度、多功能的自动化配料计量系统。电子配料秤是现代饲料企业中最典型的配料计量秤。

提高配料秤准确度的途径：

① 正确使用和维护。

a. 保持整机清洁，检查电路及气路有无故障、接地是否良好；检查各执行机构有无异物阻挡；附近应避免强电、强磁的干扰。

b. 螺旋输送机连接处应防水、防潮，并便于维护，确保称量的准确度，该机配备专人操作及管理，严格按说明书要求操作。

c. 不要在配料系统上进行电焊作业，以免损害传感器，影响称量准确度。

d. 料斗与部件之间应柔性连接，气管管道不能过于紧张，以免影响称量准确度。

e. 安装称重传感器的支撑框架必须牢固可靠，并应有足够的刚度，不应由于加载振动而引起框架变形或颤动影响系统计量准确度。

② 不定期校准配料秤是在动态下对物料实现称量，因此，除了必须严格按照国家计量检定规程由法定计量技术机构定期检定外，使用中还应根据生产工艺的实际需要对其校准，确保称量的准确度。根据检定规程规定配备一定数量标准砝码，根据实际需要不定期对其静态进行校准；经常用物料进行使用中动态测试，发现失准及时联系计量技术机构重新检定。

③ 合理设置参数。为了满足配料秤使用准确度，必须合理设置分度数，累计分度值应不小于最大称量的 0.01%，不大于最大称量的 0.2%；使静态准确度等级与自动称量准确度等级匹配。累计分度值设置过小，影响静态准确度，累计分度值设置过大则影响自动称量准确度。合理设置加料速度、落差、过冲量、自动补偿等参数是保证配料秤准确度的决定因素。

（5）混合　饲料混合是整个饲料生产的关键环节之一，直接影响饲料产品的质量。饲料的混合均匀度是反应饲料加工质量的重要指标之一，也是评定混合机性能的主要参数，因此，其是饲料加工工艺中的一项重要检测指标。饲料混合不均将影响饲料产品品质，影响动物的生长性能，给饲料用户带来经济损失。

实际生产过程中影响饲料混合均匀度的因素很多，主要因素有混合机类型及其装载率、饲料混合时间、饲料物料的特性、饲料物料的添加比例和饲料的生产工艺等。需要采取针对性措施加以克服。

① 适宜的混合机装载率。大多数混合机的装载率要求为70%～85%。研究表明，卧式螺带式混合机的装载率以60%～85%为宜，立式混合机一般为80%～85%，双轴桨叶式混合机为80%～90%（朱乾巧等，2014）。

② 饲料混合时间。不同机型的最佳混合时间不同，对于添加液体添加剂的混合机，其混合时间应包括干混和湿混两个时间，这种区分是非常重要的。混合过程中要求干的饲料物料进入混合机后需要按预定的时间进行干混，液体添加后再进行固体和液体的湿混。同时，为获得最佳混合效果及生产效益，通常在整个混合周期中，干混时间占整个混合时间的1/3左右。

③ 饲料物料的物理特性。饲料混合过程即物料不同颗粒间的混合，混合物料的物理特性越接近，其分离度越低，越容易被混合，混合效果越好，力求选用粒度相近的物料进行混合。以饲料添加剂为例，单位质量下物料的粒度越小，颗粒数就越多，混合均匀度越好。同时，实际生产过程中一般要求被混物料的水分含量不超过12%。水分含量高的物料不仅不利于储存，易发霉等，同时易结块或成团，不易均匀分散，不利于饲料的混合。

④ 饲料物料的添加比例。饲料物料的添加比例对饲料的混合均匀度也有很大影响，尤其是添加比例较少的饲料添加剂，像氨基酸和维生素等。如氨基酸的添加比例由小于0.05%不断增加至大于0.2%时，其在饲料中的混合均匀度逐步改善。

⑤ 正确的进料程序。为提高混合均匀度，减少物料的飞扬，在进料时应先把配制好的配比量比较大的大宗原料先进，再进小组分物料，最后再把20%的大组分物料加在上面，既保证这些微量组分易于混合，又避免飞扬损失。

⑥ 避免分离。在物料过度混合、运输、流动、振动、打包过程中都可能产生分离。在分离过程中小的粒子有移向底部、较大的粒子有移向顶部的趋势。为避免混合料成品进一步分离，一般采取如下措施。一是力求混合物料组分的容重、粒度一致，必要时添加液体饲料；二是掌握好混合时间，以免混合不均或过度混合；三是掌握适宜

的装满系数及安排正确的进料程序；四是混合料成品最好采用刮板或皮带输送机进行水平输送，不宜采用绞龙和气力输送，或者在混合机与螺旋输送机之间放缓冲仓，且成品仓的高度要低于 2.5 米，以避免严重的自动分级。

（6）制粒　颗粒饲料的加工是在粉料的基础上又增加的一道工序，饲料加工费用明显提高。制粒是把混合均匀的配合饲料通过制粒机的高温蒸汽调质和强烈挤压压制成颗粒，然后再经过冷却、破碎和筛分，即成颗粒料成品。颗粒饲料通常是圆柱形，根据饲喂鸡的阶段不同而有各种尺寸。由于加工工艺复杂，通常养鸡场不具备自行加工的条件，这里不做详细介绍。

（7）饲料的挤压膨化　膨化饲料是将粉状饲料原料（含淀粉或蛋白质）送入膨化机内，经过一次连续的混合、调质、升温、增压、挤出模孔、骤然降压，以及切成粒段，干燥、稳定等过程所制得的一种膨松多孔的颗粒饲料。由于加工工艺复杂，通常养鸡场不具备自行加工的条件，这里不做详细介绍。

4. 原料及成品的储存

饲料中原料和物料的状态较多，必须使用各种形式的料仓，饲料厂的料仓有筒仓（也称为立筒库）和房式仓两种。筒仓的优点是个体仓容量大、占地面积小，便于进出仓机械化，操作管理方便，劳动强度小。但造价高，施工技术要求高，主原料如玉米、高粱等谷物类原料，流动性好，不易结块，多采用筒仓储存。房式仓造价低，容易建造，适合于粉料、油料饼粕及包装的成品。小品种价格昂贵的添加剂原料还需用特定的小型房式仓由专人管理。房式仓的缺点是装卸工作机械化程度低、劳动强度大，操作管理较困难。

饲料厂的原料和成品的品种繁多、特性各异，所以大中型饲料厂一般都选择筒仓和房式仓相结合的储存方式，效果较好。设计仓型和计算仓容量时要做到：一是根据储存物料的特性及地区特点，选择仓型，做到经济合理；二是根据产量、原料及成品的品种、数量计算仓容量和仓的个数；三是合理配置料仓位置，以便于管理，防止混杂、污染等。

储存饲料时做到以下几个方面。

① 原料的储存要划区存放，以减少交叉污染，便于流转管理、

条理清晰。划区存放时按照同类相近物料相邻、兼顾卸货、投料方便、相邻垛位间距合理（药物、动物源性原料重点关注）、统筹库区整体美观的原则。

② 控制水分，低温储存。在储存过程中遭受高温、高湿是导致饲料发生霉变的主要原因。因为高温、高湿不仅可以激发脂肪酶、淀粉酶、蛋白酶等水解酶的活性，加快饲料中营养成分的分解速度，而且还能促进微生物、储粮害虫等有害生物的繁殖和生长，产生大量的湿热，导致饲料发热霉变。因此，储存饲料时要求空气的相对湿度在70%以下，饲料的水分含量不应超过12.5%。

③ 防霉除菌，避免变质。饲料在储存、运输、销售和使用过程中极易发生霉变。大量的霉菌不仅消耗、分解饲料中的营养物质，使饲料质量下降、报酬降低，而且还会引起采食这种饲料的畜禽发生腹泻、肠炎等，严重的可致其死亡。实践证明，除了改善储存环境之外，延长饲料保质期的最有效的方法就是采取物理或化学的手段防霉除菌，如在饲料中添加脱霉剂等。

④ 注意保质期。一般情况下，颗粒状配合饲料的储存期为1～3个月；粉状配合饲料的储存期不宜超过10天；粉状浓缩饲料和预混合饲料因加入了适量的抗氧化剂，其储存期分别为3～4周和3～6个月。

第五章
满足肉鸡的营养需要

品质优良的饲料是鸡只获得高产的物质基础。针对不同品种肉鸡在育雏、生长和育肥等阶段的营养需要，采用科学的配方和优质的原料，提供安全、全价、均衡的优质日粮，满足肉鸡快速生长的营养需要，肉鸡的生产潜力才能得以充分发挥，实现高产，而高产才能降低料肉比，料肉比越低，经济效益就越高。

一、了解和掌握肉鸡对营养物质需要的知识

营养物质通常是指那些从饲料中获得、能被动物以适当的形式用于构建机体细胞、器官和组织的物质。维持基本的生命活动、生长、繁殖需要多种营养物质，归纳起来分为能量、蛋白质、矿物质、维生素和水等几大类。

1. 能量

家禽的一切生理活动都需要能量的支持，其中维持、生长、生殖占用所摄入能量的大部分。鸡饲料中能量饲料占到 $60\% \sim 70\%$，占饲料成本的最大部分，也是蛋鸡营养中最重要的要素。

能量包括维持能量需要和生长能量需要。维持需要的多少受肉鸡体重、活动量、环境温度等因素的影响。肉鸡每天从饲料中摄取的能量首先满足维持需要，然后才能用于产肉。

过剩能量会造成浪费，且容易引发疾病；能量不足会使得动物生长发育受阻，降低生产效率，影响经济效益。

2. 蛋白质

蛋白质是生命的物质基础，它不仅是构筑机体一切细胞、组织和器官的基本材料，而且以酶、激素、抗体的形式参与机体功能的调节及一切生命活动。它对鸡的生长发育、维持鸡体的健康、保证鸡的正常繁殖功能和较高的生产性能是必不可少的，不能由其他物质所代替。

蛋白质由 20 余种氨基酸构成，蛋白质需要实质上是氨基酸需要。通常根据其在饲料中的必需性，分为必需氨基酸和非必需氨基酸。家禽所必需的氨基酸有赖氨酸、蛋氨酸、异亮氨酸、精氨酸、色氨酸、苏氨酸、苯丙氨酸、组氨酸、缬氨酸、亮氨酸等。其中蛋氨酸与赖氨酸是鸡第一、第二限制性氨基酸，只有这两种氨基酸保持适当比例的充足供给，才能保证其他氨基酸的吸收与利用。必需氨基酸在家禽体内不能合成，必须从饲料中摄取。必需氨基酸中任一种氨基酸不足均会影响家禽体内蛋白质的合成，并会引起其他氨基酸的分解代谢。

饲料所需蛋白质水平的高低要看它所含的必需氨基酸是否都达到了日粮营养标准。多余的、未能被鸡体利用的蛋白质可在体内脱氨并转变成尿酸随尿排出。其非氮部分可转化为脂肪，或氧化分解释放与供能。由于蛋白质是昂贵的营养素，而且其转化为可利用能的效率低于脂肪和碳水化合物，故以蛋白质供能是不经济的。同时，过量蛋白质的含氮部分必须在肝脏中转化为尿酸，通过肾脏排出。这个过程需消耗能量，且增加肝、肾的负担。

鸡饲料中蛋白质不足时，鸡生长受阻，食欲减退，羽毛长势和光泽不佳或换羽缓慢，免疫力下降，对疾病的抵抗力弱。母鸡性成熟延迟，产蛋率（量）不高，蛋重小，受精率与孵化率也低。

3. 矿物质

矿物质或矿物质元素是指除有机物主要组成成分的碳、氢、氧、氮四元素外的无机元素。在鸡体内可检测出 40 多种无机元素，现已掌握有 16 种元素具有营养作用。通常按它们占鸡体总重量的比例划分为常量元素和微量元素。常量元素是占鸡体总重量 0.01% 以上的元素，包括钙、磷、镁、钠、钾、氯和硫等 7 种；微量元素是占鸡体总重量 0.01% 以下的元素，包括铁、锌、锰、铜、碘、钴、钼、硒、铬等9种。矿物质元素在鸡体内含量虽少，却起着重要作用。它们不能在体内合成，必须由外界摄入（饮水或采食），某种元素太少，将产生缺乏症；太多，将引起中毒或产生不平衡；严重时会造成鸡死亡，所以要根据需要，恰当地在饲料中添加矿物质。

钙：钙是鸡骨骼和蛋壳的主要成分，对产蛋鸡至关重要。当日粮中短期缺钙，鸡动用储存的钙形成蛋壳，维持正常生产；当长期不足时，鸡体储存的钙满足不了需要，则产软壳蛋，甚至停产。

磷：磷对鸡的骨骼、蛋壳和体细胞的形成，以及对碳水化合物、脂肪和钙的利用有重要作用。尤其母鸡需要更多磷，因为蛋黄中含有较多的磷。磷有总磷和有效磷之分，其中有效磷是衡量磷利用率的主要指标。由于鸡对不同磷源的利用率不同，植物性饲料中的磷多为植酸磷（大约65%以上），因鸡的肠道中缺少植酸酶而不能充分利用；而矿物性饲料中的磷，鸡可充分利用。故饲料中应以添加矿物性磷为主。鸡日粮中磷的需要量为0.6%，其中有效磷应含0.5%。所以饲料中须加1%～2%的骨粉或磷酸钙，以补充钙磷不足。

注意钙磷的比例要适当，一般日粮中钙、磷比例以（6～8）∶1为宜。如果钙磷比例不当，不论是钙多磷少还是磷多钙少，对鸡的健康、生长和产蛋及蛋壳质量都会产生不良影响。如蛋鸡产薄壳或软壳蛋。

钠：钠是机体正常代谢的必需元素，在调节体液渗透压和缓冲酸碱平衡方面有重要作用。钠与其他离子共同参与维持肌肉神经的正常兴奋性。鸡体内的钠主要存在于软组织与体液中，是血浆与其他细胞外液中的主要阳离子。

在植物性饲料中钠含量通常很少，所以养鸡生产中要添加氯化钠（食盐）来补充钠的不足。国外的营养标准中多有钠的要求量；中国营养标准则要求食盐的含量。当钠的摄入量满足不了鸡的需要时，鸡体内将减少钠的排泄量。当钠的摄入量超过需要量时，在一定范围内鸡可通过多饮水，将过多的钠排出体外，如超出量很大，将发生食盐中毒。

饲粮中缺少钠后，鸡的食欲与消化系统受影响，生长受阻，骨骼变软，产蛋鸡产蛋率下降，体重减轻，有时诱发啄癖。当鸡发生啄癖后，可在短时期内（1～2天）加大2～3倍添加食盐，对减轻症状有益处。

钾：钾是细胞内液中最主要的阳离子。钾与钠和氯共同调节渗透压和保持酸碱平衡，并对保持细胞容积起重要作用。钾在应激反应缓解中起作用，并参与碳水化合物代谢，在赖氨酸分解代谢中也有钾参与。

在通常饲料中，钾的含量都会超过鸡对钾的需要量，不会发生缺乏，但在应激反应严重时会发生低钾血症。

氯：氯离子是鸡体细胞外液中重要的阴离子，与钠、钾共同调节酸碱平衡与渗透压。在鸡的胃液中氯以盐酸形式作为胃液组成成分，对激活胃蛋白酶原起重要作用。氯还与唾液中的淀粉酶形成复合物。氯缺乏后鸡生长受阻，出现神经症状，严重缺乏后可导致死亡。

同钠一样，氯在植物性饲料中含量较少，不能满足鸡体需要，要以食盐的形式在饲料中添加。

硫：在含硫氨基酸（蛋氨酸、胱氨酸与半胱氨酸）、含硫维生素（硫胺素与生物素）、含硫激素（胰岛素等）中都含有硫，这三类物质都与鸡的生长、生产有重要关系。硫的功能也是通过上述三种物质的作用表现出来的。鸡体内硫的主要来源是饲料中的蛋白质，当蛋白质缺乏时，就产生缺硫症状，羽毛生长不良，脱羽，食欲降低，体质弱，长期缺硫后可发生死亡。

镁：在鸡体所有组织中都有镁，但主要存在于骨骼中。在代谢反应中很多酶由镁激活，在碳水化合物与蛋白质代谢中，镁起重要作用。镁与钙、磷代谢有关，过多镁影响钙的沉积，如钙、磷过多也影响镁的作用。鸡体缺镁后，钾不能在体内留存而发生钾缺乏。

在植物性饲料中镁含量丰富，特别是在麸皮、棉籽粕中含量多，鸡对镁的需要量不大，通常 0.05% 即可满足，所以一般饲养中不会出现缺镁现象，营养标准也多不列出镁的需要量。

铁：铁是鸡进行正常生理活动所必需的微量元素之一。铁参与鸡体内氧的运输、交换和组织呼吸过程，鸡体内有 2/3 的铁存在于血红蛋白中。铁还储存在鸡肝脏、脾脏与骨髓中，还有少量存在于肌红蛋白与某些酶系中。铁主要在鸡十二指肠内以亚铁形式被吸收，靠调节吸收量来维持体内平衡。并非任何形式的铁都可被鸡吸收，只有硫酸亚铁与柠檬酸铁胺的生物学效价高，而三氧化二铁利用率最低。

　　足量的铁是机体生长发育与代谢不可缺少的基本条件之一，缺铁会引起血清铁传递蛋白的饱和度过低，导致造血组织铁的供应不足和贫血症状的产生。鸡缺铁后，发生贫血，使有色羽褪色。过高供给，则会造成中毒，引起消化机能紊乱，使生长减慢。

　　钴：钴是维生素 B_{12} 的成分，而维生素 B_{12} 能促进血红素的形成，并在蛋白质代谢中起重要作用。缺钴，维生素 B_{12} 合成受阻，机体表现食欲不振，精神差，生长停滞，出现贫血症状。喂钴盐或注射维生素 B_{12} 可治愈。

　　铜：铜是许多氧化功能酶的组成部分，如铁氧化酶、酪氨酸酶等。在形成血红蛋白时也要有铜，如没有铜仅有铁无法形成血红蛋白。铜多在小肠中被吸收，肠内 pH 值与铜吸收有关，钼也影响铜的吸收；pH 值升高，钼含量高，都影响铜的有效吸收。

　　饲料中缺铜，鸡生长受阻，羽毛褪色，骨脆易断，产蛋量减少，种蛋在孵化中胚胎死亡，有时也表现出运动失调与痉挛性瘫痪。通常饲料中不会缺铜，但当土壤含铜量低时，植物性饲料原料含铜量低，在配制饲料时注意添加铜。

　　锌：锌具有促进生长、预防皮肤病的作用。锌是许多酶类、激素、骨、毛、肌肉等的构成成分。锌是鸡体内多种酶的组成成分或激活剂，如碳酸酐酶、磷酸酶和某些脱氢酶、核糖核酸聚合酶需锌激活，胰岛素中也有锌。

　　各种饲料原料中只含有微量的锌，一般情况下不能满足鸡的需要，无论是生长鸡还是产蛋鸡都要在日粮中补加锌。日粮中高钙时，可影响锌的吸收，诱发缺锌症。生长鸡缺锌后，生长受阻，皮肤上有鳞片屑，羽毛蓬乱，食欲不振，严重缺锌可引起死亡。产蛋鸡缺锌后产蛋率下降，孵化率降低，鸡雏畸形，即使能孵出鸡雏，生命力也不强，育雏成活率低。通常以碳酸锌或氧化锌作添加剂。

　　锰：锰对鸡的生长、繁殖和代谢起着重要作用。主要是促进钙、磷的吸收和骨骼的形成，以及性细胞的形成。也是一些酶的组成成分。锰是许多酶系的激活剂，如激活半乳糖转移酶和精氨酸酶等。锰还参与胆固醇的合成。锰主要存在于鸡的肝脏中，卵、皮肤、肌肉和骨骼中也含有锰。

　　锰缺乏时，鸡的新陈代谢机能发生紊乱。生长鸡缺锰后，可见骨短粗症（跛行、腿短而弯曲、关节粗大）与滑腱症（腓肠肌腱从髁骨脱落）。产蛋鸡缺锰后产蛋率下降，蛋壳品质恶化，所产种蛋孵化后，多在胚胎后期（18～21 天）死亡，即便孵出雏鸡也产生共济失调。一般饲料中均缺乏锰，必须在饲料中添加。以玉米、豆粕为主的饲粮中，锰含量不足，要额外添加。

碘：碘主要存在于鸡体的甲状腺中，碘是甲状腺素的重要成分，对营养物质代谢起调节作用。甲状腺素属于激素的一种，它调节鸡体的新陈代谢，对生长与繁殖都有影响。产蛋鸡吸收碘后，可迅速转移到蛋黄中，所以有人生产高碘蛋。

缺碘时甲状腺机能衰退，蛋白质的合成受阻，蛋鸡的生长发育和肌肉的生长缓慢，呈侏儒状。在内陆山区都缺碘，需要在鸡日粮中加碘，可在食盐中加入碘化钾，每吨食盐加碘化钾 50～100 克便可；为防止碘化钾分解损失，还应在每吨食盐中加 200～400 克碳酸钠作为稳定剂。但加碘食盐不可多补，以免引起碘中毒。碘中毒后产蛋鸡产蛋停止，身体肥胖，生长鸡生长迟缓，骨架短小。

硒：硒在机体内主要对酶系统起催化作用，是谷胱甘肽过氧化酶的必需成分，能促进蛋鸡的生长发育。当硒缺乏时，出现渗出性素质病，表现为皮下大块水肿和组织出血、贫血、肌肉萎缩、肝脏坏死等。含量过高又会引起中毒。在配合日粮中加硒时一定要拌匀。

4. 维生素

鸡对维生素的需要量虽然很少，但它对保持鸡的健康，提高鸡的免疫力，促进其生长发育，提高产蛋率和饲料利用率的作用却是很大的。维生素是一组化学结构不同、营养作用和生理作用各异的化合物。鸡从日粮中摄取的维生素有 14 种，其中最易缺乏的是维生素 A、维生素 D_3、核黄素、维生素 B_{12}、维生素 E 和维生素 K 等。

维生素 A：维生素 A 的主要作用是加强上皮组织的形成，维持上皮细胞和神经细胞的正常功能，保护视觉正常，增强机体抵抗力，促进生长。维生素 A 缺乏时，初生雏鸡出现眼炎或失明，2 周龄内生长发育迟缓。3 周龄时，体质衰弱，运动共济失调，羽毛蓬乱。如不及时补充，眼鼻发炎，眼睑肿胀。育成鸡则消瘦衰弱，羽毛松乱。雏鸡也有类似的症状。

维生素 C：维生素 C 可以减轻热应激、预防疾病、抗御严寒、强健雏鸡体质、辅助治疗疾病、强化疫苗功能、缓解转群及运输应激、提高蛋壳质量、预防鸡群啄癖等。

维生素 D：维生素 D 参与骨骼、蛋壳形成的钙磷代谢过程，促进肠胃对钙磷的吸收。对蛋鸡具有免疫调节作用，能提高鸡的免疫水平，增强鸡对大肠杆菌、病毒病的抵抗力。维生素 D 缺乏时，雏鸡生长不良，羽毛松散，喙爪变软、弯曲，胸骨弯曲，胸部内陷，腿骨变形。舍饲的笼养鸡无阳光照射时会缺乏维生素 D_3，必须补充。维生素 D 性质稳定，但硫酸锰可使之破坏。

维生素 E：维生素 E 是有效的抗氧化剂、代谢调节剂，对消化道和鸡体组织中的维生素 D 有保护作用，能提高种鸡繁殖性能，调节细胞核的代谢机能。雏鸡维生素 E 缺乏时，易患脑软化症、渗出性素质病和白肌病。产蛋鸡日粮中缺乏，可造成产蛋率低，受精率低，溶血性贫血，皮下及肠道出血，鸡冠发白等症状。添加维生素 E 可以促进雏鸡生长，提高种蛋孵化率。鸡处于逆境时对维生素 E 的需要量增加。配合饲料粉碎、加热过程可破坏维生素 E。

维生素 K：维生素 K 的主要作用是催化合成凝血原酶。缺乏维生素 K 时，病鸡容易出血且不易凝固，冠苍白，死前呈蹲坐姿势。维生素 K 缺乏的母鸡，孵出的雏鸡亦易患出血病。

维生素 B_1（硫胺素）：硫胺素的主要作用是开胃助消化。缺乏硫胺素时，雏鸡生长不良，食欲减退，消化不良，发生痉挛；严重时头向后背极度弯曲、瘫痪、倒地不起。成年鸡的症状与雏鸡类似，且鸡冠发紫。硫胺素在糠麸、青饲料、胚芽、草粉、豆类、发酵饲料和酵母粉中含量丰富，在酸性饲料中相当稳定，但遇热碱易被破坏。

维生素 B_2（核黄素）：核黄素对体内氧化还原、调节细胞呼吸起重要作用，能提高饲料的利用率。缺乏核黄素时，雏鸡生长缓慢，足趾向内弯曲，有时以关节触地走路，皮肤干而粗糙。种蛋孵化率低，胚胎死亡；出壳雏鸡脚趾弯曲、绒毛稀少。核黄素在青饲料、干草粉、酵母、鱼粉、糠麸、小麦中含量较多。它是 B 族维生素中对鸡最为重要，而又不易满足的一种维生素，肉用仔鸡容易出现缺乏症，应注意补给。

维生素 B_3（烟酸）：烟酸对机体碳水化合物、脂肪、蛋白质代谢起重要作用，并有助于产生色氨酸。雏鸡需要量高，缺乏时鸡生长受

阻，发生黑舌病，采食减少，羽毛发育不良，有时脚和皮肤呈现鳞状皮炎。饲料中大多含有烟酸，但籽实类和它们的副产品中的烟酸大多不能利用。烟酸性质稳定。

维生素 B_5（泛酸）：泛酸是辅酶 A 的组成部分，与碳水化合物、脂肪和蛋白质代谢有关。缺乏时，雏鸡生长受阻，羽毛粗糙，骨变短粗，随后出现皮炎，口角有局限性损伤。泛酸与核黄素的利用有密切关系，一种缺乏时另一种需要量增加。此外，泛酸很不稳定，与饲料混合时容易受破坏，故常以其钙盐作添加剂。泛酸在酵母、青饲料、糠麸、花生饼、干草粉、小麦中含量丰富。

维生素 B_6（吡哆素）：吡哆素与糖、脂肪、蛋白质代谢有关。缺乏维生素 B_6 时，鸡表现为兴奋异常，不能控制地奔跑，长时间抽搐而死亡；雏鸡食欲减退、生长缓慢、皮炎、脱羽、出血。吡哆素在饲料中含量丰富，又可在体内合成，很少有缺乏现象。

维生素 B_{11}（叶酸）：叶酸对羽毛生长有促进作用，与维生素 B_{12} 共同参与核酸的代谢和核蛋白的形成，并能防治恶性贫血。缺乏叶酸时，雏鸡生长缓慢，羽毛生长不良，贫血，骨短粗。常用饲料中含量丰富，草籽中含量尤其丰富。

生物素：生物素在中间代谢过程中催化羧化作用的多种酶的辅酶，与各种有机物代谢有关系。缺乏时，鸡喙发生皮炎，生长速度降低；雏鸡患曲腱症、运动失调、骨骼畸形。生物素分布广泛，性质稳定，消化道内合成充足，不易缺乏。

胆碱：胆碱有调节脂肪代谢的作用。缺乏时容易引起脂肪肝，繁殖力下降，食欲减退，羽毛粗糙，雏鸡、生长鸡生长受阻，并引起骨短粗症。一般饲料含量都较丰富。

维生素 B_{12}：维生素 B_{12} 参与核酸合成、碳水化合物的代谢、脂肪代谢以及维持血液中谷胱甘肽，有助于提高造血机能，能提高日粮中蛋白质的利用率。雏鸡缺乏维生素 B_{12} 时，生长缓慢，贫血，饲料利用率低，食欲不振，甚至死亡。维生素 B_{12} 在肉骨粉、鱼粉、血粉、羽毛粉等动物性饲料中含量丰富，鸡粪和禽舍厚垫料内也含有维生素 B_{12}。氧化剂和还原剂可使之破坏。

5. 水

水是动物体需要量最大的养分，水也是蛋鸡除了氧气之外的最重要养料之一。水在鸡体内具有重要的作用，水可参与鸡的生化反应。蛋鸡体内消化、代谢过程中的许多生化反应都必须有水的参与，如淀粉、蛋白质和碳水化合物的水解反应，氧化还原反应以及加水反应等；水可参与物质输送。水是良好的溶剂，易于流动，有利于动物体内养分的输送和代谢废物的排泄等；水可参与体温调节。水的比热大，需要失去或获得较多的热能，才能使水温明显下降或上升，因而蛋鸡体温不易因外界温度的变化而明显改变；水可参与维持组织器官的形态。水能与蛋白质结合成胶体，使组织器官呈现一定的形态、硬度和弹性；水作为润滑液，使骨骼的关节面保持润滑和活动自如。

动物耐受缺水的能力不及对缺乏营养物质的耐受力。绝食时，畜禽几乎可以消耗全部体脂肪或半数体蛋白质，或失重40%，仍可维持生命；但脱水达20%时可致死亡，蛋鸡断水24小时，产蛋下降30%，补水后仍需25~30天才能恢复生产水平。适量限制饮水最显著的影响是降低采食量和生产能力，尿与粪中排水量明显下降。高温时限制饮水还会引起动物脉搏加快，体温升高，呼吸速率加快，血液浓度明显增高。

鸡皮肤没有汗腺，通过呼吸的失水量大于皮肤的失水量。呼气蒸发水分，占鸡失水量的80%，是鸡最重要的失水途径。鸡在炎热季节会张口呼吸，当环境温度由10℃上升到40℃时，总的蒸发水分量显著增加，主要通过呼气蒸发水分，散失热量。鸡的另一失水途径是产蛋，每产1克蛋失水0.7克。鸡通过排泄物失去的水分有限。

鸡体内水的主要来源有饮水、饲料水和代谢水。鸡的胃与哺乳动物不一样，胃里的持水能力有限。鸡采食过程中边采食边饮水，过后是间隙性饮水。为使鸡具有良好的生产性能，必须持续不断地、无限制地供给洁净的饮水，保证蛋鸡能够自由饮水；饲料中均含一定量的水，其含量与饲料种类密切相关。规模化饲养条件下，鸡采食的配合饲料含水量为10%左右，故从饲料中获得的水量不大；代谢水是动物体内有机物质氧化分解或合成过程产生的水。每100克碳水化合物、脂肪和蛋白质氧化，相应形成60毫升、108毫升和42毫升代谢水。但氧化脂肪时呼吸加强，水分损失增多，净效率低于碳水化合物。

1～6周龄的雏鸡，每天每只鸡供给20～100毫升；7～12周龄的青年鸡，每天每只鸡供给100～200毫升；不产蛋的母鸡，每天每只鸡供给200～230毫升；产蛋的母鸡，每天每只鸡供给230～300毫升。

鸡的饮水量和环境温度的关系最大。天气炎热时，鸡的饮水次数和饮水量增多。气温在21℃以上，每升高1℃，饮水量增加7%。在32℃和37℃的饮水量，分别为在21℃时的2倍和2.5倍。环境温度升高，导致鸡体温度上升，38～39℃的高温，将引起体温明显上升。因此，当环境温度升高时，必须增加饮水。在高温应激时，充足的饮水供应，可在鸡将头部深入水中饮水的同时，吸收头部热量，减缓体温升高。

随着季节和环境温度的不同，雏鸡和蛋鸡的耗料量与饮水量之比分别是（2.0～2.5）:1和（1.5～2.0）:1。

水温也影响饮水量。蛋鸡饮用水的最佳水温为10～12℃，水温高于30℃或降至0℃时鸡的饮水量大减。

饲料也影响饮水量。采食高能饲料比采食低能饲料对水的需要量低，食用高纤维饲粮所需饮水量大。

蛋鸡对水质的要求较高，如果鸡场有自己的水源，每年必须至少采两次水样（分别在夏末和冬末采样）。使用公共水源的鸡场，每年可检测一次水样。应了解在实验室化验水质时装在烧瓶中的硫代硫酸钠只中和氯或漂白粉，而与季铵化合物不发生反应。规模化养鸡场的水质应符合《无公害食品 畜禽饮用水水质》（NY 5027）的要求。

鸡场要做到每天清洗饮水设备，定期消毒。在经过饮水投药后，特别是抗生素饮水后必须清洗水槽。饮水器中的水经常被饲料残留物及其他可能的传染源污染。为防止饮水器中细菌的繁殖，育雏最初的两周应每天清洗饮水器1次，之后则每周1次。在炎热气候下，必须每天清洗饮水器，饮水器的水位应达到15毫米深度。

二、熟悉常用饲料的营养特点

根据国际饲料的分类方法，饲料分为八类，即粗饲料、青绿饲料、青贮饲料、能量饲料、蛋白质饲料、矿物质饲料、维生素饲料和饲料添加剂。现将与蛋鸡生产有关的常用饲料及其营养特点介绍如下。

（一）能量饲料

每千克干物质中粗纤维的含量在 18％以下，可消化能含量高于 10.45 兆焦/千克，粗蛋白质含量在 20％以下的饲料称为能量饲料。能量是维持鸡正常生理活动和生产活动的动力，是最主要的营养物质，也是用量最多的一类饲料，占日粮总量的 50％～80％。包括禾谷类籽实、糠麸类及块根块茎类等。

1. 谷实类籽实饲料

禾谷类籽实饲料是提供蛋鸡能量的最主要饲料。常用的原料有玉米、大麦、高粱等。禾谷类籽实饲料的干物质消化率高达 70％～90％；无氮浸出物含量高达 70％～80％；纤维含量低，为 3％～8％；粗脂肪含量 2％～5％；粗灰分含量 1.5％～4％；禾谷类籽实中蛋白质含量低而且品质差，粗蛋白含量一般为 4％～8％，赖氨酸、蛋氨酸和色氨酸等必需氨基酸含量少。磷含量高、钙含量低，磷含量为 0.31～0.45％，但磷是以植酸磷的形式存在，家禽对其利用率很低。B 族维生素和 E 族维生素含量丰富，但缺乏维生素 A 和维生素 D。

（1）玉米 玉米的能量含量在谷实类籽实中居首位，其用量超过任何其他能量饲料，是畜禽生产的主要饲料粮，在各类配合饲料中占 50％以上。所以玉米被称为"饲料之王"。

玉米适口性好，粗纤维含量很少，而无氮浸出物高达 74％～80％，而且主要是淀粉，消化率高，消化率高达 90％；脂肪含量可达 3.5％～4.5％，可利用能值高，是鸡的重要能量饲料来源。玉米中必需脂肪酸含量高达 2％，是谷实类饲料中的最高者。但玉米的蛋白质含量低（7％～9％），而且品质差，玉米氨基酸组成不平衡，特别是赖氨酸、蛋氨酸及色氨酸含量低。缺少赖氨酸，故使用时应添加合成赖氨酸。玉米营养成分的含量不仅受品种、产地、成熟度等条件的影响而变化，同时玉米水分含量也影响各营养素的含量。玉米水分含量过高，还容易腐败、霉变而容易感染黄曲霉菌。因不饱和脂肪酸含量高，玉米经粉碎后，易吸水、结块、霉变，不便保存。因此一般玉米要整粒保存，且储存时水分应降低至 14% 以下，夏季储存温度不超过 25℃，注意通风、防潮等。

玉米在鸡配合料中占 50%～70%。要求必须是无霉变、无虫蛀、籽粒饱满的玉米，现配现用。

（2）高粱　高粱的籽实是一种重要的能量饲料，高粱磨的米与玉米一样，主要成分为淀粉，粗纤维少，可消化养分高。高粱的养分含量变化比玉米大，粗蛋白质含量和粗脂肪含量与玉米相差不多，蛋白质略高于玉米，同玉米相比，更容易消化。高粱同玉米一样，含钙量少，含非植酸磷量较多，矿物质中锰、铁含量比玉米高，钠含量比玉米低。缺乏胡萝卜素及维生素 D，B 族维生素含量与玉米相当，烟酸含量多。

另外高粱中含有单宁，有苦味，适口性差，含有抗营养因子。因此，蛋鸡配合饲料中用量不宜超过 10%，粉碎成粗粉使用。

使用单宁含量高的高粱时，还应注意添加维生素 A、蛋氨酸、赖氨酸、胆碱和必需脂肪酸等。

（3）小麦　小麦是人类最主要的粮食作物之一，营养价值高，适口性好，在来源充足或玉米价格高时，小麦可作为蛋鸡的主要能量饲料。

小麦的代谢能是玉米的 90%，达 13%。小麦中的营养成分比较容易消化。蛋白质含量高于其他禾谷类籽实饲料，有的品种甚至高过玉米一倍，赖氨酸比例较其他谷类完善，含量较高，而苏氨酸的含量与玉米相当。小麦氨基酸利用率与玉米没有显著差别。用小麦替代玉米作能量饲料时，配合饲料中的豆粕用量可降低。小麦总磷的含量高于玉米，而且利用率高，这是由于小麦中含有植酸酶，能分解植酸获得无机磷。小麦的能量和亚油酸含量比玉米低。日粮中用 50% 的玉米则能满足鸡必需脂肪酸的需要，而小麦则不能。小麦中不含叶黄素，叶黄素能沉积在脂肪、皮肤和蛋黄中。所以用小麦作日粮饲养的蛋鸡皮肤、喙、腿颜色苍白。可向日粮中添加混合脂肪以调节能量和亚油酸的含量，叶黄素则通过添加 2%～3% 的苜蓿（含叶黄素 198～396 毫克/千克）或玉米蛋白粉（粗蛋白质为 60% 的玉米蛋白粉含叶黄素 253 毫克/千克）而得到补充。小麦中总的生物素含量比玉米高，但利用率较低。如果家禽日粮主要成分是小麦（次粉），应在日粮中添加生物素，一般每吨配合饲料应添加 50 毫克生物素。如果是玉米-豆粕日粮则不需添加。种鸡日粮应加生物素，如果日粮主要成分是小麦（次粉），则每吨配合饲料应添加 200 毫克生物素。小麦的抗营养因子主要是非淀粉多糖，非淀粉多糖溶于水后可形成黏性凝胶，引起胃肠道内容物的黏度增大，阻碍单胃动物对营养物质的消化和吸收。

试验证明，添加酶制剂后饲粮代谢能提高，鸡的生产性能得到改善。粉碎的小麦配制饲料要制成颗粒料，或压扁、粗粉碎饲用，如果粉碎太细，以粉料状态饲喂会不利于鸡的采食。

小麦一般占日粮的 30% 左右，当日粮中添加量超过 50% 时，家禽易患脂肪肝综合征。

（4）大麦 大麦种类按栽培季节有春大麦和冬大麦，按有无麦稃，可将大麦分为有稃大麦（皮大麦）和裸大麦。裸大麦又称裸麦、元麦、青稞。一些欧洲国家用大麦作为饲料的数量较多。我国大麦年产量较少，仅局部地区用大麦作为动物的饲料。大麦是一种重要的饲用精料。

大麦含粗蛋白平均 12%，国产裸大麦 13%，最高达 20.3%，质量稍优于玉米，鸡的代谢能为 11.30 兆焦/千克，赖氨酸大于 0.52%，粗脂肪 2%，饱和脂肪酸含量高，亚油酸占 50%；无氮浸出物 66.9%，低于玉米，主要是淀粉；粗纤维 4%，钙 0.03%，磷 0.27%。胡萝卜素和维生素 D 不足，维生素 B_1 含量较多，而维生素 B_2 少，烟酸含量丰富。适口性不如玉米（原因是含有单宁，约 60% 存在于稃皮，10% 存在于胚芽）。大麦不仅是良好的精饲料，由于生长期短，分蘖力强，适应性广，再生力强，还可以刈割青饲。其种粒可以生芽，是良好的维生素补充料。

因为含有不易消化的 β-葡聚糖和阿拉伯木聚糖，饲养效果明显比玉米差，喂量过多易引起家禽肠道疾病。

大麦能值低而导致采食量和排泄量增加，不含色素，无着色效果，带皮大麦用于育雏其配比量以 5% 以下为宜。育成期日粮配比量为 15%～25%，产蛋鸡日粮配比量为 10%。

（5）稻谷和糙米 中国的稻谷产量居世界首位，约占世界总产量的 1/3。我国从南到北都有种植，但主要产地在长江以南。由于稻谷

主要用作人的粮食，在我国南方稻谷主产区，长期以来就有用糙米作饲料喂畜禽的习惯。稻谷去壳后为糙米，糙米去米糠为精白米，在加工过程中生成一部分碎米。

稻谷粗蛋白质7%～8%，亮氨酸稍低，粗纤维为8%左右，粗纤维主要集中于稻壳中，且半数以上为木质素等，能值较低，仅为玉米的67%～85%，粗脂肪为1.6%，主要存在于胚，组成以油酸（45%）和亚油酸（33%）为主，淀粉颗粒较小，呈多角形，易糊化；B族维生素丰富，β-胡萝卜素极低；含钙少，含磷多，主要是植酸磷，磷的利用率16%；稻谷因粗纤维含量较高，限量使用，在蛋鸡日粮中不宜用量太大，一般应控制在20%以内，同时要注意优质蛋白饲料的配合，补充蛋白质的不足。

糙米中无氮浸出物多，蛋白质含量（8%～9%）及其氨基酸组成与玉米相似，碎米养分变异大，糙米（20%～40%）饲喂肉仔鸡效果好；糙米作蛋鸡料，产蛋率及饲料报酬无影响，蛋黄颜色较浅。糙米可完全取代玉米，增加背脂硬度，以粉碎较细为宜，带壳整粒稻谷影响饲料利用率，粉碎后价值约为玉米的85%。糙米粉碎后极易变质，不可久储。

2. 糠麸类

糠麸类是谷实类加工的副产品。制米的副产品称为糠，制粉的副产品称作麸。糠麸类是畜禽的重要能量饲料原料。一般说来，谷实类加工产品如大米、面粉等为籽实的胚乳，而糠麸则为种皮、糊粉层、胚三部分，视加工的程度有时还包括少量的胚乳。种皮的细胞壁厚实，粗纤维很高，B族维生素多集中在糊粉层和胚中，而且这部分蛋白质和脂肪的含量较高。胚是籽实脂肪含量最高的部位，如稻谷的胚中含油量高达35%。因此，糠麸同原粮相比，粗蛋白、粗脂肪和粗纤维含量都很高，而无氮浸出物、消化率和有效能值含量低。糠麸的钙、磷含量比籽实高，但仍然是钙少磷多，且植酸磷比例大。糠麸类是B族维生素的良好来源，但缺乏维生素D和胡萝卜素。此外，这类饲料质地疏松，容积大，同籽实类搭配，可改善日粮的物理性状。主要有米糠、小麦麸、大麦麸、燕麦麸、玉米皮、高粱糠及谷糠等，其中以小麦麸和米糠占主要位置。

（1）小麦麸和次粉　小麦是人们的主食之一，所以很少用整个小麦粒作为饲料。作为饲料的一般是小麦加工副产品。小麦麸和次粉均是面粉厂用小麦加工面粉时得到的副产品。小麦麸俗称麸皮，成分可因小麦面粉的加工要求不同而不同，一般由种皮、糊粉层、部分胚芽及少量胚乳组成，其中胚乳的变化最大。在精面生产过程中，大约只有85％的胚乳进入面粉，其余部分进入麦麸，这种麦麸的营养价值很高。在粗面生产过程中，胚乳基本全部进入面粉，甚至少量的糊粉层物质也进入面粉，这样生产的麦麸营养价值就低得多。一般生产精面粉时，麦麸约占小麦总量的30％，生产粗面粉时，麦麸约占小麦总量的20％。次粉由糊粉层、胚乳和少量细麸皮组成，是磨制精粉后除去小麦麸、胚及合格面粉以外的部分。小麦加工过程可得到23％～25％小麦麸，3％～5％次粉和0.7％～1％胚芽。小麦麸和次粉数量大，是我国畜禽常用的饲料原料。

　　粗蛋白质含量高（12.5％～17％），这一数值比整粒小麦含量还高，而且质量较好。与玉米和小麦籽粒相比，小麦麸和次粉的氨基酸组成较平衡，其中赖氨酸、色氨酸和苏氨酸含量均较高，特别是赖氨酸含量（0.67％）较高；粗纤维含量高。由于小麦种皮中粗纤维含量较高，因此麦麸中粗纤维的含量也较高（8.5％～12％），这对麦麸的能量价值稍有影响，鸡的代谢能为7.1～7.9兆焦/千克，有效能值较低，可用来调节饲料的养分浓度；脂肪含量约4％，其中不饱和脂肪酸含量高，易氧化酸败；B族维生素及维生素E含量高，维生素B_1含量达8.9毫克/千克，维生素B2达3.5毫克/千克。但维生素A、维生素D含量少；矿物质含量丰富，但钙（Ca 0.13％）、磷（P 1.18％）比例极不平衡，钙、磷比为1∶8以上，磷多属植酸磷，约占75％，但含植酸酶，因此用这些饲料时要注意补钙；小麦麸的质地疏松，适口性好，含有适量的硫酸盐类，有轻泻作用，可防止便秘。

　　作为能量饲料，其饲养价值相当于玉米的65％。麸皮密度小，体积大，在日粮中配合后则容积大，可以调节日粮的能量浓度。由于鸡日粮的能量浓度要求较高，饲喂量不宜过大，一般雏鸡和产蛋鸡日粮中用量为5％～10％，为了控制生长鸡及后备种鸡的体重，在其饲料中可使用15％～25％，这样可降低日粮的能量浓度，防止体内过多沉积脂肪。

（2）米糠　稻谷的加工副产品称稻糠，稻糠可分为砻糠、米糠和统糠。砻糠是粉碎的稻壳，米糠是糙米（去壳的谷粒）精制成的大米的过程中产生的果皮、种皮、外胚乳和糊粉层等的混合物，统糠是米糠与砻糠不同比例的混合物。一般100千克稻谷可出大米72千克，砻糠22千克，米糠6千克。米糠的品种和成分因大米精制的程度而不同，精制的程度越高，则胚乳中物质进入米糠越多，米糠的饲用价值越高。米糠的能值高，鸡的代谢能为11.16兆焦/千克，主要是米糠含脂肪高，最高达22.4%，且大多属不饱和脂肪酸。蛋白质含量比大米高，平均达14%，高于大米、玉米和小麦。氨基酸平衡情况较好，其中赖氨酸、色氨酸和苏氨酸含量高于玉米。米糠的粗纤维含量不高，约为9.0%，所以有效能值较高。米糠含钙少磷多，微量元素中铁和锰含量丰富，锌、铁、锰、钾、镁、硅含量较高，而铜偏低。B族维生素及维生素E含量高，是核黄素的良好来源，而缺少维生素A、维生素D和维生素C。米糠是能值较高的糠麸类饲料，但含有的生长抑制剂会降低饲料利用率，未经加热处理的米糠还含有影响蛋白质消化的胰蛋白酶抑制因子。因此，一定要在新鲜时饲喂，新鲜米糠在鸡日粮中可用到5%～25%。

由于米糠含脂肪较高，且大部分是不饱和脂肪酸，极易氧化酸败变质，储存时间不能长，尤其是夏季高温期间，更应注意保存。最好经压榨去油后制成米糠饼（脱脂处理）再作饲用。

（3）其他糠麸类饲料　其他糠麸类饲料主要包括高粱糠、玉米糠和小米糠。对鸡的饲用价值以小米糠最高。高粱糠的消化能和代谢能值比较高，但因高粱糠中含有较多的单宁，适口性差，易引起便秘，故喂量受到限制。玉米糠是玉米制粉过程中的副产品，主要包括外皮、胚、种胚和少量的胚乳，因其外皮所占比重较大，粗纤维含量较高，故不适于饲喂蛋鸡。如果日粮中大量使用此类饲料要注意补充矿物质饲料。

3. 块根块茎类饲料

这类饲料主要有甘薯、土豆、胡萝卜、饲用甜菜和南瓜等。种类不同，营养成分差异很大，营养共性为水分高，粗纤维含量较低（DM）；干物质中含有很多淀粉和糖，无氮浸出物50%～85%，所以能量高，属于能量饲料。粗蛋白质比谷类籽实低，为4%～

12％，品质差；矿物质中钙、磷都极少，钾丰富。这类饲料主要用于散养鸡。

（1）甘薯　甘薯又称为红薯、红苕、地瓜等，鲜薯水分高达60％～80％；干物质占20％～40％，其中无氮浸出物75％；粗蛋白质4.5％，品质差；钙的含量低。从干物质来看，甘薯属于能量饲料，并具有与谷物籽实相似的营养特点。多汁，具甜味，适口性好，并含有有机酸（如柠檬酸、延胡索酸等）和酶，易于消化吸收。

（2）饲用甜菜　甜菜适于北方种植，分为饲用甜菜、半糖用甜菜和糖用甜菜。饲用甜菜中蛋白质含量为8％～10％，含糖55％～65％，能量较高，新鲜甜菜喂鸡容易发生腹泻，应当储存一段时间后再喂。

甜菜渣为糖用甜菜制糖后的渣。甜菜渣中粗纤维含量高，但鸡的消化率在80％左右，所以消化能高。干甜菜渣吸水性强，在饲喂前应用2～3倍重量的水浸泡然后再喂，避免干饲后在消化道吸水膨胀。

（3）胡萝卜　胡萝卜适应性强，在我国南北方都可种植。胡萝卜含有丰富的胡萝卜素，秋季将胡萝卜连叶一起做成青贮，是冬春季节维生素的重要来源。胡萝卜含有蔗糖和果糖，适口性好，能调剂饲粮的口味。

喂胡萝卜不要煮熟，以免破坏维生素。

（4）土豆　土豆又称马铃薯，北方地区栽种土豆产量较高。新鲜土豆含水80％左右，干物质中含淀粉70％，所以消化能高。土豆幼芽含有龙葵碱，能使鸡中毒，喂鸡前应将芽除掉。土豆宜煮熟后饲喂，煮熟后的淀粉易消化。

（5）木薯　木薯又称树薯，热带多年生灌木，块根富含淀粉，在鲜木薯中占25％～30％，粗纤维含量少，可作为单胃动物的能量饲料。

4．油脂

油脂属于液体能量饲料，是油与脂的总称，按照一般习惯，在室温下呈液态的称为"油"，呈固态的称为"脂"。随温度的变化，虽然两者的形态可以互变，但其本质不变，它们都是由脂肪酸与甘油所组成。

油脂来自于动植物，是畜禽重要的营养物质之一，特别是它能提供比任何其他饲料都多的能量，因而就成为配制高能饲料所不可缺少的原料。

蛋鸡料添加油脂，尤其是不饱和脂肪酸高的油脂如大豆油、玉米油、米糠油等，可补充亚油酸，增加蛋重。炎热夏季，添加油脂可避免因酷热造成的食欲不振和产蛋率下降。所以常在饲料中加入油脂，油脂的能值很高，植物油鸡的代谢能为 36.8 兆焦/千克，动物脂肪鸡的代谢能为 32.2 兆焦/千克。植物油中常用米糠油、玉米油、花生油、葵花油、豆油、棕榈油等，动物性脂肪常用牛、羊、猪、禽脂肪。另外，人类不宜食用或不喜欢食用的油或油渣都可以在鸡饲料中使用，作为饲料原料植物油优于动物脂肪。

生产中可将用于添加的猪油、牛油、米糠油、大豆油等，根据用量称好，放入锅中熬成油汤，然后加入葱花等调味剂，稍凉后直接拌入饲料中饲喂，养殖规模较小的畜禽专业户多采用此法；饲养畜禽量大的养殖场及饲料加工厂家多使用专用的油脂添加设备。还可以把油脂熬成黏稠状，加入一定比例的糠麸类饲料或玉米面，一定数量的抗氧化剂，搅拌均匀，夏秋季节放在水泥地面上晒干，冬春季节可烘干或压成饼块，使用时把饼块粉碎后按饲料配方添加比例加入饲料中。

要合理配用动、植物脂肪，对畜禽应用脂肪通常用动物与植物脂肪配合，其比例以 1:（0.5~1）为宜。添加脂肪应根据畜禽品种、生产性能、外界环境等因素，根据机体需要量合理添加，添加太少，达不到添加效果；添加太多，会影响适口性和饲料的消化吸收，并影响其他营养水平平衡。肉用仔鸡脂肪添加量一般为 5%~8%。

注意脂肪易氧化酸败变质，酸值大于 6 毫克 KOH/克的油脂不可饲喂，否则会引起机体消化代谢紊乱。

（二）蛋白质饲料

蛋白质饲料是指饲料干物质中粗蛋白质含量大于或等于 20%，消化能含量超过 10.45 兆焦/千克，且粗纤维含量低于 18% 的饲料。与能量饲料相比，蛋白质饲料的蛋白质含量高，且品质优良，在能量价值方面则差别不大，或者略偏高。根据其来源和属性不一样，主要包括植物性蛋白质饲料和动物性蛋白质饲料两大类。

1. 植物性蛋白质饲料

植物性蛋白质饲料包括豆类籽实及加工副植物性蛋白质饲料，包括豆类籽实及加工副产品，各类油料籽实及油饼（粕）等。

植物性蛋白饲料的特点：蛋白质含量高（20％～50％），品质优，必需氨基酸含量与比例优于谷物类蛋白。但存在蛋白酶抑制剂等阻碍蛋白质的消化。粗脂肪含量差异大，油料籽实达 15％～30％，非油料籽实仅 1％。饼粕类因加工方法含油从 1％至 10％不等。粗纤维少。矿物质中钙少磷多，主要为植酸磷。维生素中 B 族丰富，维生素 A、维生素 D 缺乏。多数含一些抗营养因子，影响其饲用价值。这里主要介绍饼粕类饲料。

饼粕类饲料富含脂肪的豆类籽实和油料籽实提取油后的副产品统称为饼粕类饲料。经压榨提油后饼状为饼，而经浸提脱油后的碎片或粗粉状副产品为粕。种类有大豆（饼）粕、棉籽（仁）粕、菜籽（饼）粕、花生（饼）粕、胡麻饼粕、向日葵（仁）粕，还有芝麻饼粕、蓖麻饼粕、棕榈粕等。

脱油的方法有 3 种。第一种是压榨法脱油。冷榨较多，低温加热（65℃）或常温下对料坯直接进行压榨，有残油 44％～88％不等，易酸败、苦化，不易保存。第二种是浸提法。浸提法一般先经料的蒸炒，再经有机溶剂浸提，油料浸提后的湿粕，一般含有 25％～30％的溶剂，必须对其进行脱溶剂处理，所用设备为蒸脱机或烤粕机，但注意温度。第三种是预压-浸出法。两种方法混合使用。

（1）豆饼和豆粕　大豆饼和豆粕是我国最常用的一种主要植物性蛋白质饲料，营养价值很高。大豆饼粕的粗蛋白质含量在 40％～45％，大豆粕的粗蛋白质含量高于饼，去皮大豆粕粗蛋白质含量可达 50％。大豆饼粕的氨基酸组成较合理，尤其赖氨酸含量为 2.5％～3.0％，是所有饼粕类饲料中含量最高的，异亮氨酸、色氨酸含量都比较高，但蛋氨酸含量低，仅 0.5％～0.7％，故玉米-豆粕基础日粮中需要添加蛋氨酸。鸡的代谢能可达 10～10.87 兆焦/千克，豆饼高于豆粕。粗纤维含量较低，为 5％～6％。大豆饼粕中钙少磷多，但磷多属难以利用的植酸磷。维生素 A、维生素 D 含量少，B 族维生素除维生素 B_2、维生素 B_{12} 外均较高。粗脂肪含量较低，尤其大豆粕的脂肪含量更低。大豆饼粕含有抗胰蛋白酶、尿素酶、血细胞凝集素、皂角苷、甲状腺肿诱发因子、抗凝固因子等有害物质。但这些物质大都不耐热，一般在饲用前，经100～110℃的加热处理3～5分钟，即可去除这些不良物质。注意加热时间不宜太长，温度不能过高也不能过低，加热不足破坏不了毒素则蛋白质利用率低，加热过度可导致赖氨酸等必需氨基酸的变性反应，尤其是赖氨酸消化率降低，引起畜禽生产性能下降。

合格的大豆粕从颜色上可以辨别，大豆粕的色泽从浅棕色到亮黄色，如果色泽暗红，尝之有苦味说明加热过度，氨基酸的可利用率会降低。如果色泽浅黄或呈黄绿色，尝之有豆腥味，说明加热不足，蛋鸡食用这样的大豆粕能导致鸡腹泻甚至中毒。处理良好的大豆饼粕对任何阶段的蛋鸡都可使用。

（2）棉籽饼 棉籽饼是棉花籽实提取棉籽油后的副产品，一般含有32%～40%的蛋白质，产量仅次于豆饼，是一种重要的蛋白质资源。棉籽饼因工作条件不同，其营养价值相差很大，主要影响因素是棉籽壳是否脱去及脱去程度。在油脂厂去掉的棉籽壳中夹杂着部分棉仁，粗纤维也达48%，木质素达32%，脱壳以前去掉的短绒含粗纤维90%，因而，在用棉花籽实加工成的油饼中，是否含有棉籽壳，或者含棉籽壳多少，是决定它可利用能量水平和蛋白质含量的主要影响因素。

棉籽饼（粕）蛋白质组成不太理想，精氨酸含量过高，达3.6%～3.8%，远高于豆粕，是菜籽饼（粕）的2倍，仅次于花生粕，而赖氨酸含量仅1.3%～1.5%，过低，只有大豆饼粕的一半。蛋氨酸也不足，约0.4%，同时，赖氨酸的利用率较差。故赖氨酸是棉籽饼粕的第一限制性氨基酸。饼粕中有效能值主要取决于粗纤维含量，即饼粕中含壳量。维生素含量受热损失较多。矿物质中磷多，但多属植酸磷，利用率低。

棉籽饼（粕）中有效能值较低，鸡的代谢能为7.11～9.2兆焦/千克，主要是因为粗纤维含量较高，棉酚妨碍了机体对蛋白质和碳水化合物的消化吸收。而棉酚对单胃畜禽有毒性，主要是游离棉酚对家禽的危害，游离棉酚含量在0.05%以下的棉籽饼（粕），在产蛋鸡饲料中可用到5%～15%，未脱毒的用量小于5%。棉酚含量取决于棉籽的品种和加工方法。棉酚中毒有蓄积性，可与消化道中的铁形成复合物，导致缺铁。去毒方法有多种，脱毒后的棉籽饼（粕）营养价值能得到提高。如用草木灰或生石灰加清水搅拌浸泡法；15%纯碱溶液拌匀用塑料薄膜密封闷5小时，然后蒸50分钟晾干；2%的碳酸氢铵或1%的尿素溶液拌匀用塑料薄膜密封闷24小时；添加0.5%～1%硫酸亚铁粉可结合部分棉酚而去毒。但有试验表明，硫酸亚铁与赖氨酸同时加入饲料中，会形成两种以上的复杂化合物而降低饲用效果，甚至无效，应用时应注意这点。

由于棉籽饼（粕）的能值低，蛋白质品质和适口性较差，即使不考虑棉酚毒性，在蛋鸡配合料中也不能大量使用，通常使用量为5%～7%。

（3）菜籽饼（粕） 菜籽饼（粕）是油菜籽经机械压榨或溶剂浸提制油后的残渣。菜籽饼（粕）具有产量高，能量、蛋白质、矿物质含量较高，价格便宜等优点。榨油后饼粕中油脂减少，粗蛋白质含量，饼35%左右，粕38%左右。粗纤维素含量为12%，在饼粕类中是粗纤维含量较高的一种，无氮浸出物含量为30%，有机物消化率约为70%，鸡的代谢能为7.11～8.37兆焦/千克。菜籽饼中氨基酸含量丰富且均衡，品质接近大豆饼水平。胡萝卜素和维生素D的含量不足，钙、磷含量与比例比较合适，磷的含量较其他饼粕类高，但可利用的有效磷含量不高，所含磷的65%是利用率低的植酸磷。

菜籽饼（粕）含毒素较高，主要起源于芥子苷或称含硫苷（含量一般在6%以上），各种芥子苷在不同条件下水解，生成异硫氰酸酯，严重影响适口性。硫氰酸酯加热转变成氰酸酯，它和噁唑烷硫酮还会导致甲状腺肿大，一般经去毒处理，才能保证饲料安全。去毒方法有多种，主要有加水加热到100～110℃的温度处理1小时；用冷水或温水（40℃左右）浸泡2～4天，每天换水1次。近年来国内外都培育出各种低毒油菜籽品种，使用安全，值得大力推广。"双低"菜籽饼（粕）的营养价值较高，可代替豆粕饲蛋鸡。

用毒素成分含量高的菜籽制成的饼粕适口性差，也限制了菜籽饼（粕）的使用，雏鸡尽量不用，通常配合饲料中添加量为5%左右。

（4）花生饼（粕） 花生饼（粕）是花生去壳后花生仁经榨（浸）油后的副产品。其营养价值仅次于豆饼（粕），即蛋白质和能量都较高，带壳与否其质量差异大，机榨饼粗蛋白质含量44％，浸提粕为47％，蛋白质中不溶性的球蛋白占63％，水溶性蛋白质仅7％。粗纤维含量为4％～7％，鸡的代谢能可达12.26兆焦/千克。花生饼的粗脂肪含量为4％～7％，而花生粕的粗脂肪含量为0.5％～2.0％。花籽饼（粕）中钙少磷多，钙含量为0.2％～0.3％、磷含量为0.4％～0.7％，但多以植酸磷的形式存在。

国内一般都去壳榨油。去壳花生饼含蛋白质、能量比较高。花生饼（粕）的饲用价值仅次于豆饼，蛋白质和能量都比较高。适口性也不错，花生粕含赖氨酸含量为1.3％～2.0％，含量仅为大豆饼粕的一半左右，蛋氨酸含量低（0.4％～0.5％），色氨酸含量为0.3％～0.5％，其利用率为84％～88％。含胡萝卜素和维生素D极少。花生饼（粕）本身虽无毒素，但因脂肪含量高，长时间储存易变质，而且容易感染黄曲霉，产生黄曲霉毒素。黄曲霉毒素毒力强，对热稳定，经过加热也去除不掉，食用能致癌。因此，储藏时应保持低温干燥的条件，防止发霉。一旦发霉，坚决不能使用，用花生饼（粕）喂蛋鸡，雏鸡最好不用，其他阶段添加量控制在10％以内，以新鲜的菜籽饼（粕）配制最好。

（5）葵花仁饼（粕）　葵花仁饼（粕）的营养价值随粗蛋白质含量多少而定。优质的脱壳葵花子饼粗蛋白质含量可达40％以上；赖氨酸不足，为1.11％～1.2％；蛋氨酸丰富，为0.6％～0.7％，利用率高达90％，蛋氨酸含量比豆饼多2倍。粗纤维含量在10％以下，鸡的代谢能6～10兆焦/千克不等（与壳含量有关）。粗脂肪含量在5％以下，钙、磷含量比同类饲料高，B族维生素含量也比豆饼丰富，且容易消化。但目前完全脱壳的葵花子饼很少，绝大部分含一定量的壳，从而使粗纤维含量较高，消化率降低。目前常见的葵花子饼的干物质中粗蛋白平均含量为22％，粗纤维含量为18.6％；葵花子粕含粗蛋白质24.5％，含粗纤维19.9％，按国际饲料分类原则应属于粗饲料。因此，含壳较多的葵花子饼（粕）在饲粮中用量不宜过多，带壳一般占10％以下，脱壳一般占20％以下。

（6）亚麻饼（粕）　亚麻饼（粕）又称胡麻饼（粕），亚麻饼是亚麻籽经压榨取油后的副产品，亚麻粕是亚麻籽经浸提取油后的副产品。亚麻饼（粕）含粗蛋白质32％～37％，粗纤维含量为7％～

11％；亚麻饼（粕）的营养成分受残油率、壳仁比等原料质量、加工条件、主副产品比例等条件的影响。钙含量为 0.30％～0.65％，磷含量为 0.75～1.0％，但植酸磷含量较高。含有亚麻毒素（氢氰酸），亚麻饼（粕）中粗蛋白质及各种氨基酸含量与棉、菜籽饼（粕）近似，粗纤维约含 8％，从蛋白质质量及有效能供给量的角度分析在饼粕类中属中等偏下水平。近年来有种脱壳工艺，可明显提高亚麻仁（粕）的饲用价值。

由于亚麻仁饼粕中含有黏性胶体物质，雏鸡采食困难，且雏鸡对氢氰酸敏感，故不宜作为雏鸡饲料。在蛋鸡日粮中的添加量也不宜超过 5％，否则会造成食欲减退，生长受阻，产蛋量下降，并排出黏性粪便，影响环境。对黏性胶质采用水洗处理（2 倍水量）即可除去。经水浸、高压蒸汽处理或日粮中添加维生素 B_6 均可减轻危害程度。

（7）玉米蛋白粉　玉米蛋白粉是玉米淀粉厂的主要副产物之一，为玉米除去淀粉、胚芽、外皮后剩下的产品。正常玉米蛋白粉的色泽为金黄色，蛋白质含量越高，色泽越鲜艳。玉米蛋白粉一般含蛋白质40％～50％，高者可达 60％。玉米蛋白粉氨基酸组成不均衡，蛋氨酸含量很高，可与相同蛋白质含量的鱼粉相当，但赖氨酸和色氨酸严重不足，不及相同蛋白质含量鱼粉的 25％，且精氨酸含量较高，饲喂时应考虑氨基酸平衡，与其他蛋白质饲料配合使用。粗纤维含量低，易消化，代谢能水平接近于玉米。由黄玉米制成的玉米蛋白粉含有很高的类胡萝卜素，其中主要是叶黄素和玉米黄素，是很好的着色剂。玉米蛋白粉 B 族维生素含量低，但胡萝卜素含量高。各种矿物质含量低，钙、磷含量均低。

玉米蛋白粉是高蛋白高能量饲料，蛋白质消化率和可利用能值高，易消化吸收。但因其氨基酸不平衡，最好与大豆饼粕配合使用，一般用量在 5％～10％。若大量使用，须考虑添加合成赖氨酸。储存和使用玉米蛋白粉的过程中，应注意霉菌含量，尤其是黄曲霉毒素含量。

2. 动物性蛋白质饲料

动物性蛋白质饲料类主要是指水产、畜禽加工、缫丝及乳品业等加工副产品。水产制品如鱼粉、鱼溶浆、虾粉、蟹粉等，畜禽屠宰加工副产品如肉粉、肉骨粉、血粉、羽毛粉、皮革粉等。该类饲料的主要营养特点是蛋白质含量高（40%～85%），氨基酸组成比较平衡，适于与植物性蛋白质饲料搭配，并含有促进动物生长的动物性蛋白因子；品质较好，其营养价值较高，但血粉和羽毛粉例外；碳水化合物含量低，不含粗纤维，可利用能量较高；粗灰分含量高，钙、磷含量丰富，比例适宜，磷全部为可利用磷，同时富含多种微量元素；维生素含量丰富（特别是维生素 B_2 和维生素 B_{12}）；脂肪含量较高，虽然能值含量高，但脂肪易氧化酸败，不宜长时间储藏；含有生长未知因子或动物蛋白因子，能促进动物对营养物质的利用。

（1）鱼粉　鱼粉是以一种或多种鱼类为原料，经去油、脱水、粉碎加工后的高蛋白质饲料。为重要的动物性蛋白质添加饲料，在许多饲料中尚无法以其他饲料取代。鱼粉的主要营养特点是蛋白质含量高，品质好，生物学价值高。一般脱脂全鱼粉的粗蛋白质含量高达 60% 以上，进口鱼粉在 60%～72%，国产鱼粉稍低，一般为 50% 左右。在所有的蛋白质补充料中，其蛋白质的营养价值最高，富含各种必需氨基酸，组成齐全，而且平衡，尤其是主要氨基酸与鸡体组织氨基酸组成基本一致。鱼粉中不含纤维素等难以消化的物质，粗脂肪含量高，所以鱼粉的有效能值高，生产中以鱼粉为原料很容易配成高能量饲料。鱼粉富含 B 族维生素，尤以维生素 B_{12}、维生素 B_2 含量高，还含有维生素 A、维生素 D 和维生素 E 等脂溶性维生素，但在加工条件和储存条件不良时，很容易被破坏。鱼粉是良好的矿物质来源，钙、磷的含量很高，且比例适宜，所有磷都是可利用磷。鱼粉的含硒量很高，可达 2 毫克/千克以上。此外，鱼粉中碘、锌、铁的含量也很高，并含有适量的砷。鱼粉中含有促生长的未知因子，这种物质可刺激动物生长发育。通常真空干燥法或蒸汽干燥法制成的鱼粉，蛋白质利用率比用烘烤法制成的鱼粉约高 10%。鱼粉中一般含有 6%～12% 的脂类，其中不饱和脂肪酸含量较高，极易被氧化产生异味。进口鱼粉因生产国的工艺及原料而异。质量较好的是秘鲁鱼粉及白鱼鱼粉，国产鱼粉由于原料品种、加工工艺不规范，产品质量参差不齐。饲喂鱼粉可使鸡发生肌胃糜烂，特别是加工错误或储存中发生过自燃的鱼粉中含有较多的肌胃糜烂素。因鱼粉中大肠杆菌较多，易污染沙门菌，使用时应严格检验，否则可造成疾病传播。

用鱼粉喂蛋鸡能显著提高蛋鸡的饲料利用率，可使蛋鸡增重快。

由于鱼粉的价格昂贵，使得用量受到限制，通常在饲料中用量在10%以下。

鱼粉在购买和使用的时候，关键是把握好质量。由于鱼粉的原料鱼不同，加工出来的鱼粉的色泽、粒度有较大的差异。有的呈细粉状，有的则可见到鱼的碎块及鱼肉纤维，其色泽有棕色、暗绿色等。色泽和粒度与鱼粉的质量没有直接关系。优质鱼粉都应该有鱼肉松的香味，而浓腥味的鱼粉多为劣质鱼粉、掺假鱼粉或假鱼粉。鱼粉的质量鉴别可从外观的色泽、粒度、气味、肉纤维及味道做初步判断，准确的还需要化验分析。国产鱼粉含盐分较多，使用时要注意避免食盐中毒，鱼粉中脂肪含量较高，久存易发生氧化酸败，可通过添加抗氧化剂来延长储存期。

（2）肉骨粉　肉骨粉的营养价值很高，由屠宰场或病死畜尸体等成分经高温、高压处理后脱脂干燥制成，饲用价值比鱼粉稍差，但价格远低于鱼粉，因此，是很好的动物蛋白质饲料。肉骨粉脂肪含量较高，一般粗蛋白含量45%～60%，粗脂肪含量3%～10%，粗纤维含量2%～3%，粗灰分含量25%～35%，钙含量7%～10%，磷含量3.5%～5.5%。肉骨粉氨基酸组成不佳，除赖氨酸含量中等外，蛋氨酸和色氨酸含量低，有的产品会因过度加热而无法吸收。脂溶性维生素A和维生素D因加工过程的大量破坏，含量较低，但B族维生素含量丰富，特别是维生素B_{12}含量高，其他如烟酸、胆碱含量也较高。钙、磷不仅含量高，且比例适宜，磷全部为可利用磷，是动物良好的钙、磷供源，此外，微量元素锰、铁、锌的含量也较高。

因原料组成和肉、骨的比例以及制作工艺的不同，肉骨粉的质量及营养成分差异较大。肉骨粉的生产原料存在易感染沙门氏菌和掺假掺杂问题，购买时要认真检验。另外，若储存不当，所含脂肪易氧化酸败，影响适口性和动物产品品质。肉骨粉容易变质腐烂，喂前应注意检查。

肉粉和肉骨粉在鸡的配合饲料中可部分取代鱼粉，最好与植物蛋白质饲料混合使用，多喂则适口性下降，对生长也有不利影响，蛋鸡的使用量为5%。

（3）蚕蛹粉　蚕蛹粉是蚕蛹干燥后粉碎制成的产品，蚕蛹粉蛋白质和脂肪含量高，含有 60％ 以上的粗蛋白质和 20％～30％ 的脂肪，必需氨基酸组成好，可与鱼粉相当，不仅富含赖氨酸，而且含硫氨基酸、色氨酸含量比鱼粉约高出 1 倍。不脱脂蚕蛹的有效能值与鱼粉的有效能值近似，是一种高能量、高蛋白质饲料，既可用作蛋白质补充料，又可补充畜禽饲料能量不足。新鲜蚕蛹中富含核黄素，其含量是牛肝的 5 倍、卵黄的 20 倍。蚕蛹的钙磷比为 1：（4～5），可作为配合饲料中调整钙磷比的动物性磷源饲料。

蚕蛹的主要缺点是具有异味，蚕蛹中脂肪不饱和脂肪酸含量较高，而且富含亚油酸和亚麻酸，但不宜储存。陈旧不新鲜的蚕蛹呈白色或褐色。蚕蛹可以鲜喂，或脱脂后再作饲料。蚕蛹中含有几丁质，不易消化，含量可通过测定"粗纤维"的方法检测出来，优质的蚕蛹不应含有大量粗纤维，凡粗纤维含量过多为混有异物。在蛋鸡日粮中蚕蛹粉主要用于补充氨基酸和能量，不宜多喂，一般占日粮的 5％ 以下。

（4）血粉　血粉是一种黑褐色的细粉状产品，水分含量为 5％～8％，粗蛋白含量很高，达 80％ 以上，高于鱼粉和肉粉；血粉的有效能值随加工工艺的不同有一定差别，普通干燥血粉消化率低，鸡代谢能值为 8.6 兆焦/千克，而低温、喷雾干燥血粉的消化率较高，代谢能值可达 11.70 兆焦/千克。与其他动物性蛋白质饲料不同，血粉缺乏维生素，如核黄素含量仅为 1.5 毫克/千克。矿物质中钙、磷含量很低，但含有多种微量元素，如铁、铜、锌等，其中含铁量过高（2800 毫克/千克），这常常是限制血粉利用的主要因素。氨基酸中赖氨酸含量很高，居天然饲料之首，达到 7％～8％，比常用鱼粉含量还高，亮氨酸含量也高（8％ 左右），但蛋氨酸（0.8％）、异亮氨酸（0.8％）、色氨酸（1.25％）含量很低，故与其他饼粕（花生仁饼粕、棉仁饼粕）搭配，可改善饲养效果。总之，血粉是蛋白质含量很高的饲料，同时又是氨基酸极不平衡的饲料，同时血粉的蛋白质消化率也低（消化率为 60％～70％），适口性也较差，所以降低了它的营养价值。其饲喂效果也不如骨肉粉和鱼粉，在畜禽饲粮中只能少量应用，其适宜用量不超过 2％。

血粉中蛋白质、氨基酸利用率与加工方法、干燥温度、时间的长短有很大关系，通常持续高温会使氨基酸的利用率降低，低温喷雾法生产的血粉优于蒸煮法生产的血粉。

（5）羽毛粉　羽毛粉是家禽羽毛经适当水解加工处理制成的可利用的蛋白质饲料。粗脂肪含量在4%以下，消化率在75%以上，鸡代谢能值可达10.04兆焦/千克。除维生素B_{12}含量较高外，其他维生素含量均很低。水解羽毛粉含粗蛋白质80%～85%，高于鱼粉，但氨基酸中甘氨酸、丝氨酸含量高，分别达到6.3%和9.3%；缬氨酸、亮氨酸、异亮氨酸的含量分别约为7.23%、6.78%、4.21%，高于其他动物性蛋白质。适于与异亮氨酸含量不足的原料（如血粉）相配合使用。水解羽毛粉的胱氨酸含量高，尽管水解时遭到破坏，但仍含有2.93%，居所有天然饲料之首。缺点是赖氨酸和蛋氨酸含量不足，分别相当于鱼粉的25%和35%左右。由于胱氨酸在代谢中可代替50%蛋氨酸，所以配方中添加适量水解羽毛粉可补充蛋氨酸的不足，同时水解羽毛粉还具有平衡其他氨基酸的功能，应充分合理利用这一资源。矿物质中含硫量可达1.5%，在所有饲料中最高，但钙、磷含量较少，分别为0.4%和0.7%。此外，羽毛粉还含有钾、氯及各种微量元素，含硒量较高，约为0.84毫克/千克，仅次于鱼粉（2.0毫克/千克）和某些菜籽饼粕（1.0毫克/千克），大大高于其他饲料。

在雏鸡饲料中添加1%～2%水解羽毛粉，对防止啄羽等恶癖有效。肉鸡、蛋鸡饲料中使用羽毛粉可补充含硫氨基酸的不足，可部分取代大豆粕及鱼粉，用量不宜超过3%，否则肉鸡生长速度下降，蛋鸡产蛋率下降，蛋重减轻。使用水解羽毛粉时应注意补蛋氨酸、赖氨酸等，以平衡必需氨基酸。此外，在鸡的强制换羽日粮中添加2%～3%的羽毛粉，有促进羽毛生长、缩短换羽期的效果。羽毛粉中还含有一种雏鸡生长所必需的未知营养因子。

（三）矿物质饲料

矿物质饲料包括人工合成的、天然单一的和多种混合的，以及配合有载体或赋形剂的痕量、微量、常量元素补充料。矿物质元素在各种动植物饲料中都有一定含量，虽多少有差别，由于动物采食饲料的多样性，可在某种程度上满足对矿物质的需要。但在舍饲条件或集约化生产条件下，矿物质元素来源受到限制，蛋鸡对它们的需要量增多，蛋鸡日粮中另行添加所必需的矿物质成了唯一方法。目前已知畜禽有明确需要的矿物元素有 16 种，其中常量元素 7 种：钾、镁、硫、钙、磷、钠和氯，饲料中常不足，需要补充的有钙、磷、氯、钠 4 种；微量元素 9 种：铁、锌、铜、锰、碘、硒、钴、钼和氟。

1. 常量矿物质补充料

常量矿物质饲料包括钙源性饲料、磷源性饲料、食盐以及含硫饲料和含镁饲料等。目前，饲料中常补充的微量元素有铁、铜、锌、锰、碘、硒、钴，猪、禽等单胃动物主要补充前 6 种，钴通常以维生素 B_{12} 的形式满足需要。由于在日粮中的添加量少，微量元素添加剂几乎都是用纯度高的化工产品，常用的主要是各元素的无机盐或有机盐类及氧化物、氯化物。近些年来，对微量元素络合物，特别是与某些氨基酸、肽或蛋白质、多糖等的络合物用作饲料添加剂的研究和产品开发有了很大进展。大量研究结果显示，这些微量元素络合物的生物学效价高，毒性低，加工特性也好，但由于价格昂贵，目前未能得到广泛应用。

（1）含氯、钠饲料 食盐即氯化钠（NaCl），一般称为食盐，钠和氯都是蛋鸡需要的重要元素，食盐是最常用，又经济的钠、氯的补充物。食盐除了具有维持体液渗透压和酸碱平衡的作用外，还可刺激唾液分泌，提高饲料适口性，增强动物食欲，具有调味剂的作用。肉用鸡钙磷比例失调会引起腿软症，饲料中应添加适量的骨粉或鱼粉。缺乏食盐后，表现为食欲不振，采食量下降、生长停滞，并伴有啄羽、啄肛、啄趾等恶癖发生。补充食盐可防止钠、氯缺乏。饲用食盐一般要求较细的粒度。美国饲料制造者协会（AFMA）建议，应 100% 通过 30 目筛。食盐中含氯 60%，含钠 40%，碘盐还含有 0.007% 的碘。纯净的食盐含氯 60%，含钠 40%，此外尚有少量的钙、镁、硫等杂质，饲料用盐多为工业盐，含氯化钠 95% 以上。

食盐的补充量与动物种类和日粮组成有关。一般食盐在风干饲粮中的用量为 0.25%～0.35% 为宜。添加的方法有直接拌在饲料中，也可以以食盐为载体，制成微量元素添加剂预混料。

食盐不足可引起食欲下降，采食量降低，生产性能下降，并导致异食癖。食盐过量时，雏鸡对此较为敏感，可出现食盐中毒，甚至有死亡现象。使用含盐量高的鱼粉、酱渣等饲料时应调整日粮食盐添加量，若水中含有较多的食盐，饲料中可不添加食盐。

（2）含钙饲料　常用的含钙饲料有石粉、石膏、贝壳粉和蛋壳粉等，此外，大理石、白云石、白垩石、方解石、熟石灰、石灰水等均可作为补钙饲料。至于利用率很高的葡萄糖酸钙、乳酸钙等有机酸钙，因其价格较高，多用于水产饲料，畜禽饲料中应用较少。

钙源饲料很便宜，但不能用量过多，否则会影响钙磷平衡，使钙和磷的消化、吸收和代谢都受到影响。微量元素预混料常常使用石粉或贝壳粉作为稀释剂或载体，使用量占配比较大时，配料时应注意把其含钙量计算在内。

① 石粉。石粉又称石灰石粉，主要是指石灰石粉，由优质天然石灰石粉碎而成。天然的碳酸钙（$CaCO_3$）为白色或灰白色粉末。石粉中含纯钙 35％以上，是补充钙最廉价、最方便的矿物质饲料。除用作钙源外，石粉还广泛用作微量元素预混合饲料的稀释剂或载体。石灰石粉含有氯、铁、锰、镁等。品质良好的石灰石粉与贝壳粉，必须含有约 38％的钙，而且镁含量不可超过 0.5％，只要铅、汞、砷、氟的含量不超过安全系数，都可用于鸡饲料。石粉的用量依据蛋鸡的生长阶段而定，一般配合饲料中石粉使用量雏鸡为 0.5％～1％，产蛋鸡为 7.0％～7.5％。单喂石粉过量，会降低饲粮有机养分的消化率，还对青年鸡的肾脏有害，使泌尿系统尿酸盐过多沉积而发生炎症，甚至形成结石。蛋鸡过多接受石粉，蛋壳上会附着一层薄薄的细粒，影响蛋的合格率，最好与有机态含钙饲料如贝壳粉按 1∶1 比例配合使用。石粉作为钙的来源，应根据鸡体格大小选择不同粒度的石粉，其粒度以中等为好，禽为 26～28 目。对蛋鸡来讲，较粗的粒度有助于保持血液中钙的浓度，满足形成蛋壳的需要，从而增加蛋壳强度，减少蛋的破损率，但粗粒影响饲料的混合均匀度。

② 石膏。石膏为硫酸钙，石膏的化学式为 $CaSO_4 \cdot xH_2O$，通常是二水硫酸钙（$CaSO_4 \cdot 2H_2O$），灰色或白色结晶性粉末，是常见的容易取得的含钙饲料之一。有天然石膏粉碎后的产品，也有化学工业产品。一种是天然石膏的粉碎产品，另一种是磷酸制造工业的副产品，后者常含有大量的氟、砷、铝等而品质较差，使用时应加以处理。石膏的含钙量为 20％～23％，含硫 16％～18％，既可提供钙，又是硫的良好来源，生物利用率高。石膏有预防鸡啄羽、啄肛的作

用。一般在饲料中的用量为 1%～2%。

③ 蛋壳粉。蛋壳粉是禽蛋加工和孵化产生的蛋壳，由蛋壳、蛋膜及蛋白残留物经干燥灭菌、粉碎后即得到蛋壳粉。禽蛋加工厂或孵化厂废弃的蛋壳，无论是蛋品加工后的蛋壳还是孵化出雏后的蛋壳，都残留有壳膜和一些蛋白，因此除了含有 34% 左右钙外，还含有 7% 的蛋白质及 0.09% 的磷。蛋壳主要由碳酸钙组成，但由于残留物不定，蛋壳粉含钙量变化较大，一般在 29%～37%，所以产品应标明其中钙、粗蛋白质含量，未标明的产品，用户应测定钙和蛋白质含量。蛋壳粉是理想的钙源饲料，利用率高，用于蛋鸡、种鸡饲料中，与贝壳粉一样，具有增加蛋壳硬度的效果。须经干燥灭菌、粉碎后才能作为饲料使用。应注意蛋壳干燥的温度应超过 82℃，以保证灭菌，防止蛋白腐败，甚至传播疾病。一般配合饲料中使用量雏鸡为 0.5%～1%，产蛋鸡为 7.0%～7.5%。

④ 贝壳粉。贝壳粉是贝壳（包括蚌壳、牧蛎壳、扇贝壳、蛤蜊壳、螺蛳壳等）烘干后制成的粉状或粒状产品，含有一些有机物，呈白色、灰色、灰褐色粉末状或片状，主要成分是碳酸钙。也有海边堆积多年的贝壳，其内部有机质已消失，是良好的碳酸钙饲料。饲料添加的贝壳粉含钙量应不低于 33%，一般在 34%～38%。品质好的贝壳粉杂质少，含钙高，呈白色粉状或片状，用于蛋鸡或种鸡的饲料中，蛋壳的强度较高，破蛋、软蛋少，含碳酸钙也在 95% 以上，是可接受的碳酸钙来源，尤其片状贝壳粉效果更佳。不同畜禽对贝壳粉的粒度要求不一致，蛋鸡以 70% 通过 10 毫米筛为宜。

我国沿海一带有丰富的资源，应用较多。贝壳粉内常掺杂砂石和泥土等杂质，使用时应注意检查。另外，若贝肉未除尽，加之储存不当，堆积日久易出现发霉、腐臭等情况，这会使其饲料价值显著降低。必须进行消毒灭菌处理，以免传播疾病。

（3）含磷饲料　富含磷的矿物质饲料有磷酸钙类、磷酸钠类、骨粉及磷矿石等。磷补充物来源复杂，种类很多，具有以下两个特点。一是磷补充物含矿物元素较复杂。只提供磷的矿物质饲料很少，仅限于磷酸和磷酸铵，大多数常用磷补充物除含磷外还含有其他矿物元素如钙、钠，添加于饲料中往往还会引起这些元素含量的变化。不同磷源有着不同的利用率。二是磷补充物多含有氟及其他有毒有害物质。磷的补充物多来自矿物磷酸盐类，由于天然磷矿中含有较多的氟、砷、铅等有毒有害元素，用作饲料磷补充物的产品必须经过一定的加工处理脱氟除杂，使这些有毒有害物质含量符合饲料要求。

蛋鸡常用的磷补充饲料有骨粉、磷酸钙和磷酸氢钙。

① 骨粉。骨粉是各种动物骨骼经高压蒸煮、脱脂、脱胶、干燥、粉碎而得。由于加工方法的不同，成分含量及名称各不相同，是补充家畜钙、磷需要的良好来源。当同时需要补充钙、磷时常选用，也是我国目前常用的钙、磷补充物之一。

骨粉一般为黄褐至灰白色的粉末，有肉骨蒸煮过的味道。骨粉的含氟量较低，只要杀菌消毒彻底，便可安全使用。但由于成分变化大，来源不稳定，而且常有异臭，在国外饲料工业上的用量逐渐减少。骨粉按加工方法可分为煮骨粉、蒸制骨粉、脱胶骨粉和焙烧骨粉等。

煮骨粉是将原料骨经开放式锅炉煮沸，直至附着组织脱落，再经粉碎而制成。这种方法制得的骨粉色泽发黄，骨胶溶出少，蛋白质和脂肪含量较高，不易久存。含有多量的有机质，钙、磷含量低，质地坚硬、不易消化、易吸湿腐败，适口性差，饲喂动物效果较其他骨粉差。一般含钙 23.0%、磷 10.5%、粗蛋白质 26.0%、粗脂肪 5.0%。

蒸制骨粉是将原料骨在高压（2.03 千帕）蒸汽条件下加热，除去大部分蛋白质及脂肪等有机质，使骨骼变脆，加以压榨、干燥、粉碎而制成。一般含钙 30%、磷 14.5%、粗蛋白 7.5%、粗脂肪 1.2%。

脱胶骨粉也称特级蒸制骨粉，为制胶副产品。制法与蒸制骨粉基本相同。用 40.5 千帕压力蒸制处理或利用抽出骨胶的骨骼经蒸制处理而得到，由于骨髓和脂肪几乎全部除去，故无异臭，色泽洁白，可长期储存。因高压处理，动物易消化，钙、磷含量稳定，不易带病菌，是最好的骨粉制品。

焙烧骨粉（骨灰）是将骨骼堆放在金属容器中经烧制而成，这是利用废弃骨骼的可靠方法，充分烧透，既可灭菌，又易粉碎。

骨粉是我国配合饲料中常用的磷源饲料，优质骨粉含磷量可以达到 12％以上，钙磷比例为 2∶1 左右，符合动物机体的需要，同时还富含多种微量元素。一般在鸡饲料中添加量为 1％～3％。值得注意的是，用简易方法生产的骨粉，即不经脱脂、脱胶和热压灭菌而直接粉碎制成的生骨粉，因含有较多的脂肪和蛋白，易腐败变质。尤其是品质低劣，有异臭，呈灰泥色的骨粉，常携带大量病菌，用于饲料易引发疾病传播。有的兽骨收购场地，为避免蝇蛆繁殖，喷洒敌敌畏等药剂，而使骨粉带毒，这种骨粉绝对不能用作饲料。

② 磷酸钙。磷酸钙为动物饲用磷的主要来源，包括磷酸二氢钙、磷酸氢钙和磷酸钙。习惯上按其钙、磷的含量与比例分为如下。

磷酸一钙（磷酸二氢钙）$CaH_4(PO_4)_2$ 或 $Ca(H_2PO_4)_2$，含 Ca 20％，含 P 21％。

磷酸二钙（磷酸氢钙）$Ca_2H_2(PO_4)_2$ 或 $CaHPO_4$，含 Ca 24％，含 P 18.5％。

磷酸三钙（磷酸钙）$Ca_3(PO_4)_2$，含 Ca 38％，含 P 18％。

磷酸一钙具有吸湿性。其产品常为含 1 个结晶水的磷酸一钙 $[Ca(H_2PO_4)_2 \cdot H_2O]$。磷酸二钙常含 2 个结晶水（$CaHPO_4 \cdot 2H_2O$）。磷酸三钙含钙量高，含磷低，它们均用于同时补加钙、磷。

据研究，磷酸一钙和磷酸二钙中磷、钙的生物学效价（BV）比磷酸三钙高；含有结晶水的比脱去水的高；含结晶水的磷酸一钙和二钙中磷的有效性相同，但无水磷酸二钙效价降低 20％，故在加工时应注意。

脱氟磷酸盐是将磷酸钙或磷矿石经脱氟处理，使氟含量在要求的范围内。以磷酸三钙或磷酸二钙为主要成分的产品是很好的磷源。

磷酸一钙又称磷酸二氢钙或过磷酸钙，纯品为白色结晶粉末，多为一水盐 $[Ca(H_2PO_4)_2 \cdot H_2O]$。市售品是以湿式法磷酸液（脱氟精制处理后再使用）或干式法磷酸液作用于磷酸二钙或磷酸三钙制成的。因此，常含有少量未反应的碳酸钙及游离磷酸，吸湿性强，且呈酸性。本品含磷 22％左右，含钙 15％左右，利用率比磷酸二钙或磷酸三钙好，最适合用于水产动物饲料。由于本品磷高钙低，在配制饲粮时易于调整钙磷平衡。在使用磷酸二氢钙时应注意脱氟处理，含氟量不得超过标准。

磷酸二钙又称为磷酸氢钙，为白色或灰白色粉末或粒状产品，又分为无水盐（$CaHPO_4$）和二水盐（$CaHPO_4 \cdot 2H_2O$）两种，后者的钙、磷利用率较高。磷酸二钙一般是在干式法磷酸液或精制湿式法磷酸液中加入石灰乳或磷酸钙而制成的。市售品中除含有无水磷酸二钙外，还含少量的磷酸一钙及未反应的磷酸钙。含钙不低于23%，磷不低于18%，其钙、磷比例为3:2，接近于动物需要的平衡比例。铅含量不超过50毫克/千克。磷酸氢钙的钙磷利用率高，是优质的钙磷补充料。蛋鸡日粮的磷酸氢钙不仅要控制其钙磷含量，尤其要注意含氟量，必须是脱氟处理合格，氟含量不超过0.18%的才能用。注意补饲本类饲料往往引起两种矿物质数量同时变化。

磷酸三钙又称磷酸钙，纯品为白色无臭粉末。饲料用常由磷酸废液制造，为灰色或褐色，并有臭味，分为一水盐 $[Ca_3(PO_4)_2 \cdot H_2O]$ 和无水盐 $[Ca_3(PO_4)_2]$ 两种，以后者居多。经脱氟处理后，称作脱氟磷酸钙，为灰白色或茶褐色粉末，含钙29%以上，含磷15%～18%以上，含氟0.12%以下。

2. 微量矿物质补充料

本类饲用品多为化工生产的各种微量元素的无机盐类和氧化物，一般纯度高，含杂质少。有的"饲料级"产品虽含有微量杂质，但对动物有害物质均在允许范围内。微量元素补充物基本都来源于纯度较高的化工生产产品。近年来微量元素的有机酸盐和螯合物以其生物效价高和抗营养干扰能力强受到重视。常用的补充微量元素类有铁、铜、锰、锌、钴、碘、硒、镁等。

常用微量矿物质饲料见表5-1。

表 5-1　常用微量矿物质饲料

饲料名称	化学式	补充元素	含量	细度要求	备注
硫酸铜	$CuSO_4$	铜(Cu)	25.4%Cu	200目	易吸湿返潮,不易拌匀
碘酸钾	KIO_3	碘(I)		200目	水中的溶解度较低,较稳定
碘化钾	KI	碘(I)	76.4% I	200目	不稳定,易分解引起碘损失

续表

饲料名称	化学式	补充元素	含量	细度要求	备注
硫酸亚铁	$FeSO_4 \cdot H_2O$	铁（Fe）	31% Fe	20目	对营养物质有破坏作用
氧化锰	MnO	锰（Mn）	60% Mn	100目	比其他的锰化合物价格便宜
亚硒酸钠	Na_2SeO_3	硒（Se）	45.6% Se		有毒，添加量不得超过0.5千克/吨
氧化锌	ZnO	锌（Zn）	70%～80% Zn	100目	生物学效价低于硫酸锌
硫酸锌	$ZnSO_4$	锌（Zn）	23% Zn		

（四） 饲料添加剂

饲料添加剂是针对蛋鸡日粮中营养成分的不平衡而添加的，能平衡饲料的营养成分和保护饲料中的营养物质、促进营养物质的消化吸收、调节机体代谢、提高饲料的利用率和生产效率、促进蛋鸡的生长发育及预防某些代谢性疾病，改进动物产品品质和饲料加工性能的物质的总称。这些物质的添加量极少，一般占饲料成分的百分之几到百万分之几，但其作用极为显著。据饲料添加剂的作用我们可以把它简单地分为两种，营养性饲料添加剂和非营养性饲料添加剂两大类。

1. 营养性饲料添加剂

营养性饲料添加剂是指添加到配合饲料中，平衡饲料养分，提高饲料利用率，直接对动物发挥营养作用的少量或微量物质。主要包括合成氨基酸添加剂、维生素添加剂、微量矿物质添加剂和其他营养性添加剂。营养性添加剂是最常用最重要的一类添加剂。下面主要介绍氨基酸添加剂和复合维生素添加剂。

（1）氨基酸添加剂　氨基酸添加剂的主要作用是提高饲料蛋白质的利用率和充分利用饲料蛋白质资源。氨基酸添加剂由人工合成或通过生物发酵生产。饲料中氨基酸利用率相差很大。必须根据可利用氨基酸的含量确定氨基酸添加的种类和数量。所有影响饲料蛋白质消化吸收的因素都影响氨基酸的有效性。鸡配合料中常用的氨基酸有赖氨酸、蛋氨酸、苏氨酸、色氨酸、缬氨酸、苯丙氨酸、亮氨酸和异亮氨酸 8 种,其中以蛋氨酸和赖氨酸为主。

① 赖氨酸。赖氨酸是畜禽饲料中最易缺乏的氨基酸之一,赖氨酸由于营养需要量高,许多饲料原料中含量又较少,而且动物在组织中既不能合成也不能通过转氨基作用重新复原,也不能被任何一种类似的氨基酸所代替,因此在常规饲料中赖氨酸是第二限制性氨基酸。饲料中的天然赖氨酸是 L 型,具有生物活性,鸡的代谢能为 16.7 兆焦/千克。谷类饲料中赖氨酸含量不高,豆类饲料中虽然含量高,但是作为鸡饲料原料的大豆饼或大豆粕均是加工后的副产品,赖氨酸遇热或长期储存时会降低活性。在鱼粉等动物性饲料中赖氨酸虽多,但也有类似失活的问题,因而在饲料中可被利用的赖氨酸只有化学分析得到数值的 80% 左右。赖氨酸在营养上尚存在与精氨酸之间的拮抗作用。蛋鸡的饲料中常添加赖氨酸使之有较高的含量,这易造成精氨酸的利用率降低,故要同时补足精氨酸。

赖氨酸的添加应以补足配合料中赖氨酸的不足为原则,添加超过需要量,会增加配合料成本,甚至会影响鸡的生产性能。赖氨酸盐酸盐在配合料中的添加比例为 0.1%～0.2%。一般以赖氨酸盐的形式出售。98% 赖氨酸盐酸盐中赖氨酸的实际含量约为 78%,在添加时应加以注意。

商品 L-赖氨酸是赖氨酸盐酸盐,色泽从类白色到浅黄褐色,具有特有的腥味,尝之有氨基酸特有鲜味和咸味,易溶于水,在水溶液中加入硝酸银试剂,有白色沉淀。不易保存,吸湿性强,受热或长期储存时易与还原糖类的醛基结合,发生美拉德反应（Maillard 反应）,生成氨基糖复合物,使其失去活性等。

② 蛋氨酸及其类似物。蛋氨酸在动物体内基本被用作体蛋白质的合成,蛋氨酸是鸡的第一限制性氨基酸。蛋氨酸有 D 型和 L 型两种,在鸡体内,L 型易被肠壁吸收。D 型要经酶转化成 L 型后才能参与蛋白质的合成,工业合成的产品是 DL-蛋氨酸,外观一般为白色至淡黄色结晶或结晶性粉末,有含硫基的特殊气味,易溶于水、稀酸和稀碱,微溶于乙醇,不溶于乙醚。其 1% 水溶液的 pH 值为 5.6～6.1。蛋氨酸类似物不具备氨基,但有转化为蛋氨酸所特有的碳架,生物活性相当于蛋氨酸的 70%～80%,鸡的代谢能为 21 兆焦/千

克。蛋氨酸类似物主要有蛋氨酸羟基类似物及甜菜碱等。蛋氨酸羟基类似物常为钙盐形式。甜菜碱即三甲基甘氨酸，为类氨基酸，是一种高效甲基供体，在动物体内参与蛋白质的合成和脂肪的代谢。因此，能够取代部分蛋氨酸和氯化胆碱的作用。另外，甜菜碱在动物体内能提高细胞对渗透压变化的应激能力，是一种生物体细胞渗透保护剂。

商品蛋氨酸是一种片形的结晶或粗粉，色泽为白色或黄白色，在阳光下有许多反光点，手捻之非常光滑，有含硫氨基酸特有的甜味或硫缓慢氧化的臭味。蛋氨酸在空气中容易点燃，浅蓝色火焰，在阳光下常常看不到火焰颜色，正在燃烧的部分熔化成液状，可闻到刺鼻的烧硫黄味。纯度高的蛋氨酸燃烧十分彻底，残留物很少。一般配合料中添加量为 0.05%～0.15%。

（2）复合维生素添加剂　根据鸡的营养需要，由多种维生素、稀释剂、抗氧化剂按比例、次序和一定的生产工艺混合而成的饲料预混剂。由于大多数维生素都有不稳定、易氧化或易被其他物质破坏失效的特点和饲料生产工艺上的要求，因此几乎所有的维生素制剂都经过特殊加工处理或包被。例如，制成稳定的化合物或利用稳定物质包被等。为了满足不同使用的要求，在剂型上还有粉剂、油剂、水溶性制剂等。此外，商品维生素饲料添加剂还有各种不同规格含量的产品。复合维生素一般不含有维生素 C 和胆碱，所以在配制鸡饲料时，一般还要在饲料中另外加入氯化胆碱。如鸡群患病、转群、运输及其他应激时，需要在饲料中另外加入维生素 C。一些复合维生素中可能加入了维生素 C，但对于处在高度应激环境中的鸡群，其含量是不能满足需要的。

复合维生素在配合料中的添加量应比参考产品说明书推荐的添加量略高一些。一般在冬季和春、秋两季，商品复合多维的添加量为每吨配合料 200 克，夏季可提高至 300 克。如果没有蛋鸡专用的复合多维，也可选用通用多维。用量参考产品说明书。

由于维生素不稳定的特点，对维生素饲料的包装、储藏和使用均有严格的要求，饲料产品应密封、隔水包装，最好是真空包装。储藏在干燥、避光、低温条件下。高浓度单项维生素制剂一般可储存 1～2 年，所有维生素饲料产品开封后需尽快用完。湿拌料时应现喂现拌，避免长时间浸泡，以减少维生素的损失。

2. 非营养性饲料添加剂

非营养性饲料添加剂是指除营养性饲料添加剂以外的具有特定功效的添加剂。在正常饲养管理条件下，为提高畜禽健康状况，节约饲料，提高生产能力，保持或改善饲料品质而在饲料中加入一些成分，这些成分通常本身对畜禽并没有太大的营养价值，但对促进畜禽生长，降低饲料消耗，保持畜禽健康，保持饲料品质有重要意义。包括抗生素添加剂、驱虫药物添加剂、酶制剂、抗氧化剂、防霉剂、活菌制剂、黏结剂、抗结块剂、吸附剂和着色剂等。

（1）抗生素添加剂　其作用是保持雏鸡的健康，抑制动物体内有害微生物的生长繁殖，减少畜禽亚临床症状疾病的发生，防治疾病，促进生长，节约饲料。特别是蛋鸡饲养环境不良时，效果更加明显。包括多肽类抗生素类、大环内酯类抗生素、聚醚类抗生素、四环素类抗生素类、合成抗生素及其相关药物类和多糖类抗生素等。

抗生素添加剂一般只用于抵抗能力较差的阶段，如在雏鸡阶段、细菌性疾病流行阶段、发生管理应激（如运输、分群、高温）等情况下使用。

长期使用抗生素饲料添加剂，会引起下列问题。

一是抗药性问题。畜禽长期使用某一抗生素添加剂后，病原菌产生耐药菌株，这些耐药菌株在一定条件下又能将耐药遗传因子（又称"R因子"）传递给其他敏感细胞，使得某些不耐抗生素的致病菌变成耐药菌株，引起畜禽疾病防治上的麻烦。对于人畜共用的抗生素如土霉素、青霉素、链霉素等，若出现耐药菌株，就会影响人类疾病的防治效果，造成不良后果。

二是抗生素在畜禽产品中的残留问题。有些抗生素易被动物肠道吸收，排泄较慢，残留在肉、蛋、奶中。这些抗生素在食品加热或制作中不易被充分"钝化"。有些抗生素有致突变、致畸胎和致癌作用。

因此在使用抗生素饲料添加剂时，应注意下列事项。

一是选择畜禽专用，吸收差、残留量少、不产生抗药性的品种。

二是严格控制使用剂量，以尽可能少的用量达到使用效果。许多抗生素对预防、治疗疾病及促进生长等作用不同，其剂量明显不同。

三是抗生素的使用期限。动物不同生长阶段使用不同的种类，更要注意停药期，一般在肉畜上市屠宰前 7 天停止用药。

　　① 多肽类抗生素类。多肽类抗生素类是具有多肽结构特征的一类抗生素。主要有杆菌肽锌、硫酸黏杆菌素、恩拉霉素和维吉尼霉素。

　　a. 杆菌肽锌。杆菌肽锌主要对革兰氏阳性菌有强大的抗菌力，对少数阴性菌、螺旋体和放线菌以至耐青霉素的葡萄球菌也有效，实践中极少出现耐药菌，即使发生也很缓慢，与其他抗生素无交叉抗药性，且与青霉素、链霉素、金霉素等合用有协同作用。

　　杆菌肽锌在动物肠道吸收很差，排泄迅速，故不留体内；毒性极小，无副作用，很少出现抗药菌。杆菌肽锌和预混剂在室温下保存 3 年，效价不改变。

　　我国规定的用量：每吨鸡饲料添加 4～20 克（折合 16.8 万～84 万效价单位）。无停药期要求。作为饲料添加剂目前该药已经被欧盟禁用。

　　b. 硫酸黏杆菌素。硫酸黏杆菌素别名硫酸黏菌素，硫酸多黏菌素 E。硫酸黏杆菌素是高效、安全且残留量少的抗生素，许多国家批准作为饲料添加剂。它对革兰氏阴性菌有强大的抑菌作用，可防止在集约化饲养中常见的由大肠杆菌和沙门氏菌引起的疾病。它作饲料添加剂时，可促进畜禽的生长和提高饲料利用率。

　　硫酸黏杆菌素为白色粉末，有吸湿性，易溶于水。它在动物体内不会产生耐药菌株，与其他抗生素不会产生交叉耐药。它和杆菌肽锌有较强的协同作用。黏杆菌素是肾毒药物，故用量宜少。建议：鸡饲料中每吨添加 2～20 克（效价）。产蛋期禁用，所有动物的停药期均为屠宰前 7 天。

　　硫酸黏杆菌素与杆菌肽锌按 1∶5 比例混合的制剂叫"万能肥素"。该制剂加宽了抗菌谱，且提高了抗菌活性。建议用量：10 周龄以内的鸡，每吨饲料添加 2～20 克；产蛋期禁用，各种动物的停药期均为屠宰前 7 天。

　　c. 恩拉霉素。恩拉霉素别名安来霉素、恩霉素。恩拉霉素是土壤中分离出来的放线菌发酵产生的，由不饱和脂肪酸和十几种氨基酸结合成的多肽类抗生素。它对革兰氏阳性菌有很强的抑制作用，长期使用后不易产生抗药性。它能改变肠道内的细菌群落分布，有利于饲料营养成分的消化吸收，促进动物增重和提高饲料利用率。

恩拉霉素不易被吸收，故残留畜禽体内较少。产蛋期禁用，无停药期的规定。

d. 维吉尼霉素。维吉尼霉素别名维吉尼亚霉素、维及霉素、肥大霉素等。是美国史克药厂畜禽保健公司对链丝菌发酵提取的抗生素。它由 70％M1 和 30％S1 混合组成。M1 为大环内酯，S1 为环状多肽。两者结构不同，抗菌范围也不同。S1 和 M1 混合，提高抗菌活性，而且不产生耐药性。它只对革兰氏阳性菌有抑制作用。其作用主要是抑制细菌的核糖体（Ribosome），从而阻止细菌蛋白质的合成而达到杀菌效果。

维吉尼亚霉素几乎不被畜禽肠道吸收，用药后在畜禽体组织中残留量很少。该添加剂可防治细菌性下痢和鸡坏死性肠炎。它杀灭有害及多余的肠内细菌，减少乳酸、氨气、挥发性脂肪酸等有毒物质产生，从而减缓肠道蠕动，延长饲料在肠道内的停留时间，增加养分的吸收。它作为抗生素，令小肠壁变薄，增加肠壁渗透性，可促进对氨基酸和磷的吸收利用，改善饲料利用率，促进生长。它还能提高鸡对饲料中黄色素的吸收，提高鸡肉、蛋的黄色素含量。它在质量上的特点是稳定性好，室温下保持三年效价不变，其微粒小，每克约 50 万粒，有利于均匀分布于饲料中。维吉尼亚霉素的预混剂称速大肥（Stafac）。作为饲料添加剂目前该药已经被欧盟禁用。

建议用量：鸡每吨饲料中添加 2～5 克维吉尼亚霉素，产蛋鸡禁用，屠宰前 1 天停药。

② 大环内酯类抗生素。大环内酯类抗生素主要有泰乐菌素、北里霉素、螺旋霉素、红霉素和竹桃霉素等。

a. 泰乐菌素。泰乐菌素由美国礼来公司开发。它是弱碱，微溶于水，很易溶于甲醇、乙醇、乙醚等。它在强酸（pH 值＜4）或强碱（pH 值＞9）中易分解成脱碳霉糖泰乐菌素，其抗菌性与泰乐菌素相近。实际生产中，常用磷酸泰乐菌素作饲料添加剂，酒石酸泰乐菌素作饮水剂。泰乐菌素对大部分革兰氏阳性菌（葡萄球菌、链球菌、双球菌和白喉杆菌）、某些革兰氏阴性菌（脑膜炎双球菌）及分

枝杆菌均有较明显的抗菌活力。泰乐菌素对鸡的慢性呼吸道疾病（CRD）有预防及治疗作用。常常以酒石酸泰乐菌素饮水，再在饲料中添加磷酸泰乐菌素。

泰乐菌素在肠道内不易被吸收，毒性小。建议用量：8 周龄以内的鸡每吨饲料添加 4～50 克。屠宰前 5 天停药。在饲料中可与潮霉素 B、莫能霉素等共同使用。

b. 北里霉素。北里霉素是从北里放射形菌的发酵液中提取的抗生素。它包括 A1、A3～A9 等多种成分。它对革兰氏阳性菌中 10 多种菌和多种革兰氏阴性菌种以及鸡、猪的多种支原体均有较高的抗菌活性。它对鸡慢性呼吸道疾病（CRD）、猪肺炎（Sep）和猪细菌性下痢均有抑制作用；小剂量添加具有促进生长、改善饲料利用率的功效。其特点是在肠道内吸收快，并广泛分布于各组织，但分解亦快，很快从尿中排泄。故其在组织中残留量是大环内酯类抗生素中最低的一种。

建议添加量：促生长用，每吨鸡饲料加 5.5～11 克北里霉素。防治疾病用量：每吨鸡饲料加 110～330 克，只连用 5～7 天。对鸡的停药期为屠宰前 2 天，产蛋期禁用。

③ 聚醚类抗生素。聚醚类抗生素主要有莫能霉素、盐霉素钠和拉沙里菌素钠。聚醚类抗生素作为饲料添加剂有两个主要方向的作用，其一是抗鸡球虫作用，这类抗球虫药是由发酵生产的具有广谱抑制球虫的抗生素。聚醚类抗球虫药的作用机理不同于化学合成的抗球虫药的作用机理（生物化学作用），这是一种生物物理学作用。它们对金属离子有特殊的选择性，可与钠、钾及二价金属离子结合形成络合物，使球虫子孢子和第一代裂殖体的钠离子量急剧增加，导致细胞膜离子交换平衡失调，子孢子和裂殖体中过剩的钠离子不能从细胞中排出，膨胀而死，因而球虫不易产生抗药性。对对其他药物已产生耐药性的球虫使用时，同样有效，即不发生交叉耐药性。该药很快排出体外，无显著的积累作用，因此，是目前较为理想的抗球虫药物添加剂。其二是促进动物生长，改善饲料利用率。对鸡、猪和肉牛均有促进生长和提高饲料利用率的功效。

a. 莫能霉素。莫能霉素别名瘤胃素、莫能菌酸、孟宁素。自 1967 年由美国礼来公司开发以来，被广泛用于世界各国。据统计，

1981 年世界抗球虫药年销售额（达 1 亿 4 千万美元）最大的是瘤胃素。它对主要的 6 种鸡球虫（毒害艾氏，柔嫩艾氏，巨型艾氏，变位艾氏，波氏艾氏和堆型艾氏）都有明显的抑制作用。用于预防球虫病时，每吨饲料添加 90～122 克莫能霉素，用于肉鸡、0～16 周龄生长鸡，产蛋鸡禁用。屠宰前 3 天停药。莫能霉素不能与泰妙菌素或竹桃霉素同时使用。

美国礼来公司产品的商品名为欲可胖（Elancoban）。其预混剂为欲可胖-100，其中每千克含莫能霉素 100 克。莫能霉素本身较稳定，可保存 2 年，制成预混剂或混入饲料，其效价仍可保存 3 个月。

b. 盐霉素钠。盐霉素钠别名沙利霉素钠盐，萨里诺马辛。白色或淡黄色结晶性粉末，微有臭味。取 1 克溶于 20 毫升甲醇，应澄清或接近澄清，为无色或淡黄色。盐霉素抗球虫的机理与莫能霉素相近，它对细胞中的阳离子，尤其是 K^+、Na^+ 和 Rb^+ 的亲和性特别高，扰乱球虫细胞内离子浓度，达到抑虫效果。它对大多数革兰氏阳性菌有抑菌活性，对梭菌等革兰氏阳性厌氧菌也有较高的抑制作用。

盐霉素对鸡的球虫、柔嫩艾氏、毒害艾氏、巨型艾氏、堆型艾氏和哈氏球虫均有效。连续用药，不产生有耐药性的球虫株。它对氨丙啉、氯苯胍、氯羟吡啶、莫能霉素等抗球虫剂之间不存在交叉耐药性。盐霉素不影响动物增重，且改善饲料利用率。盐霉素经饲喂给药后，在消化道中被吸收的很少，主要在胃、大小肠和盲肠内容物中，12 小时后几乎排出。少量吸收到肝脏中的盐霉素也被迅速代谢，由胆汁排出。因而盐霉素在动物体内残留量很少。盐霉素随鸡粪排出，对农作物无害，对鱼类安全，对生产操作人员没有刺激，也不影响鸡粪的综合利用。

我国于 1985 年批准生产和使用盐霉素。规定每吨鸡饲料中添加 50～70 克盐霉素，停药期 5 天，产蛋期禁用。混在饲料中的盐霉素，4 个月后其效价仍无变化。目前进口数量较多的是盐霉素预混合制剂，其商品名为"优素精"，含有 10% 盐霉素钠。

c. 拉沙洛西钠。拉沙洛西钠别名拉沙里菌素钠。白色粉末，有特异嗅味。拉沙洛西钠对二价金属离子有亲和力，抗球虫效果很好。它是白色至棕色的粉末，微溶于水，可溶于大部分有机溶剂，熔点为

191～192℃（分解）。该产品在动物体内残留量少，产品性能稳定，在制备颗粒料的过程中，其含量及效价不会降低。

拉沙洛西钠由瑞士 Roche 公司在 1951 年开发。我国已批准 Roche 公司的该种产品进口，其预混剂的商品名为"球安"（AVATEC）。规定用量：每吨鸡饲料添加 75～125 克拉沙洛西钠，屠宰前 3 天停药，产蛋期禁用。

④ 四环素类抗生素类主要有金霉素和土霉素。人医临床上常用此类抗生素，人们不赞成它们在饲料中添加，否则会由于耐药性的出现而影响人医的疗效。但由于国内大量生产高质量低价格的此类抗生素，我国已于 1984 年批准饲用土霉素钙盐生产。

a. 金霉素。金霉素别名氯四环素。金霉素的抗菌作用及其范围与土霉素相近，但金霉素在消化道中吸收率低于土霉素。它有强烈的组织刺激性，为黄褐色至黄色结晶粉末。味苦，110℃以上时便分解。它对畜禽肠道疾病和慢性呼吸道疾病具有明显的防治作用，并促进生长和提高饲料利用率。每吨饲料的添加量为金霉素 50～100 克。

b. 土霉素。土霉素别名地霉素、地灵霉素、氧四环素。土霉素是 1949 年由美国开发的抗生素。它是我国生产及使用最多的抗生素。土霉素为灰白或金黄色的结晶粉末。通常以土霉素钠或钙盐生产使用，这样减少土霉素在肠胃道的吸收量，也提高土霉素的稳定性。它对革兰氏阳性菌、阴性菌、钩端螺旋体，立克氏体和大型病毒均有广泛的抗菌力，是治疗鸡、猪及小牛的呼吸道疾病及痢疾的有效药品，并促进生长，提高饲料转化率。其主要缺点是很易被胃肠道吸收，在畜禽产品中残留较多，并能产生抗药性，故目前用量越来越少。用于促生长用量：每吨鸡饲料添加 5～7.5 克，产蛋鸡禁用，屠宰前 7 天停药。

⑤ 合成抗生素及其相关药物类主要有喹乙醇、砷制剂、铜制剂、锌制剂、卡巴氧、痢特灵和磺胺药。随着化学工业的发展，合成类抗生素种类及数量均较多。应用较早的合成类如磺胺类及呋喃类抗生素，由于其易产生抗药性及副作用较明显而逐渐被新合成的抗生素所取代。这类药物目前最常用的添加剂为喹乙醇和砷制剂，其他如磺胺类药、呋喃类及氟哌酸等则主要用于治疗疾病。

a. 喹乙醇。喹乙醇别名快育灵、快大肥。喹乙醇本身毒性小，抗菌效力好，对革兰氏阴性菌（如大肠杆菌、沙门氏菌等）特别敏感，对革兰氏阳性菌的抑菌作用优于金霉素。它抑制有害菌，保护有益菌，对鸡下痢有极好的治疗效果。

喹乙醇具有促进体内蛋白同化作用，能提高饲料氮利用率，促进生长，并且增加瘦肉率。它是较好的肉猪促生长抗生素。值得注意的是：喹乙醇的安全问题至今仍在研究之中，还没有最后结论；鸡对喹乙醇很敏感，易造成中毒死亡，故在使用时应慎重。

建议添加量：鸡饲料加添加量为 10～25 克/吨。屠宰前 28 天停药，产蛋期禁用。

b. 砷制剂。有机砷制剂有氨苯胂酸（商品名：阿散酸）和硝基羟基苯胂酸（商品名：洛克沙胂），此类药物国外使用较多，主要作为幼龄猪和禽的生长促进剂。许多研究材料表明，有机砷制剂具有促进生长、改善饲料效率的特点，并对产蛋和猪毛色均有较好作用。使用较多的是对氨基苯胂酸（阿散酸）和四硝基苯胂酸（洛克沙生）。猪和鸡的对氨基苯胂酸用量为 50～100 克/吨，屠宰前 5 天停药。四硝基苯胂酸的用量减半。

由于其确实存在药物残留和环境毒性，农业部在《无公害食品-生猪饲养饲料使用规则》中，已明确将二者列为禁用品。在动物饲料中应用的有机砷虽然无急性毒性，但长期使用或过量添加会引起动物组织器官崩溃，同时抑制多种组织酶的活性，使用应谨慎。

⑥ 多糖类抗生素，这类抗生素中，国外常用的有两种：大碳霉素和黄霉素。前者已被淘汰，后者近年来在饲料中的使用率有增加的趋势。据报道，鸡饲料中添加 4～5 毫克/千克的黄霉素，不仅能提高鸡生长速度、提高产蛋率，还能提高蛋黄颜色，提高蛋品等级。我国目前尚未批准使用。

（2）抗球虫剂　球虫是种类很多的寄生性原虫。侵害家畜家禽，尤其对家禽危害大，球虫的卵囊生命力很强，消毒药、有机磷杀虫药、强碱和强氧化剂都不能杀死它。它的重量轻又易黏附，故传染性很强。球虫病是养禽业中造成损失最大的疾病之一。抗球虫剂通过抑制在宿主体内影响动物生产性能的引起临床或非临床性疾病的病原微生物或寄生虫的生长，防止感染性疾病的发生，改善肠道对营养物质的吸收功能，节约营养物质，相对降低机体对营养的需要量。

目前，控制球虫病有效的办法是，在饲料中添加球虫药进行早期预防。由于在抗球虫药剂上存在着耐药虫株问题，所以不可长期使用一种抗虫药，必须交替轮换使用，才能达到良好的防治效果。为了有效地控制球虫病的发生，实践证明下列使用方法值得采用。

一是轮换式（rotation）用药，一种抗球虫药连续用一段时间后，改换用另一种抗球虫药；二是穿梭式（shuttle）用药，在肉鸡或蛋鸡的不同生长发育阶段，分别使用不同的抗球虫药；三是在抗球虫药的用量上，前期用量少于后期用药量，预防量不能任意加大剂量，否则效果不佳。

常用的抗球虫药有莫能菌素（90～110 克/吨）、盐霉素（40～60克/吨）、盐酸氯苯胍（30～60 克/吨）、氯羟吡啶（125 克/吨）、马杜拉霉素（5 克/吨）等。通常用 2～3 种作用机理不同的抗球虫药交替使用。产蛋期均禁止使用。

随着人们对球虫病的认识和重视，在家禽预混料中通常考虑添加一定量的抗球虫药，但生产者很少或没有注明使用抗球虫药的种类和用量，采用 1％预混料生产配合饲料的厂家更不重视此类问题。这样易给养禽者在控制球虫病方面带来一定的盲目性。经验表明，饲料生产者和养殖者应根据不同的饲养管理条件使用合适的抗球虫药，有利于提高生产效益。

（3）合成抗菌药　这类药也存在药物残留和抗药性的问题，为此许多国家已经禁止或限制其作为饲料添加剂使用。常用的有喹乙醇和砷制剂。

①喹乙醇。喹乙醇是广谱抑菌剂，对蛋鸡有促进生长和提高饲料报酬的作用。本品与其他化学合成药物无交叉耐药性，在动物体内吸收与排泄都十分容易，几乎无残留现象。作为饲料添加剂具有稳定性高、配伍性好且毒性低等优点。喹乙醇为浅黄色结晶状粉状，其质量标准规定纯度应在 98％以上，重金属含量≤20 毫克/千克，砷含量≤1 毫克/千克，氧化物占有量≤0.05％。每吨蛋鸡饲料中添加10～25 千克，产蛋鸡不宜使用。

②砷制剂。微量砷对机体造血功能和生长发育具有一定的促进

作用，能促进细胞生长和繁殖，同时可以防治畜禽的某些疾病。可提高蛋鸡的增重速度，改进饲料利用率。促进生长鸡的色素形成，并可增加种鸡和蛋鸡的产蛋率。目前广泛使用的饲料添加剂是对氨基苯胂酸（阿散酸）和硝基羟基苯胂酸（洛克沙胂）。需要注意的是，砷不是动物的必需微量元素，元素砷本身无毒，但砷的化合物有毒，其中毒性最强的是俗称砒霜的三氧化二砷，砷对人的危害非常大，可导致各种病变（如癌变）。

（4）酶制剂　饲用酶制剂作为一种饲料添加剂能有效地提高饲料的利用率、促进动物生长和防治动物疾病的发生，可明显提高动物对饲料养分的利用率，大大降低有机质、氮、磷等物质的排泄量，减少对环境的污染。与抗生素和激素类物质相比，酶制剂对动物无任何毒副作用，不影响动物产品的品质，被称为"天然"或"绿色"饲料添加剂，具有卓越的安全性。因此，引起了全球范围内饲料行业的高度重视。

常用的酶制剂有胃蛋白酶、胰蛋白酶、菠萝蛋白酶、支链淀粉酶、淀粉酶、纤维素分解酶、胰酶、乳糖分解酶、葡萄糖酶、脂肪酶和植酸酶等。

（5）抗氧化剂、防霉剂等　抗氧化剂、防霉剂属于品质保证剂。在高温环境中，配合饲料中的维生素及不饱和脂肪酸容易与空气中的氧气作用失去活性或变质，抗氧化剂可以保护维生素及不饱和脂肪酸不被氧化。在潮湿季节或饲料中水分含量较高时，为了防止饲料发霉变质，可加入防霉剂。常用的防霉剂有丙酸钙（露保细盐）、柠檬酸及柠檬酸盐、苯甲酸及苯甲酸盐等。如果生产的饲料在很短时间内即被使用，通常不必加入品质保证剂。

① 抗氧化剂。饲料中的油脂或饲料中所含有的脂溶性维生素、胡萝卜素及类胡萝卜素等物质易被空气中的氧氧化、破坏，使饲料营养价值下降、适口性变差，甚至导致饲料酸败变质，所形成的过氧化物对动物还有毒害作用。为了防止或延缓饲料中某些活性成分发生氧化变质常在饲料中添加抗氧化剂。主要用于含有高脂肪的饲料，以防止脂肪氧化酸败变质，也常用于含维生素的预混料中，它可防止维生素的氧化失效。

可作为饲料抗氧化剂的物质很多，如 L-抗坏血酸、丁羟甲苯

（BHT）、丁羟甲氧苯（BHA）、生育酚、没食子酸丙酯（或辛酯、十二酯）、乙氧基喹啉等及其他用于食品的抗氧化剂。由于价格等原因用于饲料的抗氧化剂主要是乙氧基喹啉，目前应用最广泛，国外大量用于原料鱼粉中，其次是丁羟甲苯、丁羟甲氧苯，其他的在饲料中应用不多。此外，柠檬酸、酒石酸、苹果酸、磷酸等本身虽无抗氧化作用，但对金属离子有封闭作用，使金属离子不能起催化作用，与抗氧化剂并用可增进抗氧化剂作用效果。同时，两种抗氧化剂合用，则有相加作用。

②防霉剂。防霉剂是能杀灭或抑制霉菌和腐败菌代谢及生长的物质，防止因高温、潮湿等引起饲料原料或成品，特别是营养浓度高、易吸湿的原料霉变。

可作为防霉剂的物质很多，主要是有机酸及其盐类。目前应用于饲料中的防霉剂有丙酸及其盐类、苯甲酸及苯甲酸钠、山梨酸及其盐类、去水乙酸钠、富马酸及富马酸二甲酯、醋酸、硝酸、亚硝酸、二氧化硫及亚硫酸的盐类等。由于苯甲酸存在叠加性中毒，有些国家和地区已禁用。丙酸及其盐是公认的经济而有效的防霉剂。防霉剂发展的趋势是由单一型转向复合型，如复合型丙酸盐的防霉效果优于单一型丙酸钙。

（6）活菌制剂　又名生菌剂，微生态制剂。即动物食入后，能在消化道中生长、发育或繁殖，并起有益作用的活体微生物饲料添加剂。它是近十多年来为替代抗生素饲料添加剂开发的一类具有防治消化道疾病，降低幼畜死亡率，提高饲料效率，促进动物生长等作用，安全性好的饲料添加剂。常用的活菌制剂有乳酸菌、双歧杆菌、芽孢杆菌。

益生菌：世界著名生物学家、日本琉球大学比嘉照夫教授将光合菌群、酵母菌群、放线菌群、丝状菌群、乳酸菌群等80余种有益微生物巧妙地组合在一起，让它们共生共荣，协调发展。人们统称这种多种有益微生物为益生菌。它的结构虽然复杂，但性能稳定，在农业、林业、畜牧业、水产、环保等领域应用后，效果良好。有益菌兑水加入饲料中直接饲喂牲畜、家禽等动物，能增强动物的抗病力，并有辅助治疗疾病的作用。用有益菌发酵饲料时，通过有益微生物的生长繁殖，可使木质素、纤维素转化成糖类、氨基酸及微量元素等营养物质，可被动物吸收利用。有益菌的大量繁殖又可消灭沙门氏菌等有害微生物。

目前，生产益生菌的厂家很多，要选购大型厂家生产的有批号的产品。这种产品有固体的，有液体的，以液体为好。

（7）黏结剂 为使颗粒饲料成型和保证一定的颗粒硬度以及增加饲料耐久性、稳定性，减少加工过程中的粉尘和活性微量组分在加工、储存过程中的损失而添加于饲料中的制剂。

可作为黏结剂的物质很多，凡无毒、无不良气味，具有较强黏结作用，来源广，成本低的天然物质和化学合成或半合成物质都可用作黏结剂。它们主要是些高分子有机物，如糖类、动植物蛋白类等天然高分子有机物和含羧甲基、羟基、羧基等基团的化学合成或半合成高分子物质。这些高分子化合物通过这些基团，依靠氢键及离子电性作用与饲料基料产生较强的结合力。此外，有些天然矿物粉也可作为黏结剂。各国、各地区一般根据具体情况和资源，选择不同的物质作为黏结剂。

（8）防结块剂 在饲料添加剂的生产和配合饲料的加工过程中，对一些易吸湿结块或黏滞性强、流动性差的原料，需添加少量流动性好的物质，以改善其流动性，防止结块。这些流动性好的物质被称为防结块剂（anti-caking agent）。除防止结块外，饲料中添加防结块剂还可防止配料仓中结拱，有利于配料的准确性和饲料的混合均匀。

应用较普遍的防结块剂有二氧化硅及硅酸盐，如硅酸钙、硅酸铝钙、硅酸镁、硅酸铝钠、硅酸三钙等和一些天然矿物，如膨润土及其钠盐、球土、高岭土、硅藻土、某些黏土等，此外，常用的还有硬脂酸钙、硬脂酸钾、硬脂酸钠等。其中二氧化硅价低，最为常用。各种抗结块剂在配合饲料中一般不超过2%。

（9）吸附剂 蛭石、氢化黑云母、凹凸棒等一些多孔结构的天然矿物粉容重小，是很好的液体物质的吸附剂，多用于将液体添加剂生产为粉剂时。除作为吸附剂外，这些物质在饲料中还有一定的防结块、除臭、吸附某些毒素和病菌、减少幼龄动物下痢等作用。吸附剂的添加量一般不超过成品饲料的2%。此外，玉米芯粉、稻壳粉、麸皮、大豆皮粉等粗纤维含量高，表面积大且有突脊的有机物质也是常

用的液体吸附剂。吸附剂也是很好的粉状物质载体。作为吸附剂不宜粉碎过细以免破坏孔状结构，粒度一般为 40～60 目较好。

（10）着色剂　着色剂可以增加畜产品的外观品质，从而提高其商业价值。在蛋鸡饲料中添加着色剂，目前作为着色剂的为天然色素，常用的有叶黄素和胡萝卜素醇。通常蛋鸡饲料中的添加量为 1227 毫克/千克。

三、肉鸡对饲料的要求

肉鸡同其他家禽一样，其消化器官和消化代谢过程有独自的特点，因为肉鸡的快速生长和饲料转化率高，因而对饲料也有特殊要求，主要有以下几点。

1. 鸡有特殊的消化特性

鸡有特殊的排泄器官——泄殖腔。鸡没有牙齿，在颈食道和胸食道之间有一暂存食物的嗉囊；再下有腺胃和肌胃。肌胃内层是坚韧的筋膜。采食饲料主要依靠肌胃蠕动磨碎食物。因此在鸡饲料中要加入适当大小的石粒，以帮助消化食物。

2. 不适合喂大量的粗饲料

鸡的消化道很短，不能储存足够的食物，而且肉鸡的生长速度特别快，需要的营养物质也高，肉用鸡胃肠道中没有分解、利用粗纤维的微生物，对粗纤维含量高的饲料不易消化，不但影响肉用鸡的生长速度，也影响饲养肉鸡的经济效益。因此，在给肉用鸡配合日粮时，粗纤维的含量不得超过 3％～5％。另外，肉用鸡日粮中粗纤维的含量也不能过低，过低可能引起消化道生理机能障碍，使肉用鸡的抵抗力下降导致某些疾病的发生。所以要控制肉用鸡日粮中粗纤维的含量。

3. 饲料需要添加氨基酸

鸡消化道短，食物通过消化道的时间短，有些氨基酸在鸡体内不能合成，大多依靠饲料供给，所以鸡所需的必需氨基酸种类多。在配制饲料时一定要满足鸡对各种必需氨基酸的需要。

4. 鸡粪中含有丰富的营养物质

由于鸡的生理特性，其消化道很短，食物在消化道停留时间短，饲料中大部分营养物质未被吸收就排出体外。据报道，鸡粪中粗蛋白含量高达干物质的 $25\%\sim28\%$，且其氨基酸含量高、种类齐全，并含有丰富的矿物质和微量元素。

5. 肉鸡对饲料粒度大小的要求

研究指出，肉鸡日粮中谷物粉碎的几何平均粒度为 $0.7\sim0.9$ 毫米时具有最好的增重效果和饲喂转化率，粒度过大会出现不利影响。研究表明，与几何平均粒度 0.9 毫米的粒度相比，当粒度在 $1.47\sim1.75$ 毫米时肉鸡的体重及饲料转化率下降。按研究结果，肉鸡前期和中后期的粉碎机筛孔径约为 1.6 毫米和 2.2 毫米。国内有关资料要求：小鸡的饲料粒度为 1 毫米以下，中鸡为 2 毫米以下。综合上述资料，建议肉鸡饲料的粉碎粒度以 $0.8\sim1.1$ 毫米为宜。

6. 肉鸡对饲料的要求高

由于肉鸡的快速生长，肉鸡对饲料的营养浓度（每千克各种营养的含量）及营养之间的平衡性要求更高。肉鸡配合饲料营养成分与其他畜禽配合料相比，主要特点是"两高"，即"高能量，高蛋白质"。

7. 肉鸡的嗅觉和味觉

肉鸡的嗅觉和味觉没有哺乳动物发达，但喙端内有丰富而敏感的物理感受器。

8. 雏鸡的消化能力差

雏鸡的消化器官发育不全，嗉囊和肌胃容积小，储存食物有限，要少喂勤喂，用优质饲料。

四、肉鸡饲料应具备的特点

1. 满足营养需要

根据所饲养的品种确定相适应的饲养标准，快大型白羽肉鸡、优质肉鸡还是肉杂鸡，是舍饲还是放养，肉用仔鸡因品种不同，对营养需求也不会相同。养殖的方式不同，对营养需求也不同。要按照饲养标准配制日粮以满足其营养需要，并注意日粮中能量与蛋白质的比例及氨基酸平衡。因为肉鸡通常采取自由采食的饲养方式，日粮能量水

平在一定程度上决定了鸡的采食量。配合饲料蛋白质总量和氨基酸平衡是配方设计的重点。0～4周龄以前仔鸡为生长前期。这期间仔鸡消化道容积小，消化液分泌不足，饲料利用率不高，易产生营养缺乏症。因此，需要喂给高能量、高蛋白且易消化吸收及各种维生素、微量元素营养全面的饲料，才能满足雏鸡生长发育的需要，达到一定的成活率和预期的增重。4周龄到出栏为生长后期，又称肥育期。这时期不但长肉，同时在体内蓄积一部分脂肪，饲料中要求代谢能要高于前期，而粗蛋白质含量略低于前期。

2. 安全合法

把安全性放在首位，第一要考虑到配合饲料的安全性，没有安全性作前提，就谈不上配合饲料的营养性和科学性。饲料符合国家法律法规及条例的规定，严禁使用发霉、污染和含有毒素的原料，严禁使用违禁药物及激素类药物。地面平养肉仔鸡要重视预混合饲料中抗球虫剂如磷酸氨丙啉、尼卡巴嗪、盐霉素钠、莫能霉素钠、拉沙洛西钠等的使用，要弄清它们的特性、安全用量范围、配伍禁忌和协同作用，并要轮换用药以免长期使用某种抗生素而产生耐药性。卫生条件欠佳时，要考虑应用控制肠道感染性疾病的添加剂。在出售前1～2周，要严格控制抗生素等药物的添加，避免药物残留，以降低饲料成本。适当增加维生素 A、维生素 E、维生素 C、生物素及维生素 B_{12} 等的用量。注意饲养环境与饲养管理措施对肉鸡营养与健康的影响。通过提高氨基酸的平衡性、添加酶制剂等，可降低日粮粗蛋白质水平，减少肉鸡氮的排泄，提高鸡舍空气质量，可降低腹水症的发生率。

3. 质优价低

经济效益是配合饲料最终的目的。饲料要求营养价值较高而价格低廉。饲料占养肉鸡成本的70%左右，可见饲料是养肉鸡的主要支出，在满足营养需要的前提下，降低饲料成本，养肉鸡才有利润。尽可能选用当地来源广、价格低的原料。利用几种价格便宜的原料进行合理搭配，以代替价格高的原料。如用价格相对较低的棉籽粕代替豆粕，生产实践中常用禾本科籽实与饼类饲料搭配，饼类饲料与动物性蛋白质饲料搭配等也能收到较好的效果。

4. 消化性高

粗纤维是影响适口性、消化吸收、饲料转化的重要因素，所以应控制粗纤维含量，多选择粗纤维含量低、易消化的饲料。一般肉鸡粗纤维含量不超过 3%～5%。

5. 体积适当

通常情况下，配合饲料的体积要与家禽消化道的容积相适，若饲料的体积过大，则能量浓度降低，不仅会导致消化道负担过重，而且影响肉鸡对饲料的消化，能量及营养物质得不到满足。反之，饲料的体积过小，即使能满足养分的需要，但肉鸡达不到饱感而不能快速生长，影响肉鸡的生产性能或饲料利用效率。消化道容积由于品种、年龄、体重、生产情况不同而差异很大。

6. 适口性好

适口性影响肉鸡对饲料的摄入量，要让肉鸡能采食足够的饲料，应选择适口性好、无异味的饲料，限制适口性差的饲料的用量。对味差的饲料也可适当搭配适口性好的饲料或加入调味剂以提高其适口性，或者制成颗粒饲料等，促使采食量增加。

五、肉鸡常用配合饲料的种类及适用对象

配合饲料是根据肉鸡饲养标准，将能量饲料、蛋白质饲料、矿物质饲料、维生素饲料、饲料添加剂等按一定添加比例和规定的加工工艺配制成的均匀一致，满足肉鸡不同生长阶段和生产水平需要的饲料产品。

配合饲料按照营养成分和用途、饲料物理性状、饲喂对象等分成很多的种类。

1. 按营养成分和用途分类

（1）预混料 预混料又称添加剂预混料，是指以两种（类）或者两种（类）以上营养性饲料添加剂为主，与载体或者稀释剂按照一定比例经充分混合配制而成的饲料。不经稀释不得直接饲喂。包括复合预混合饲料、微量元素预混合饲料、维生素预混合饲料。预混料既可供肉鸡生产者用来配制肉鸡的饲粮，又可供饲料厂生产浓缩料和全价

配合饲料。用预混料配合后的全价饲料受能量饲料和蛋白质饲料原料成分、粉碎加工的颗粒度和搅拌的均匀度等影响较大，但成本较低，根据在配合中所用的比例可分为0.5%、1%、5%预混合饲料。适合本地玉米来源好，但缺乏饼粕的或者自配制饲料有困难的养鸡场使用。

预混料＝氨基酸＋维生素＋矿物质＋药物＋其他

（2）浓缩饲料　浓缩饲料又称蛋白质补充料或基础混合料，是由添加剂预混料、常量矿物质饲料和蛋白质饲料按一定的比例混合配制而成的饲料。肉鸡场（户）用浓缩料加入一定比例的能量饲料（如玉米或小麦）即可配制成直接喂肉鸡的全价配合饲料。一般在配合饲料中添加量为40%左右。配合成全价饲料的成本较低，特别适合在有广泛谷物饲料来源的地区使用。

浓缩饲料＝预混料＋蛋白质饲料

（3）全价配合饲料　全价配合饲料是指根据养殖肉鸡的营养需要，将多种饲料原料和饲料添加剂按照一定比例配制的饲料。浓缩饲料加上一定比例的能量饲料，即可配制成全价配合饲料。它含有肉鸡需要的各种养分，不需要添加任何饲料或添加剂，可直接用来喂肉鸡。适用于规模化养殖场（户），质量有保证，但成本相对较高。

全价配合饲料＝浓缩饲料＋能量饲料
＝预混料＋蛋白质饲料＋能量饲料

2. 按饲料物理性状分类

按成品的物理性状区分。一是粉状饲料。根据配合要求，将各种饲料按比例混合后粉碎，或各自粉碎后再混合。二是颗粒饲料。粉状饲料经颗粒机加工成一定大小的颗粒，有利于喂料机械化。

3. 按饲喂对象分类

商品肉鸡通常采用三种料型。初期料，又称开食料或育雏料；中期料，又称育成料或中鸡料；后期料，又称宰前料或大鸡料。初期料按饲养日、饲养目的不同又分为低能量初期料（适合出栏体重1.8千克以上鸡只饲喂）、普通初期料（适用于出栏体重1.8千克以下鸡只饲喂）。这三种料型的更换因不同饲养日龄、不同饲养目的而不同，具体实施时还要考虑鸡只体重情况、饲养品种、气候条件等做出相应调整。

六、肉鸡饲料配制需要注意的问题

配制饲料需要注意以下几个方面的问题。

1. 饲料配方

要配制饲料，就要知道饲养标准，饲养标准中规定了肉鸡在一定条件（生长阶段、生理状况、生产水平等）下对各种营养物质的需要量。肉鸡的饲养标准很多，不但有各国的饲养标准，一些育种公司也提出了某些品种的饲养标准。在进行配方设计时，不能生搬硬套，要根据肉鸡的品种、饲养条件、对肉鸡产品的质量要求等因素灵活掌握，根据饲养的效果进行必要的调整。

配制饲料还要考虑原料的成分和营养价值，可参照最新的《中国饲料成分及营养价值表》，而原料成分并非固定不变，要充分考虑原料成分可因收获年度、季节、成熟期、加工、产地、品种、储藏等不同而不同。原则上要采集每批原料的主要营养成分数据，掌握常用饲料的成分及营养价值的准确数据，还要知道当地可利用的饲料及饲料副产物、饲料的利用率。

2. 原料采购的质量

要选用新鲜原料，严禁用发霉变质的饲料原料；要注意鉴别饲料原料的真假，禁用掺杂使假、品质不稳定的原料；慎用含有毒素和有害物质的原料，如棉饼含有棉酚，要严格控制用量，用量不要超过日粮的 5%；生豆粕含抗胰蛋白合成酶，必须进行蒸熟处理，否则不仅影响其营养，对鸡还可能致病致死。

饲料原料的成分和营养价值每批原料、每个地区所产的原料都不同，必须具备完善的检验手段。采购时每进一种原料都要经过肉眼和化验室的严格化验，每个指标均合格才能进厂使用。很多肉鸡场都有这样的经历：用同一预混料，肉鸡养得时好时坏，多数人都怀疑预混料不稳定，其实原因很大程度是出在所选的原料上。

这里特别说一下原料造假的问题，造假者不断寻找和钻标准或检测方法的空子，造假的技术水平不断更新，有的原料供应商在销售的时候甚至能够针对采购方的检验方法提供经过造假的原料，以保证通过检验。如采购方用测真蛋白的方法防范鱼粉掺假，造假者便开始加脲醛缩合物使测真蛋白失效。用雷氏盐测定氯化胆碱含量时，造假者便加三甲胺和乌洛托品；假甜菜碱更是把各种手段都用上。在肌醇中加入甘露醇、葡萄糖；硫酸锌中加硫酸亚铁和含氧化剂。而一般的养户大部分都是凭感观或批发商提供的指标去进货，并无准确的化验数据和检验手段。只有检测手段完善的大型饲料厂可以应对这些假货，小的饲料厂或普通养殖场很难保证买到的不是假货。

选择原料要注意因地、因时制宜，充分利用当地来源有保障、价格便宜、营养价值高的饲料，尽量节省运杂费，降低饲料成本。

3. 原料价格

饲料厂采购大宗原料如玉米、豆粕等都是几百、几千吨的量，而一般自配料户的采购量都是几吨、十几吨地进货，价格方面应该会比饲料厂要贵。肉鸡场如果自己配制饲料，可以通过养肉鸡协会或养肉鸡合作社等组织集体采购，也可以给大型饲料厂适当的费用从饲料厂购买部分原料。

4. 饲料加工工艺

饲料加工方法和加工过程（或工艺过程）是决定饲料质量和饲料加工成本的主要因素。选定加工方法以后，工艺过程则是饲料营养价值和成本的决定因素。

现代配合饲料或饲料加工工业除了考虑尽量选用能耗低、效率高的设备以外，为保证饲料的宜适营养质量，工艺过程也是要重点考虑的对象之一。必须随时吸收动物营养、饲养研究成果，不断改进不同饲料用于不同动物的适宜加工工艺。大至加工工艺各个环节，小至具体饲料加工程度，不同动物的不同要求都必须认真考虑。例如玉米、豆粕等许多原料要粉碎，其粒度一般在 1.5～2 毫米为宜。

加工工艺过程中，提高微量养分在全价饲料中的混合均匀度也是一个至关重要的问题。只考虑混合时间（立式机 15～20 分钟，卧式7～10 分钟），不一定混合得均匀。还必须考虑要混合的饲料特性，实行逐级预混原则，凡是在成品中的用量少于 1% 的原料，均首先进行预混合处理。如预混料中的硒就必须先预混，否则混合不均匀就可能会造成动物生产性能不良，整齐度差，饲料转化率低，甚至造成动物死亡。还要懂得饲料进入混合机的顺序。例如，微量元素添加剂量少、密度大，不宜最先加进混合机内。

5. 不宜盲目添加多维素及药物

有的养鸡场（户）在使用浓缩料的同时，在料中任意添加各种多维素，有的为了预防禽病，在料中任意添加各种药品。其实，浓缩料中的多维素已经满足肉鸡的生长需求，任意添加多维素，反而容易造成多维素的失衡。因为浓缩料中含有广谱、高效的药物，所以在使用浓缩料的过程中，不要任意添加药物，防止药物中毒。

6. 多种浓缩料不宜同时使用

当鸡使用浓缩料时，不要将不同品牌或不同鸡生长期的浓缩料同时拌料。否则，会造成浓缩料的各种指标达不到肉鸡的需求，浓缩料里的成分也不一样，特别是药物添加不一样，后果非常严重。

7. 浓缩料混合后存放时间不宜过长

有的养鸡户将浓缩料混合后，供肉鸡采食长达 10 天左右。由于浓缩含有许多维生素，时间过长特别是在阳光下容易分解变质，容易造成鸡群发生维生素缺乏症。因此，一次混合饲料的量，供鸡采食不宜超过 7 天，天热不宜超过 3 天。

七、采购配合饲料应注意的问题

生产饲料的厂家很多，如何从众多的饲料厂家选择自己所需的核心产品，可以从 3 个方面考察。

1. 到饲料生产企业现场考察

（1）一看工厂的规模　看其是否有雄厚的经济实力，良好的企业管理、生产设施和生产环境。企业部门的设置，企业的各个职能部门是否设置齐全，这是企业是否正规的一个指标，尤其是质检、采购、配方师等。一个完整的队伍，是完成任务的保证。小饲料厂往往没有这些部门，所有的工作都由老板自己承担，既要管原料的采购，又要管配方，还要管生产加工和销售，一个人的精力毕竟有限，顾此失彼，不可能全部照顾得到。还有的饲料厂临时外请技术人员负责配方

或购买别人的现成配方，不能够根据客户反馈适时调整配方，原料改变了，但为了节省购买配方的钱也不能够及时调整配方，这些情况下，饲料的质量很难保证。

（2）二看生产原料　原料的好坏直接影响饲料成品的好坏，看生产原料要到仓库实际查看，不能听信厂家的介绍，因为原料的价格、含量、成分、产地等等差别很大，厂家往往都会说他们使用的是进口蒸汽鱼粉，维生素是包被的，豆粕是高蛋白的等等，只要到仓库一看便知，即使对原料不是十分懂，但可以从实物上看，是否有产品质量检验合格证和产品质量标准；是否有产品批准文号、生产许可证号、产品执行标准以及标签认可号；标签应以中文或适用符号标明产品名称、原料组成、产品成分分析、净重、生产日期、保质期、厂名、厂址、产品标准代号、使用方法和注意事项；进口饲料添加剂应有国务院农业行政主管部门登记的进口登记许可证号，有效期为5年，产品必须用中文标明原产国名和地区名。不明白的可以抄录或拍照回去查资料了解。而没有合格证和质量标准的，没有标签或标签不完整的，没有中文标识的，应为不合格产品。

（3）三看原料和成品的保管　主要看仓储设施。主要原料如玉米是否有大型的仓库或者储料塔。看其他原料的质量主要看储存的条件和生产厂家。原料储存和供应是否充足，质量是否可靠。大型饲料企业每天的生产量都在几百吨甚至上千吨以上，如果原料供应不上，原料现进现加工，很难保证饲料的稳定供应，不能因为原料供应不及时而时断时续。储存条件要好，没有露天风吹日晒、虫害、鼠害、鸟害等，原料要保证卫生和不发霉变质。

（4）四看生产设备　好的生产设备是生产合格产品的保证。而简陋的设备不可能生产出质量稳定的产品，时好时坏，加工不好的饲料会导致粒度变化、成分混合不充分、肉鸡挑食、饲料利用率降低、生产性能下降，极端情况下，会引起严重的健康问题。

2. 到饲料用户咨询

金杯银杯不如百姓的口碑，到附近的养肉鸡场走访了解，走访的养肉鸡场既要多去养殖比较好的肉鸡场，也要去养的不好的肉鸡场了解，看人家长期使用什么牌子的饲料，多走访几家，从市场反馈情况来看哪个厂家的饲料质量稳定，上市时间长，饲料销售的地区覆盖面大。一般生产饲料的时间早，在市场上反应好的饲料是较好的饲料。有的饲料厂在创立初期或新品种刚上市时，用好的原料生产，以占领市场，一旦用户反馈好，销量上来以后，就偷工减料，用一些质量差、廉价的原料替代质优价格贵的原料，因为用户不会马上使用就出现问题，这样一段时间后，等用户又反馈说饲料有问题时，他们一方面派技术人员去找肉鸡场在管理方面的毛病，让肉鸡场相信是自己饲养管理方面的问题，而不是饲料的质量问题（因为没有几个肉鸡场能做到完全的科学管理，都或多或少地在饲养管理上存在问题），一面又改用好的原料生产，这样时好时坏的生产。坚决不与这样的奸商合作。

还要了解是否有高素质的专家作技术保障，是否有技术信誉；售后是否周到、及时、完善，技术服务能力能否为用户解决生产中遇到的疑难，如根据每个肉鸡场的具体情况，设计可行的饲料配方；指导养殖场防疫、饲养管理；诊断肉鸡的疾病，介绍市场与原料信息等。小的饲料厂家往往舍不得花钱聘请专业的售后技术服务人员，肉鸡场出现饲料质量或肉鸡发生疾病问题能应付就应付，实在应付不了就临时到外面请一位技术员去看一下，根本没有长期打算，只要能卖出饲料什么都不管。

3. 通过实际饲喂检验

百闻不如一见，实践是检验真理的唯一标准。通过小规模的对比试喂一段时间，看适口性、增重、粪便、发病率高低等，也可以检验一个饲料的好坏，为决策作参考。比如评价肉鸡料一般看使用后肉鸡采食量、生长速度是否持续增加，是否发生腹泻。

第六章

实行精细化饲养管理

以鸡为本就是按照鸡的生物学特性、生理特点及福利要求，为鸡创造适合其维持、生长及繁育的最佳条件，满足鸡的营养需要，保证鸡体健康和尽最大可能地发挥蛋鸡的生产潜能，从而让所饲养的蛋鸡为我们创造财富。

精细化管理就是注重饲养管理的每一个细节，将管理责任具体化、明确化，并落实管理责任，使每一位养殖参与者都有明确的职责和工作目标，尽职尽责地把工作做到位，生产中发现问题及时纠正，及时处理，每天都要对当天的情况进行检查，做到日清日结等等。

一、规模化养鸡场必须实行精细化管理

规模化养鸡场，在鸡场的日常管理的过程中，一定要针对本场肉鸡的品种、健康状况、饲养条件，以及饲养管理人员的技术水平和能力等实际情况，制订和完善生产管理制度，调动养殖参与者的生产积极性，做到从场长到饲养员达到最佳的执行力，形成自己的管理特色。为了做到精细化管理，要从以下四个方面入手。

1. 制订科学合理的生产管理制度

科学合理的生产管理制度是实现精细化管理的保障，规模化养鸡场要想做大做强，必须有与之相适应的、完善的生产管理制度。鸡场的日常管理工作要制度化，做到让制度管人，而不是人管人。将鸡场的生产环节和人员分工细化，通过制度明确每名员工干什么、怎么干、干到什么程度。这些生产管理制度包括工作计划安排、人员管理

制度、物资管理制度、饲养管理技术操作规程、鸡病防治操作规程等。

工作计划安排包括全场（年、月、周、日）工作计划安排、各类人员（月、周、日）工作计划安排、物资供应计划等；人员管理制度包括员工守则及奖罚条例、员工休假请假考勤制度、场长岗位职责、技术员岗位职责、人工授精员岗位职责、防疫员岗位职责、兽医岗位职责、饲养员岗位职责、会计出纳电脑员岗位职责、水电维修工岗位职责、机动车司机岗位职责、保安员门卫岗位职责、仓库管理员岗位职责等；物资管理制度包括饲料（采购、保管、加工、出入库等）制度、兽药疫苗（采购、保管）制度、工具领用制度等；饲养管理技术操作规程包括肉鸡舍操作规程、人工授精操作规程等；鸡病防治操作规程包括兽医临床技术操作规程、卫生防疫制度、免疫程序、驱虫程序、消毒制度、预防用药及保健程序等。

【例1】技术人员岗位职责（仅供参考）。

① 认真贯彻落实中华人民共和国《畜牧法》、《动物防疫法》、《兽药管理条例》和《饲料和饲料添加剂管理条例》等法律、法规。

② 拟定全场的防疫、消毒、检疫、驱虫工作计划，并参与组织实施。定期向场长汇报。

③ 加强饲养管理、生产性能及生理健康监测。

④ 开展主要传染病的免疫监测工作。

⑤ 定期检查饮水卫生及饲料的加工、储运是否符合卫生防疫工作。

⑥ 定期检查圈舍、用具、隔离舍、粪尿处理和环境卫生及消毒工作。

⑦ 负责防疫、疾病诊治、淘汰、死鸡剖检及其无害化处理。

⑧ 负责推广标准化生产技术，有条件的可结合生产实际进行必要的科研工作。

⑨ 负责建立和登记生产、繁殖、投入品领用、疫苗领用、保管、免疫注射、消毒、检疫、抗体监测、疾病治疗、淘汰、剖检等各种业务档案。

【例2】饲养员岗位职责（仅供参考）。

① 严格执行场部规定的饲养管理操作规程。按规定的喂料次数、

喂料量、喂料时间进行饲喂，注重喂料效果、减少喂料应激和饲料浪费。

②每日必须对鸡舍内外清扫2次，始终保持舍内环境清洁卫生，做到门窗清洁，鸡舍顶棚无灰尘、蜘蛛网等，卫生分担区整洁舒适。

③饲养员要经常观察鸡群，及时掌握鸡群不同阶段的饮食情况，发现问题及时汇报。

④服从本场管理人员、技术人员的工作安排，协助技术员做好消毒、免疫接种、预防治疗等方面的工作。

⑤严禁串舍和进入其他畜禽养殖场。出场区不得穿工作服，从场外回场后，必须更换场内工作服并经过严格消毒后方可进入生产区。

⑥饲养员有特殊事情，一律向管理人员请假。如未经同意，作旷工处理。

【例3】肉鸡饲养基本流程以及饲养要点。

①进雏前准备工作流程及工作要点

进雏前9日——清洗鸡舍和鸡舍饲养设备。将能搬出的器具都搬到舍外清洗消毒，如料桶、饮水器、塑料网、火炉、水桶等。

进雏前8日——安装和检修饲养设备。包括料桶、开食盘、饮水器、塑料网、护网、温度计、湿度计、火炉、工作服、水桶、饲养设备、照明、供暖、通风设备等，保证正常运行。

进雏前7日——用消毒液从上至下对整个鸡舍和器具进行喷洒消毒。

进雏前6日——熏蒸消毒。检查门窗通风口有无漏气后再用强力烟熏王熏蒸。

进雏前5日——熏蒸24小时后打开门窗通气口和排气扇充分换气。人员进入净化的区域必须消毒、更换干净的衣服和鞋，舍门口设消毒池。

进雏前4日——关闭门窗，准备和检查进雏前的一切准备工作，包括保温措施、饲料、药品、疫苗、煤等。

进雏前3日——育雏室设置和预温。冬春季节鸡舍开始预热升温，注意检查炉子是否能正常使用，有无漏烟、倒烟现象，有无火灾隐患。炎热夏季检查降温控温设施。

进雏前 2 日——使舍温和育雏区温度达到要求，育雏温度一般 35℃，相对湿度 65％～75％，准备好记录表格及其他工具，准备好雏鸡料、育雏开口用生物兽药、疫苗、疫苗滴管和免疫人员。

② 进雏后工作流程及饲养工作要点

进雏当天——进雏当天的主要工作是开饮和开食。

在进雏前 2 小时将饮水器装满 20℃ 左右的温开水，水中可加 5％ 的葡萄糖、适量电解多维，对运输距离较远或存放时间太长的雏鸡，饮水中还需要加入适量的补液盐。

雏鸡饮水 2～3 小时后，将饲料撒在垫纸上少给勤添，每 2 小时喂一次料。每一次喂料以每只鸡 20 分钟吃完 0.5 克为度，日参考采食量 10 克/只，以后逐渐增加。

1～5 天育雏密度每平方米 35～40 只。温度要求在 35℃，相对湿度 70％，以利于蛋黄的吸收。实行 24 小时光照制度，昼夜有人值班。

2 日龄——注意观察雏鸡的动态、采食情况，注意舍内的温度、通风状况、湿度和温度，24 小时光照。其中温度 35℃，相对湿度 65％～75％，饮水器每天清洗 3 次以上，饲料少给勤添，日参考采食量 14 克/只，喂料时注意拣出没学会饮水采食的雏鸡，放在适宜的环境中设法调教，挑出弱雏、病雏及时淘汰。

3 日龄——日参考采食量 18 克/只；逐步降低温度，调整温度至 34℃，相对湿度 65％～70％；注意清粪要及时，观察粪便状况，粪便在报纸上的水圈过大是雏鸡受凉的标志。发现雏鸡有腹泻时，应该立即从环境控制、卫生管理和用药上采取相应措施。

4 日龄——做好填写好工作记录。

5 日龄——日参考采食量 26 克/只；逐步降低温度，调整温度为 33℃，相对湿度 65％～70％。注意观察鸡群的采食、饮水、呼吸及粪便状况。撤走小饮水器，换成旋转自动饮水器。

6 日龄——日参考采食量 29 克/只；撤走 1/3 开食盘，按 50 只鸡提供一个料桶。准备 7 日龄扩群，准备工作主要有冲洗水线、冲洗料槽和调节好水线高度，检查饮水器是否正常供水。

7 日龄——免疫、扩大育雏面积、称重。日参考采食量 32 克/只；调整温度为 32℃，相对湿度 65％～70％。检查总结 1 周内的管理工作。做鸡新城疫及传染性支气管炎免疫，疫苗用稀释液稀释点眼。结合免疫一起进行扩群，扩群前先将料槽里添加饲料，分鸡当天可添加电解多维减少应激，分鸡的时候建议关上灯，分鸡当天不降温度，注意笼养肉鸡的，第二层温度较低，分鸡时必须挑选健康、个头大、精神好的鸡放到下面。

8日龄——日参考采食量35克/只；饮水中添加电解多维。调整料桶和饮水器高度，保持料桶上沿始终与鸡胸高度相同，饮水器上沿与鸡背高度相同。

9日龄——日参考采食量38克/只；调整温度为31℃，相对湿度60%～65%，注意通风。

10日龄——饮水消毒1天和带鸡消毒。温暖季节饮水器中可以直接添加凉水，水中按说明书规定的比例添加适用于饮水消毒的消毒药，注意消毒药的比例一定要准确。带鸡消毒，舍内隔日带鸡喷雾消毒一次，消毒液用量为每平方米35毫升，浓度按消毒药说明书配制。

11日龄——日参考采食量47克/只；调整温度为30℃，相对湿度60%～65%。在饮水中加入防治细菌、病毒病的药物。

12日龄——日参考采食量49克/只；调整温度为29℃，相对湿度60%～65%。继续在饮水中加入防治细菌、病毒病的药物。

13日龄——日参考采食量51克/只；温度保持在29℃，停止饮水消毒。饮水中添加电解多维，调整料桶和饮水器高度，注意通风。夜间熄灯后仔细倾听鸡群有无异常呼吸音。准备14日龄扩群，准备工作主要有冲洗水线、冲洗料槽和调节好水线高度，检查饮水器是否正常供水。

14日龄——法氏囊疫苗接种，扩大育雏面积，称重。饮水中添加电解多维。为增强免疫效果，可加入黄芪多糖制剂。注意观察雏鸡有无接种疫苗反应，如有精神状态不良等反应时应该将舍温提高1℃左右。扩大饲养面积20%，日参考采食量53克/只；温度保持在29℃，相对湿度55%～60%。

15日龄——饮水中加多种维生素，饲料中拌入预防球虫病的药物，注意通风。彻底清扫舍外环境，用3%火碱消毒。

16日龄——日参考采食量60克/只；舍内温度调整为28℃，进行饮水消毒。夜间熄灯后仔细倾听鸡群有无异常呼吸音。

17～19日龄——注意通风。舍内温度保持在28℃，日参考采食量 64～71 克/只；准备 2 号肉鸡料（中鸡料）。注意观察鸡群有无呼吸道症状、神经症状、不正常的粪便。继续隔日带鸡消毒，加强通风换气和环境管理。

20 日龄——开始进行换料过渡。舍内温度调整为 27℃，日参考采食量 74 克/只。饲料中混加 1/3 的 2 号肉鸡料，准备扩群。

21 日龄——扩群、称重和继续进行换料过渡。舍内温度调整为 26℃，日参考采食量 78 克/只。饲料中混加 2/3 的 2 号肉鸡料，扩群至全鸡舍。称重，饮水中添加速调速补。在控制温度的基础上加强通风换气。对舍内外环境清理消毒。

22 日龄——进行新城疫二免和完成换料。注意免疫用水不得含有消毒药，水中加入电解多维或黄芪多糖，舍内温度保持在 26℃，日参考采食量 82 克/只。从即日起全部改用 2 号料。

23 日龄——温度 26℃，日采食量 92 克/只；饮水中增加多种维生素。在控制温度的基础上加强通风换气。调整料桶高度。

24～26 日龄——继续隔日带鸡消毒，加强通风换气和环境管理。开始使用微生态制剂肽菌素和纯中药制剂增食调肠散，主要是抗大肠杆菌以及预防非典型性新城疫，连用 3～5 天。最好不要使用化学类抗生素等。

27 日龄——温度 25℃，日采食量 102 克/只；在控制温度的基础上加强通风换气。对舍内外环境清理消毒。停止饮水消毒，饮水中增加多种维生素如速调速补或黄金搭配。

28 日龄——免疫。温度 25℃，日参考采食量 107 克/只；新城疫活苗饮水免疫，每只鸡 2 头份。清晨喂料前停水，夏季停水 2.5～3.5 小时，冬天 3.5～4 小时。水量为当日采食量的 40%左右。要求让每只鸡都喝到疫苗，并在 0.5 小时之内喝净。当日水中加复合多维黄金搭配或电解多维，不得加消毒药。称重。

29 日龄——温度从即日起稳定在 24℃，日参考采食量 112 克/只；调整料桶及饮水器高度。日常管理同前，但转为以通风换气为主。继续隔日带鸡消毒。本周是鸡群容易发生疾病的阶段，要注意观察鸡群有无神经症状、呼吸道症状及粪便异常，注意鸡群的腿病情况。

30 日龄——日参考采食量 118 克/只。进行饮水消毒。

31～34 日龄——对舍内外环境清理消毒。舍内饮水消毒与喷雾消毒相结合；加强通风，防治呼吸道疾病，必要时使用药物。

35日龄——隔日带鸡消毒。称重，比较与标准体重的差距，分别计算公母鸡的均匀度。停止饮水消毒。使用微生态制剂群安饮水或纯中药制剂毒克、肠康拌料，主要是对抗大肠杆菌、呼吸道病等以及对新城疫和法氏囊有一定的防治作用，连用3～5天，加强通风。

36～37日龄——日参考采食量139～152克/只。继续隔日带鸡消毒，加强通风换气，以维持舍内宁静舒适的环境为工作重心。准备3号肉鸡料（大鸡料）。

38日龄——开始换料过渡。饲料中混加1/3的3号肉鸡料，日参考采食量167克/只，注意观察鸡群状态及粪便异常。

39日龄——继续换料过渡。饲料中混加2/3的3号肉鸡料，日参考采食量162克/只。

40日龄——完成换料。饲料全部换为3号肉鸡料，称重，做好记录。

41～42日龄——注意观察鸡群状况，保证药残控制，可使用生物兽药和纯中药制剂防治。注意饲养密度。日参考采食量172～177克/只。

43～50日龄——为出栏前1周，称重，做好记录。除纯中药制剂和生物兽药外，严禁使用任何化学药物。以维持鸡舍内正常的生活环境为工作重心。准备出栏，出栏前4～6小时停料。

提示：如果肉鸡在45日龄左右出栏，可以在出栏前一周换3号料，并在45日龄时出栏。

2. 制订生产指标，实行绩效管理

世界著名管理大师德鲁克教授认为，并不是有了工作就有了目标，而是有了目标才能确定每个人的工作。"目标管理到部门，绩效管理到个人，过程控制保结果，"这句话清晰地勾勒出了企业目标落实到工作岗位的过程。目标管理体系是企业最根本的管理体系，绩效管理体系包含在目标管理体系之中，目标管理最终通过绩效管理落实到岗位。

规模化鸡场的目标管理主要是成活率和料重比指标的管理。而规模鸡场绩效管理就是通过对各个岗位养殖人员完成目标管理规定的各项指标情况进行考核，并将考核结果与本人的收入直接挂钩，奖优罚懒。

生产指标绩效工资方案就是在基本工资的基础上增加一个浮动工资，即生产指标绩效工资。生产指标也不要过多过细，以免造成结算困难，而且也突出不了重点，比如某鸡场育雏舍饲养员生产指标绩效工资方案中指标只有雏鸡成活率和饲料报酬两个指标。

3. 数字化管理

精细化管理要求鸡场实行数字化管理。首先是记明白账，要求鸡场将养鸡生产过程中的各项数据及时、准确、完整地记录归档。然后对这些记录进行汇总、统计和分析，提供即时的鸡场运行动态，更好地监督鸡场的生产运行状况，及时发现生产上存在的问题，做好生产计划和工作安排。

要求各舍及时做好各种生产记录，并准确、如实地填写报表，交到上一级主管，经主管查对核实后，及时送到场办并及时输入计算机。鸡场报表有生产报表，包括养殖生产记录表、育雏生产记录表、防疫检测记录表、免疫记录表、疫病预防和治疗记录表、消毒记录表、饲料及饲料添加剂购入记录表、饲料及饲料添加剂出库记录表等。还有饲料进销存报表、饲料需求计划报表、药物需求计划报表、生产工具等物资需求计划报表，这些报表可根据鸡场的规模大小实行日报、周报或月报的形式。

其次是利用计算机系统对鸡场实行数字化管理。随着信息技术的不断发展，肉鸡养殖信息化已取得了相当大的进步，如今利用计算机上安装的专业管理软件对规模化养鸡场进行生产管理，技术已经非常成熟，应用效果也非常好，已经从简单的报表管理发展到互联网和云养殖等。如某养鸡场管理系统的主要功能如下。

（1）基本信息 主要设置养鸡系统中所用到的基本信息项目。包括供应商信息（供应商名称、类别、联系人、联系方式、地址）、客户信息（客户名称、类别、联系人、联系方式、地址）、员工信息（员工编号、姓名、性别、联系方式、职务、负责鸡舍等）、鸡舍信息。

（2）进鸡及存栏 主要登记鸡苗的采购信息，包括肉鸡进鸡、蛋鸡进鸡以及鸡的存栏信息，并可以根据鸡苗批次号、鸡舍号进行快速

查询。

操作流程：肉鸡进鸡→鸡舍存栏→存栏信息查询。

（3）饲养管理　主要对鸡的日常情况（内容包括鸡舍号、鸡批次号、鸡舍温度、鸡舍亮度、鸡舍湿度、平均重量、卫生情况、供水情况、其他信息等）、喂养情况（内容包括鸡舍号、饲养员、饲养量、饲养方式）、用药情况（内容包括鸡舍号、防疫人员、使用量、使用形式）进行登记入档管理。

（4）售鸡管理　主要登记鸡的销售数据信息。

（5）饲料管理　主要登记饲养鸡的饲料库存信息，包括饲料入库、饲料库存、饲料出库信息。系统设有专门的查询窗口，可以快速对数据信息进行查看。

（6）药品管理　主要登记饲养鸡的药品库存信息，包括药品入库、药品库存、药品出库信息。系统设有专门的查询窗口，可以快速对数据信息进行查看。另外，设有失效药品管理模块，对失效的药品及时进行提醒，以免用错药品造成不必要的损失。

（7）财务管理　主要登记养鸡场的财务收入、支出情况，以及财务收支汇总信息。数据采用动态模型图的方式显示，使数据更加直观、清晰，便于管理者更好地做出决策。

可见，肉鸡生产管理系统覆盖鸡群养殖的整个过程，通过互联网信息采集对所有阶段的信息和环境参数都进行监控、记录和管理。并对各个鸡群的生长和生产信息进行统计和分析，提供直观、准确的数据显示。也可将肉鸡生产标准集成到系统中，使系统能够对生产结果进行评定，对异常数据给出警示和提醒，为管理者制订计划和决策提供可靠的依据。

数字化管理是一项严肃的工作，鸡场应予以高度的重视，要有专人负责这项工作。

4. 注重生产细节，及时解决养鸡生产过程的问题

细节，就是那些看似普普通通，却十分重要的事情，一件事的成败，往往都是一些小的事情影响最后的结果。细小的事情常常发挥着重大的作用，百分之一的差错可能导致百分之百的失败。

养鸡生产中的细节，包括正常操作中需要特别注意的环节。如饲养员要认真按时完成各项作业，每天的开关灯时间，喂料喂水、捡

蛋、清粪等工作应按规定的作业时间准时进行与完成。并严格执行各项规章制度，坚守岗位，认真履行职责，上班时间鸡舍内不得无人，对鸡出现的不正常死亡，如啄死、卡死、压死、打针用药不当致死以及病鸡未及时挑出治疗，死在大群中等，均属值班人员的责任事故，均应受到批评或经济处罚。再如鸡舍温度和湿度的管理上，要测得真实准备的温度和湿度值，就要选取鸡舍前、中、后至少 3 个点测平均温度和湿度，以及与鸡背一致的高度，而不是随便在鸡舍的任何位置测一下就行。在温度和湿度控制上，做到鸡舍内温度适宜、稳定、均匀。鸡舍内横向温差不超过 2℃、纵向温差不超过 3℃、顶棚至地面的上下垂直温差不超过 1℃。而在检测鸡舍内二氧化碳、氨气的含量时，每次检测需要选取鸡舍前、中、后、左、中、右至少 9 个点，然后计算 9 个点的平均值。

在进行免疫接种时，要选择优质的疫苗和根据疫苗的种类选择合适的接种方法，如使用油苗时，首先要选择优质疫苗，矿物油的质量直接影响油苗的吸收率；其次要选择不同的部位免疫，短时间内在同一个部位多次免疫，会造成疫苗的残留；最后要有熟练的操作技术，避免将疫苗注入皮内，此部位因血管较少，油苗很难被吸收。如果出现免疫油苗后吸收不好，会在免疫部位形成蓄积残留，这样的肉鸡很难卖。

饲养员每天要有固定的时间用来观察鸡群，掌握鸡群的健康与食欲等状况，挑出病鸡，拣出死鸡，以及检查饲养管理条件是否符合要求。每天应注意观察鸡群，发现食欲差，行动缓慢的鸡应及时挑出并进行隔离观察治疗。如发现大群突然死鸡且数量多，必须立即剖检，分析原因，以便及时发现鸡群是否有疫病流行。每日早晨观察粪便，对白痢、伤寒等传染病要及时发现。每天夜间闭灯后，静听鸡群有无呼吸症状，如干、湿啰音、咳嗽、喷嚏、甩鼻，若有必须马上挑出，隔离治疗，以防传播蔓延；随时观察鸡的采食量情况，每天应计算耗料量，发现鸡采食量下降应及时找出原因，加以解决；饮水系统要经常检查，饮水器不要漏水和溢水。

管理维护好本车间的设备。对工具、上下水管道、风机、照明、鸡笼等设备，应经常保持良好状态，有故障应及时排除，不得"带病"运转。使用设备，应遵守操作规程，以免造成事故和伤亡，在力所能及的情况下，自己维修保养设备用具，并防止丢失和损坏。

养鸡生产中的细节很多，只有时刻注意这些司空见惯的细节，才能发现不足，并及时加以纠正或改进，做到了这些，就会使养鸡的效益最大化。

5. 做好日常记录

鸡场内要建立完善的档案记录制度。每天按时对当天的饲养管理情况做一个详细全面的记录，通过记录了解每批肉鸡的饲养效果。记录档案要统一存档保存两年以上。记录内容主要包括如下几个方面。

（1）常规记录　包括进雏日期，数量，购货单位，品种名称，鸡种来源，途中死亡数及实存数。

（2）每日记录　包括每日饲料消耗数，死亡淘汰数，鸡群的健康状况（呼吸情况，粪便颜色，是否受到刺激），气候变化，投药，疫苗接种，停电等。

（3）每周记录　包括每周饲料消耗数，死亡淘汰数，抽测体重，料重比，成活率等。

（4）防疫、投药记录　包括防疫投药日期，疫苗名称，疫苗来源，有效日期，使用量，方法及接种疫苗前后的抗体水平等。

（5）出售记录　包括出售日期，只数，重量，单价，总价等。

二、养鸡场管理上不能忽视的问题

1. 不严格执行防疫制度

不严格执行防疫制度的表现：一是一些养鸡户对消毒制度的概念缺乏完全的了解，有的养鸡场（户）舍内消毒很严，但在鸡舍门口不设消毒池；有的养鸡场（户）饲养员根本不穿消毒服和鞋；有的养鸡场（户）因邻里关系密切，随便让人进出鸡舍；二是消毒方式单一，只注重空气消毒，不注重饮水、饲料消毒，而村镇养殖户用的水大部分是地表被污染的井水。

健全的消毒制度就是要求从鸡舍的内外环境、饮水、饲料、鸡群到工作人员的正常出入和操作规程等都要有明确的消毒规定，以及保证这些规定在鸡场内顺利实施的具体措施，以保证鸡群的健康，杜绝各种传染病的发生。

2. 疫苗瓶、剩余疫苗乱扔

疫苗瓶、剩余疫苗乱扔是最突出的问题。很多养鸡场（户）根本不按规定将疫苗瓶深埋或焚烧处理，而是当成生活垃圾或废物随意扔到河中、沟中、粪池、垃圾堆、闲置空地及田野上，而活毒疫苗在常温下会在空气中、水中、土壤中繁殖蔓延，毒力会越来越强，直接受到污染的水，从消化道感染就是最直接的途径，当鸡群的抵抗力降低或受到严重刺激时，鸡群就可能发病。

3. 粪便、病死鸡处理不规范

粪便乱堆，病死鸡乱扔。80％的专业户对病死鸡未作无害化处理，在公路旁、房屋后、空闲地乱扔乱倒，随它自然腐化，遇到阴天下雨，恶臭的粪水遍地流，严重污染地表水质，带有病原的水将通过消化道感染鸡群。

有些养殖户常常在鸡舍门口屠宰鸡，或者把病鸡随便扔给狗、猫，也不进行消毒处理，这样做是极其危险的，很多时候鸡群暴发疾病就是由于养殖户平时不注意这些细节而引起的。

4. 管理不经心、不到位

对正常的管理措施往往做得不全面，没有严格遵循科学的管理措施，管理粗放。只管喂料，清粪不及时，水管漏水也不及时修理，污水遍地；笼具不及时维护，经常有鸡跑出来，经常有鸡蛋掉地上；在遇到天气突变或其他应激因素时不采取积极的预防措施，导致贼风吹入；晚上不及时关闭通风窗口；管理过程中常常换人；有的长时间不清除粪便、不消毒；有的药拌不均匀而引起中毒；有的光照开关不及时，随意性大；有的图方便，只喂一次水和料；有的根本不注意观察鸡群，以致错过最佳治疗时机。

5. 不懂得预防为主

不知道预防的重要性，在实际工作中，他们往往是病后才求医、乱投药，反而延误了治疗的最佳时机，增大开支，降低经济效益。

6. 为求价格低而购买质量差的饲料

由于饲料品种繁多，不少养殖户无法鉴定哪个好、哪个差，只注重饲料价格。有些厂家只顾经济效益，忽视原料质量，使用一些低价变质的原料充好，不同批次的饲料质量也不相同，鸡群在食用这些饲料后，很容易得病，常常造成巨大损失。

三、尽最大可能减少饲料浪费

饲料在肉鸡养殖总成本中占 70% 左右，而肉鸡养殖过程中饲料浪费量一般为饲料量的 2%～10%。因此，减少饲料浪费是提高养鸡经济效益的重要措施，节省饲料是提高养鸡经济效益的关键环节。

1. 按照肉鸡的生长阶段合理选择饲料

在配料时要按鸡的品种、日龄大小、公母、用途等来确定饲料中的蛋白质、能量、维生素、矿物质等营养成分的比例。尽量做到原料种类多样化；最好育雏鸡喂商品颗粒雏鸡料，脱温后逐步喂自配全价料，以满足鸡在各个阶段对营养物质的需要，又不浪费饲料。

2. 保证饲料加工质量

饲料加工要符合质量要求，如均匀度、粒度都必须符合要求。如饲料粉碎太细，肉鸡难以采食；粉碎过于成粉，喂时飞撒也造成浪费。应检修生产设备及工艺流程。按鸡生长需要粉碎原料至适当细度。

3. 采购质量好的饲料

购入不合格的饲料，就是极大的浪费。如玉米的含水量不能超过14%，含水量超标的玉米易发霉，对鸡群健康不利。全价配合饲料质量要过硬，不能贪图便宜购买质量不稳定、不合格的饲料。要饲喂营养平衡的全价饲料，最大限度地提高饲料转化率。日粮营养成分不全面，加大采食量来弥补，无疑是最大而又不易察觉的浪费，根据不同品种肉鸡的生理特点和不同的阶段，选择不同的全价料来饲喂。

4. 做好饲料保管工作

饲料要避免老鼠吃掉和污染或储存不当变质、酸败、虫蛀等而浪费。要放到通风、干燥、避光的地方，防止饲料氧化、霉烂变质，鼠、鸟偷食等。饲料的保管应做到不发霉变质，不再度被污染。鸡吃了发霉的饲料，轻则拉稀，蛋壳颜色变浅，重则会导致死亡。预防鼠害、防鸟、防虫等，防鼠害的直接作用是减少饲料的损耗和防止疾病传染，因老鼠、苍蝇和甲虫都可能成为沙门氏菌的携带者。购进饲料应在1周内用完。因此，鸡场要定期灭鼠，既可节约被老鼠吃掉的饲料，又可防止老鼠传播某些疾病；对于饲料的发霉变质，要求在储放饲料时注意通风防潮，定期晾晒或加入防霉剂。

5. 按照鸡的数量和体重投料

投料这一环节，在防止饲料浪费上的重要性不容低估。每次投料都要按照鸡的实有数量和体重添加，投料过多或过少都是一种浪费，喂料时槽中的饲料量最好不超过料槽高度的1/3，减少每次上料的量，增加上料的次数。扣除死亡和淘汰鸡数，若未及时扣除死亡和淘汰鸡数，鸡群投料量每天都在增加，必然超过鸡群的实际需要，这也是一种浪费。加料过程中要注意不要洒落饲料，这种情况在手工加料鸡场较普遍，且多被养殖场、饲养员所忽视。

6. 饲料一次加工或采购的数量不要太多

有的养鸡者为了节省劳力或图方便，往往一次加工配料或者采购过多，存放时间过长，造成某些营养物质的效价降低，这是一种无形的损失和浪费。饲料入库、出库要有记录。

7. 料槽放的位置要适宜和放置要牢固

料槽的上缘比鸡背高出两厘米，防止饲料被掀到槽外。料槽不够牢固，加料过多，争抢造成饲料抛出受鸡粪污染而浪费。料槽放得过低，肉鸡进入槽内扒出饲料被鸡粪污染而浪费。按鸡龄大小提供结构合理的食槽。料槽边缘应高出鸡背，安放要牢固。

8. 注意防病和适时驱虫

免疫系统消耗、体外微生物的侵入或寄生虫的侵入会导致肉鸡免疫系统兴奋，从而消耗部分营养物质，致使生产性能降低。日常管理中应做好生物安全工作，定期驱虫，增加肉鸡的抵抗力，从而减少饲料的消耗。鸡放在野外散养，易吃到有寄生虫卵的污泥、浊水、污物，感染寄生虫。育成鸡阶段应驱虫1次，不驱虫则鸡吃的饲料转变成营养后被虫吃掉，鸡吃料不增长，养鸡变养虫，浪费饲料，增大成

本开支。所以，一定要进行定期驱虫和防病。

9. 注意温度与饲料转化率的关系

鸡的不同生长发育阶段，其要求的适宜温度不同。如果温度持续过低或过高，都会导致生产性能的降低。因此，冬季要采取有效的防寒保温措施，夏季应采取有效的防暑降温措施，保证肉鸡处于一个最适温度，减少应激来提高饲料转化率。

10. 合理的光照制度

合理的光照制度既可保证营养供应，又可提高饲料转化率，从而减少饲料浪费。

11. 定期补喂沙砾

定期补喂沙砾以利于饲料的消化和吸收，可节约饲料，减少浪费。试验表明，定期补喂沙砾与不补喂沙砾相比，消化率可提高3%～10%。另外，肉鸡喂粉料比喂粒料多浪费10%以上。肉鸡最好喂颗粒料。

12. 及早淘汰弱鸡

弱鸡应及早淘汰，其无经济价值，浪费饲料，造成一定的损失。

四、采取有效措施降低饲料成本

1. 饲料形状

饲料形状分为干粉料、粒料、碎裂料和颗粒料。鸡喜食颗粒性饲料，颗粒料和碎裂料的饲料利用率最高。干粕料的粒度过大、过小都影响鸡的采食速度，进一步影响鸡的生长速度、产蛋量、料蛋比和料肉比。特别是玉米颗粒大的情况下，对饲料利用率影响很大。

2. 饲料配方

饲料配方设计是否合理，影响饲料中各种营养成分之间的比例和饲料的利用率。饲料配方中原料组成也影响饲料的利用率。如饲料中的动物性蛋白质和植物性蛋白质饲料利用率不一样。

3. 饲料的均匀度

饲料配合的均匀度影响饲料的利用率。均匀度好，利用率高，均匀度差，利用率低。饲喂过程中加料的均匀性同样影响鸡的生产性能，因此，饲养柴肉鸡的过程中尽量使每一只鸡的采食量均等，才能最大地发挥柴肉鸡的生产潜能。

4. 喂料的时间和次数

每天饲喂次数第 1 周 6 次，第 2 周 5 次，第 3 周以后每天喂 4 次。早上开灯时喂第 1 次料，每次所加饲料吃完后停 30 分钟再加下一次料。晚上关灯前 1 小时饲料要吃完。

5. 喂料器具的结构

喂料盘、料桶、自动喂料器和料槽的结构对饲料的消耗量影响很大。因此，不同日龄的雏鸡要选择相应的喂料器具。7 日龄以前的雏鸡用喂料盘喂料，饲料表面加盖一层小格塑料网防止雏鸡吃料时用脚扒饲料。7～15 日龄时，料盘和料槽、料桶同时使用，使雏鸡出料盘喂料过渡到料槽或料桶喂料。15 日龄以后来用大料槽喂料。采用大料槽喂料可以节约大量的饲料，防止鸡在采食饲料时将料抛撒到料槽外边而浪费饲料。

五、正确储存饲料，避免霉变

1. 能量饲料的储存

能量饲料的营养价值和消化率一般都比较高，但由于籽实类饲料的种皮、硬壳及内部淀粉粒的结构均影响营养成分的消化吸收和利用。因此，这类饲料在饲喂前必须经过加工调制，以便能够充分发挥其作用。常用的加工方法是粉碎，但粉碎不能太细，一般加工成直径为 2～3 毫米的颗粒为宜。能量饲料粉碎后，与外界接触面积增大，容易吸潮和氧化，尤其是含脂肪较多的饲料更容易变质，不宜长久保存，因此能量饲料 1 次粉碎不宜太多。

（1）玉米 玉米主要是散装储藏，一般立筒仓都是散装。立筒仓虽然储藏时间不长，但因厚度高达几十米，水分应控制在 14% 以下，以防发热。不立即使用的玉米，可以入低温库储藏或通风储藏。若是玉米粉，因其空间间隙小，透气性差，导热性不良，粉碎后温度较高（一般在 30～35℃），很难储藏。如果水分含量稍高，则易结块、发霉、变苦。因此，刚粉碎的玉米应立即进行通风降温，码垛不宜过

高，最好码成井字垛，以利于散热，并及时检查，及时翻垛。一般应采用玉米籽实储藏，需要配料时再粉碎。

（2）麸皮　麸皮破碎疏松，孔隙度较面粉大，吸湿性强，含脂高达5％，因此很容易酸败或生虫、霉变，特别是夏季高温潮湿，更易霉变。新出机的麸皮温度一般能达到30℃，储藏前要把温度降低至10～15℃才能入库。在储藏期要勤检查，防止结露、发霉、生虫、吸湿。麸皮的储藏期一般不宜超过3个月，储藏4个月以上酸败就会加快。

（3）米糠　米糠中脂肪含量高，导热不良，吸湿性强，极易发热酸败。应避免踩压，入库的米糠要及时检查，勤翻勤倒，注意通风降温。米糠储藏的稳定性比麸皮还差，不宜长期储藏，要及时退陈储新，避免造成损失。

2. 饼粕类饲料的储存

由于饼粕类饲料缺乏细胞膜的保护作用，营养物质容易外漏和感染虫、菌，因此保管时要特别注意防虫、防潮和防霉。入库前，可使用磷化铝熏蒸灭虫，用邻氨基苯甲酸进行消毒，仓库铺垫也要切实做好。垫糠干燥、压实，厚度不少于20厘米，同时要严格控制水分，最好控制在5％左右。

3. 配合饲料的储存

配合饲料的种类很多，包括全价饲料、预混饲料、精料预混料、添加剂。这几种饲料因内容物不一样，储藏特性也各不相同。料型不同（颗粒料，粉料），储藏特性也有所差异。

4. 全价颗粒料的储存

全价颗粒料因用蒸气加压处理，能杀死绝大部分微生物和害虫，而且孔隙度大，含水量较低，淀粉膨化后可把一些维生素包裹，因此储藏性能较好，短期内只要防潮，储藏不易发生霉变，也不易因受光照的影响而使维生素破坏。全价粉状配合饲料大部分是谷类，表面积大，孔隙度小，导热性差，容易吸湿发霉，且其中的维生素随温度升高而损失加大。维生素之间、维生素与矿物质的配合方法不同，其损失情况也有所不同。此外，光照也是造成维生素损失的主要因素之一。因此，粉状饲料一般不宜久放，宜尽快使用，一般在厂内存放时间不要超过两个星期。

5. 浓缩饲料的储存

浓缩饲料富含蛋白质，并含有维生素和各种微量元素等营养物质。其导热性差，易吸湿，因而微生物和害虫易繁殖，维生素易受热、光、氧化等因素的影响而失效。有条件时，可在浓缩饲料中加入适量的抗氧化剂。储存时，要放在干燥、低温处。

6. 添加剂预混料的储存

添加剂预混料主要由维生素和微量元素组成，有的添加一些氨基酸、药物或一些载体。这类物质容易受光、热、水气的影响，所以要注意存放在低温、避光、干燥的地方，最好加入一些抗氧化剂，储藏期也不宜过久。维生素添加剂要用小袋遮光密闭包装，使用时再与微量元素混合，这样其效价就不会受太大影响。

六、减少肉鸡的应激

所谓应激是机体在各种内外环境因素刺激下所出现的全身性非特异性适应反应，又称为应激反应。这些刺激因素称为应激原。应激是在出乎意料的紧迫与危险情况下引起的高速而高度紧张的情绪状态。对鸡来说，使鸡感到不适的刺激统归为应激。应激是鸡对外界刺激的一种应答。导致应激的因素大致可分为心理性的和生理性的。

引起肉鸡应激的因素很多，常见的有供水上，突然的断水、水质突然变化；供料上，缺料、突然换料；温度控制上，温度过高、过低或突然变化；光照上，突然灭灯、突然亮灯、光照时间突然变化，光照时间不足，过持续不断的光照等；声响上，突然发出的异常响动，如放炮、鸣喇叭声、大声喊叫、工具碰撞发出的响声、刮风时门窗的响声等；颜色上，饲养员突然换一件不是经常在鸡舍内工作穿的衣服或颜色鲜艳的衣服；异物上，陌生人或其他动物进入鸡舍；防疫上，每次的免疫接种操作都会或多或少地给肉鸡带来应激。这些因素中，有些因素是可以避免的，有些因素是无法避免的。

在应激状况下，肉鸡的生理活动不正常、采食量减少、消化功能紊乱、生产性能降低、抗病能力下降，严重时诱发各种疾病。可见，减少肉鸡的应激在生产上具有重要意义。对可以避免的因素必须坚决避免，对无法避免的应激因素，要采取一切可行的措施将影响降到最低。所以，在生产中应设法避免应激的发生。

减少应激的措施：

一是保持稳定性。肉鸡的生活规律和喜好一旦被干扰或破坏，生长和生产均会受到影响。要高产稳产，就必须控制好所有的养鸡条件和操作的有序性，这是减少应激的最好措施。做到饲养人员、饲喂方法和饲喂时间三固定，每天的加水、加料、免疫、消毒等生产环节应定时、依序进行。不能缺水、缺料。饲养人员不宜经常更换。

二是防止环境条件的突然改变。每天开灯、关灯时间要固定。开关灯采用渐明和渐暗控制设备，杜绝灯突然亮或灭。

三是控制好温度。青年鸡和成年鸡的最适温度分别为 20～21℃和 18～20℃，温度过高时应加强通风降温，温度过低时应减少排风，必要时取暖保温。冬季做好防寒保温工作，夏季做好防暑降温工作，季节转换期间气温多变，应及时调解控制温度。

四是防止惊群。俗称"炸群"，是生产中容易出现的一种应激，预防上主要是防止突然发生的各种声响和突然出现的陌生人和其他动物等各种意外情况的发生。

五是免疫接种前药物预防。为减轻免疫接种对鸡群产生不良刺激，尤其是气雾免疫会诱发呼吸道反应，诱发大肠杆菌病和支原体感染，在免疫接种病毒性传染病的疫苗时可以在免疫前 3 天和后 4 天，在饲料中添加抗生素、多种维生素和微量元素。在进行防疫注射时，减少抓鸡次数，最好选在晚上降低光度后进行。

六是更换饲料要逐渐过渡。在每次更换饲料时，都要采取逐渐更换的办法。方法是提前 5 天左右，在饲料中逐渐减少原来饲料所占的比例，逐渐添加新饲料所占的比例，5 天后全部换成新饲料。

七、鸡场应坚持防鼠和灭鼠

老鼠消耗粮食、传播病菌、破坏物品、引起肉鸡的惊恐等，可以说有百害而无一利，必须诛杀之。

养鸡场灭鼠要从防鼠开始。因为老鼠是杀不绝的，即使本场内的老鼠都被灭掉，还会陆续有场外的老鼠进入。所以，防鼠是上策。防鼠可以在以下几个方面做好预防：

一是鸡舍内外地面尽可能用水泥硬化，鸡舍的顶棚、门、窗、通气孔等部位是老鼠进入的地方，必须做好防鼠保护，如门缝和木制门要钉上镀锌铁皮、窗户和通气孔要安装铁丝网，发现有洞随时用石块和水泥堵塞。

二是保持鸡舍内和鸡舍周围无散落的饲料，将散落的饲料等老鼠能吃的食物及时清理干净。饲料原料储存在防鼠的仓库里，经常清理仓库，物品摆放整齐，墙角不摆放东西，不让老鼠有躲藏和做窝的地方，容易被老鼠咬坏的东西尽可能放在上层。用完的饲料袋须将剩余的饲料清理干净并打包，摆放整齐。

三是做好消毒工作，包括定期熏蒸仓库，可以采用 3 倍高锰酸钾和甲醛反应熏蒸（一倍剂量是 1 米^3 使用 7 克高锰酸钾和 14 毫升甲醛），注意安全，一般先放高锰酸钾，后倒甲醛。还有，鸡舍和鸡舍外围的消毒不容忽视，定期消毒和更换消毒液不仅杀死细菌、病毒，同样能破坏老鼠熟悉的路线，限制它们的活动。

一旦发现有老鼠进入，就要开始灭鼠，目前灭鼠的方法很多，可分为器械灭鼠法和药物灭鼠法两种。

器械灭鼠即利用各种工具扑杀鼠类，如关、压、扣、堵（洞）、灌（洞）等。此类方法可就地取材，简便易行。使用鼠笼、鼠夹之类的工具捕鼠，应注意诱饵的选择、布放的方法和时间。诱饵以鼠类喜吃的为佳。捕鼠工具应放在鼠类经常活动的地方，如墙角、鼠的走道及洞口附近。

药物灭鼠法是使毒物进入鼠体，使老鼠死亡或绝育，进而达到灭鼠的目的。药物灭鼠的途径可分为消化道药物和熏蒸药物两类。

消化道药物主要有磷化锌、安妥、敌鼠钠盐和氟乙酸钠。药剂通过鼠取食进入消化系统，使鼠中毒致死。这类杀鼠剂一般用量低、适口性好、杀鼠效果高，对人畜安全，是目前主要使用的杀鼠剂；熏蒸药物包括氯化苦和灭鼠烟剂。其优点是不受鼠取食行动的影响，且作用快，无二次毒性；缺点是用量大，施药时防护条件及操作技术要求高，操作费工，适宜于室内专业化使用，不适宜鸡舍使用，但可以在仓库等其他地点使用。

杀鼠剂的投放原则：选择老鼠经常活动和行走的地方，宜于老鼠

采食但又不能太靠近鼠洞，以免引起它们的猜疑，一般紧贴墙壁、角落。

投放地点：天花板上，门的两侧，门窗上面，下水道，饲料仓库，鼠粪和鼠洞比较多的地方，靠近水源的地方，注意不要让鸡只采食到杀鼠剂。

八、提高肉鸡的出栏质量

肉鸡生长至一定日龄，达到一定体重后，就要上市出售。这是肉鸡生产中的最后一个环节，也是最重要的一道工序。肉鸡能否顺利销售出去并获得好价钱，除市场、价格因素外，更重要的是品质因素。不仅要注意肉鸡体重及精神状况，更要注意其外观质量，即体表整洁、耐看，肉鸡的头、冠、羽毛、足、趾等无任何损伤，特别是进行光毛鸡加工，更要注意体表皮肤的光洁、完好无损，只有这样，才能赢得顾客的青睐，产品才能顺利销售出去。

一是出栏前按规定停止用药。为防止药物过多残留，提高产品质量，在出栏前2周，停止饲喂抗球虫药物及抗生素等药物。另外，为保证产品的良好风味，最好在出栏前1周，减少鱼粉及鱼腥素等的使用量，增加豆粕等植物蛋白质饲料的用量。

二是在抓鸡前一天勿惊扰鸡群。鸡若受惊，就会与食槽、饮水器相撞而引起碰伤。

三是雇用专业的抓鸡队伍或训练抓鸡工人。在抓鸡时务必要小心，临抓鸡前移去地面上的全部设备。抓鸡工人不要一手同时握住太多的鸡，一手握住的鸡愈多则鸡外伤发生的可能性愈大。不要抓翅膀，以免骨折，也不要只拽一只腿。

四是出栏前停止喂料，但不停止饮水。出栏前4～6小时停止饲喂饲料，将鸡舍内的食槽全部撤出鸡舍，需继续供给饮水，饮水器在抓鸡前再撤出鸡舍。送宰前提前控食，有利于减少屠宰加工中的污染，提高屠体品质。

五是由于肉鸡胆小易惊，在光线明亮的鸡舍抓鸡，会引起鸡群的注意，抓一只鸡就会惊动许多鸡，引起鸡群骚动不安。如果抓鸡动作粗暴，更会引起群鸡飞舞，惊叫跳动，造成跌伤、撞伤，或者鸡群向一个方向跑动、拥挤、打堆，造成踏伤、压伤或啄伤等意外损伤。为减少鸡群骚动，最好在光线较暗的时间抓鸡装笼，抓鸡时可使用红色或蓝色灯光，以降低鸡视觉的敏感性。装运仔鸡的车辆最好在天黑后驶近鸡舍，因白天车辆的响声会惊动鸡群。

六是减少装笼时的外伤伤残。据调查，肉子鸡屠体等级下降，有一半是碰伤造成的，碰伤多发生在出栏装笼过程和运输过程中。

为防止肉子鸡在出栏时发生过多碰伤，可以使用抓鸡网，将部分鸡圈到鸡舍的一角，每次不宜圈得过多。

装鸡最好用塑料笼，每笼不要装得过于拥挤。及时修补或淘汰残破的鸡笼。修补鸡笼时，铁线断端要处理好，既不能留在笼内，也不能留在笼外，要扭好并扎于包扎圈内。根据肉鸡品种、体重大小来确定每个笼装鸡数量。按市场通用的每个鸡笼只能装入 12 只鸡。但对于体重偏大的鸡，每个鸡笼只装 10 只鸡，对减少肉鸡损伤效果会更好。

抓鸡、入笼、装车、卸车时动作要轻，不可粗暴丢掷，运输途中行车要平稳，防止鸡碰伤。装卸车时，应小心装上抬下，防止向一侧倾斜或颠倒。

九、做好生产记录

生产记录是指将人们创造物质财富的活动和过程通过文字、声音、图像、电脑、网络等手段保留下来的过程。而养鸡的生产记录就是将养鸡过程中的生产日常活动的原始数据登记下来，为鸡场的经营管理和决策分析提供依据和参考。

经营管理从某种意义上来说就是数字管理，而实现数字管理的基础就是生产记录。生产记录是规模化、标准化养鸡场一项重要的日常工作，是鸡场生产情况的真实反映。生产记录不是简单的数据统计，通过记录的数据可以反映出鸡场的管理状况。生产报表提供生产数量的数据，统计报表提供生产性能的数据，建立在生产记录基础上的统计分析，能准确及时地反映鸡场的各种生产状况，能为解决鸡场的生产问题提供决策依据，如果没有完善的生产记录，管理人员对鸡场的整体情况不能全面准确地掌握，致使决策没有依据，监管无法落实，整个鸡场的工作流程将处于混乱无序的状态，造成错误决策和资源浪费，降低鸡场效益。如本该淘汰的低产、停产蛋鸡而没有淘汰，既浪

费饲料，又增加成本。在免疫接种管理方面记录不全或不及时，会导致错打、漏打疫苗，极容易爆发传染性疾病。可见，做好生产过程中的各种记录，是提高鸡场效益的保证。

1. 生产记录的内容

鸡场的生产记录包括生产记录表、育雏生产记录表、免疫记录表、疫病预防和治疗记录表、消毒记录表、病死鸡无害化处理记录表、饲料及饲料添加剂购入记录表、饲料及饲料添加剂出库记录表等。表的样式见表6-1生产记录表、表6-2育雏生产记录表、表6-3免疫记录表、表6-4疫病预防和治疗记录表、表6-5消毒记录表、表6-6病死鸡无害化处理记录表、表6-7饲料及饲料添加剂购入记录表、表6-8饲料及饲料添加剂出库记录表。

表 6-1　生产记录表

舍号：　　　品种：　　　孵出期（年/月/日）：　　　入舍数：　只

日期月/日	日龄	存栏鸡数/只	鸡群变动/只			存活率/%	产蛋/千克	蛋重/克	产蛋数/枚				产蛋率/%	日耗饲料量	
			病	淘	啄				总数	破	软	弃		总数/千克	每只/克

续表

日期 月/日	日龄	存栏鸡数/只	鸡群变动/只 病	鸡群变动/只 淘	鸡群变动/只 啄	存活率/%	产蛋/千克	蛋重/克	产蛋数/枚 总数	产蛋数/枚 破	产蛋数/枚 软	产蛋数/枚 弃	产蛋率/%	日耗饲料量 总数/千克	日耗饲料量 每只/克
合计		/		/			/			/				/	
平均															

舍负责人（签名）：

表 6-2　育雏生产记录表

舍号：　　　品种：　　　孵出日期：　年　月　日　入舍鸡数：　　　只

日期 月/日	日龄	育成雏数/只 健	育成雏数/只 弱	鸡只减少/只 病	鸡只减少/只 淘	鸡只减少/只 啄	成活率/%	日耗料量 总/千克	日耗料量 只/克	耗料标准/(克/只)	体重/g 标准	体重/g 实际

续表

日期	日龄	育成雏数/只		鸡只减少/只			成活率/%	日耗料量		耗料标准/(克/只)	体重/g	
月/日		健	弱	病	淘	啄		总/千克	只/克		标准	实际

舍负责人（签名）：

表 6-3 免疫记录表

时间	圈舍(栏)	存栏数量	免疫数量	疫苗名称	疫苗生产厂	批号(有效期)	免疫方法	免疫剂量	免疫人员	备注

表 6-4 疫病预防和治疗记录表

日期		年 月 日		记录人	
预防或发病范围	批号		品种	孵出日期 年 月 日	
	舍号/笼(栏)号		—	只数	
发病时间及症状					
预防或治疗用药、疗程经过					

续表

药物种类			
使用方法			
剂量			
商品名			
主要成分			
生产单位			
批号			
治疗效果			

主治兽医（签名）：

责任人：　　　　　　　　　　　　　记录人：

表 6-5　消毒记录表

舍号：　　　　　　　　　负责人：

日期(月/日)	消毒药名	剂量或浓度	消毒方法	消毒人签名

续表

日期(月/日)	消毒药名	剂量或浓度	消毒方法	消毒人签名

表6-6　病死鸡无害化处理记录表

日期	数量	处理或死亡原因	畜禽标识编码	处理方法	责任人	备注

表6-7　饲料及饲料添加剂购入记录表

日期	名称	规格	数量	生产日期	生产批号	生产厂家	金额	收货人签字

续表

日期	名称	规格	数量	生产日期	生产批号	生产厂家	金额	收货人签字
合计								

表 6-8　饲料及饲料添加剂出库记录表

日期	名称	规格	数量	生产日期	生产批号	生产厂家	去向	库存数量	领货人签字
合计									

2. 生产记录分析处理的方法

规模鸡场可设一个专职信息管理员，利用鸡场管理软件，对所有的生产记录进行收集、整理，并进行核对和数据的录入，对鸡场的种鸡生产成绩、生产转群、饲料消耗、兽医防疫和购销情况等工作进行全面的分析。并且及时进行统计及提供有关的报表给鸡场管理层和具体的负责人员。

3. 做好生产记录工作的要求

（1）在每一步操作完成后，根据表格的要求定时、及时、真实、准确、完整地填写记录，不可当成回忆录。

（2）各岗位的记录表由岗位操作人员填写，组长或生产场长进行审核并签字。

（3）每天的生产记录表在生产结束后应及时上交给场部统计人员，以免遗失。

第七章

科学防治肉鸡病

技术是降低养殖风险，取得效益，保证养殖成功的关键。规模化养肉鸡有很多实用技术，这些技术是畜牧科研工作者和广大养鸡生产者经过长期实践总结出来的，并在生产中不断发展和完善，对养鸡生产具有非常重要的指导作用。

科学技术是第一生产力，而养鸡技术就是养鸡的第一生产力，养鸡离不开养鸡技术，要养好鸡必须掌握科学的养鸡技术。供求关系影响市场价格，养殖水平决定生存发展，养鸡人改变不了供求，但可以改变养殖水平。只有熟练掌握和在养鸡生产中运用好规模化养鸡技术，才能使养鸡的效益实现最大化。

一、抓住肉鸡疫病防控的重点

唯物辩证法认为，在复杂事物自身包含的多种矛盾中，每种矛盾所处的地位、对事物发展所起的作用是不同的，总有主次、重要非重要之分，其中必有一种矛盾与其他诸种矛盾相比较而言，处于支配地位，对事物发展起决定作用，这种矛盾就叫作主要矛盾。正是由于矛盾有主次之分，我们在想问题办事情的方法论上也应当相应地有重点与非重点之分，要善于抓重点，集中力量解决主要矛盾。

在肉鸡的生产过程中，常会遇见各种各样的问题，特别是随着养殖模式向规模化、集约化转变，养殖过程中疾病问题尤为突出，表现为非典型疾病变得更加隐蔽、普遍；多病因疾病更为常见；混合感染一触即发；营养代谢病不断增多等。各种疫病的发生严重影响着鸡的正常生长。有的甚至给养鸡造成较大的经济损失。但是，这些疫病的发生还是有一定的规律可循的，如根据肉鸡的生长日龄，会出现几个疫病易发的时间点。同时，根据季节的不同，肉鸡也会出现疫病高发的问题。在肉鸡饲养管理过程中抓好这些疾病易发、高发的时间节点，做好相应的预防保健工作，就是抓住了肉鸡养殖疫病防控的主要矛盾，就可以达到事半功倍的效果。

1. 肉鸡生长日龄不同易发生的疫病

1～14 日龄，主要有脐炎、卵黄收缩不良、鸡白痢、鸡副伤寒、大肠杆菌病，这些病主要是在孵化过程中感染或种蛋传递所致。这就要求养鸡场要从正规的、条件好的孵化场进雏。首先是选健壮雏鸡，这是关键问题，选苗的重点主要是看苗的大小均匀情况，体重，还有精神状态等。还要注意雏鸡的运输，如长时间运输可导致小鸡脱水，雏鸡出现鸡爪干燥无色等。其次是改善育雏条件，采用暖风炉取暖，减少粉尘污染，保持适宜的温湿度，避免温度忽高忽低，以防雏鸡感冒，用药预防要及时，选药要恰当。同时，喂一些扶壮的营养添加剂，如葡萄糖和电解多维等，以提高雏鸡抗病力，一般用药 3～5 天，可大大降低死亡率。

14～30 日龄，主要有球虫病、新城疫、传染性法氏囊病、传染性支气管炎。养鸡场要在保证温度为前提下，加大通风量。控制湿度，保持垫料干燥，经常对环境和鸡群消毒。免疫、分群时，应事先喂一些抗应激、增强免疫力的药物，并尽量安排在夜间进行，以减少应激。预防球虫病，应选择几种作用不同的药物交替使用。有条件的采取网上平养，使鸡与粪便分离，减少感染机会。防治大肠杆菌病，要选择敏感度高的药物，剂量要准，疗程要足。避免试探性用药，以免延误最佳治疗时期。使用新城疫、传染性支气管炎活苗对鸡呼吸道影响较大，免疫后应马上用一次防支原体病的药物。法氏囊活苗对肠道有影响，易诱发大肠杆菌病，免疫后要用一次修复肠道的药物。如果有法氏囊病发生，应及时用药物治疗，早期可肌内注射高免卵黄抗体。一定要控制住，否则后期非典型新城疫发生的概率很大。

30～40 日龄，主要有慢性呼吸道病、传染性鼻炎、鸡伤寒。慢性呼吸道病是典型的条件性疾病。由于引起慢性呼吸道病的病原体广泛地存在于鸡体内，在肉鸡群中有一定比例的鸡体内带有这种病原体。在饲养管理良好的情况下，不会引起鸡群发病。但是，鸡舍温度保持不好，忽高忽低，鸡群密度过大，鸡舍潮湿，通风不良，氨气、二氧化碳、硫化氢等有害气体浓度过高等，均可引起鸡群发病。同样，传染性鼻炎和鸡伤寒病也与饲养管理不良有密切关系，鸡舍在温度、湿度、通风换气、日常消毒、鸡群密度等方面的工作做好了，这些疾病就能预防。

40日龄至出栏，大肠杆菌病、非典型新城疫及其混合感染禽出败、马立克氏病、葡萄球菌病。改善鸡舍环境，加强通风。勤消毒，交替使用2～3种消毒药，但免疫前后两天不能进行环境消毒。做好前、中期的新城疫免疫工作，程序合理，方法得当，免疫确实。此时的预防用药，要联合使用抗生素和抗病毒药，并注意停药期。适当增喂益生素，调整消化道环境，恢复菌群平衡，增强机体免疫力。

2. 不同的饲养季节易发生的疫病

冬、春、秋季节是防病的重点季节。肉鸡冬、春、秋季节常见的一些疾病有：慢性呼吸道病、新城疫、传染性支气管炎、传染性喉气管炎、传染性鼻炎、鸡白痢、禽霍乱、大肠杆菌病，以及多病原体混合感染等。

需要重点注意的是肉鸡呼吸道疾病。虽然肉鸡呼吸道疾病一年四季常发，但尤以冬、春、秋季节较为严重。这些季节的昼夜温差比较大或受寒流的侵袭，如果没有及时做好防寒保温工作，加上规模化养殖过程中鸡舍饲养密度过大、通风不良、舍内有毒有害气体浓度过高等，这些不良因素均可诱发鸡群发生呼吸道疾病。

二、实行严格的生物安全制度

生物安全是近年来国外提出的有关集约化生产过程中保护和提高畜禽群体健康状况的新理论。生物安全的中心思想是隔离、消毒和防疫。关键控制点是对人和环境的控制，最后达到建立防止病原入侵的多层屏障的目的。因此，每个鸡场和饲养人员都必须认识到，做好生物安全是避免疾病发生的最佳方法。一个好的生物安全体系将发现并控制疾病侵入养殖场的各种最可能途径。

生物安全包括控制疫病在鸡场中的传播、减少和消除疫病发生。因此，对一个鸡场而言，生物安全包括两个方面：一是外部生物安全，防止病原菌水平传入，将场外病原微生物带入场内的可能降至最低；二是内部生物安全，防止病原菌水平传播，降低病原微生物在鸡场内从病鸡向易感鸡传播的可能。

鸡场生物安全要特别注重生物安全体系的建立和细节的落实到位。具体包括建立各项生物安全制度、鸡场环境控制和设施建设、引种、加强消毒净化环境、饲料管理、实施群体预防、防止应激、疫苗接种和抗体检测、紧急接种、病死鸡无害化处理、灭蚊蝇、灭老鼠和防野鸟等。

1. 鸡场环境控制和设施建设

鸡场场址不应位于中华人民共和国主席令 2005 年第 45 号规定的禁止区域，并符合相关法律法规及土地利用规划。距离生活饮用水源地、居民区、畜禽屠宰加工、交易场所和主要交通干线 500 米以上，其他畜禽养殖场 1000 米以上。

鸡场应选择在地势高燥，通风良好，采光充足、排水良好、隔离条件好的区域。有专用车道直通到场，场区主要路面须硬化。场区周围有防疫隔离设施，并有明显的防疫标志。家禽场分为生活区、办公区和生产区，生活区和办公区与生产区分离，生活区和办公区位于生产区的上风向。养殖区域应位于污水、粪便和病死鸡处理区域的上风向。同时，生产区内污道与净道分离，不相交叉。各区整洁，且有明显标示。场区门口、生产区入口和鸡舍门口应有消毒设施，生产区入口处应设有更衣消毒室，场内和鸡舍内应有消毒设备。设有专用的蛋库，蛋库整洁。

场区有稳定适于饮用的水源及电力供应；水质符合《无公害食品畜禽饮用水水质》（NY 5027）的规定。鸡场应设有相应的消毒设施、更衣室、兽医室解剖室，并具备常规的化验检验条件。设有药品储备室，并配备必要的药品、疫苗储藏设备。有效的病鸡、污水及废弃物无公害化处理设施。鸡舍地面和墙壁应便于清洗和消毒，耐磨损，耐酸碱。墙面不易脱落，耐磨损，不含有毒有害物质。鸡舍应具备良好的排水、通风换气、防鼠、防虫、防鸟设施及相应的清洗消毒设施和设备。

坚持做好灭苍蝇、灭蚊子、灭老鼠和防野鸟工作。有害生物如苍蝇、蚊子、老鼠及其他飞禽走兽、寄生虫对鸡群健康的危害越来越明显。因此，对有害生物的控制应该引起高度重视，鸡宜采用全封闭式鸡舍，对半封闭式鸡舍应安装防鸟网、灭鼠器、灭蚊蝇灯，清除鸡舍周围的杂草和污水沟，安排专人驱赶飞鸟等，维护鸡场的生物安全。据介绍，美国的鸡舍周边铺设宽度为1米的碎石或鹅卵石，可避免啮齿类进入鸡舍。在饲料和鸡蛋的储藏地的周围设置大量的饵毒室，并放置有效的灭鼠药。这种做法值得我们的鸡场借鉴。

2. 引种要求

雏鸡应来源于具有种畜禽生产经营许可证的种鸡场，雏鸡需经产地动物防疫检疫部门检疫合格，达到《畜禽产地检疫规范》（GB 16549）的要求。不得从禽病疫区引进雏鸡。运输工具运输前需进行清洗和消毒。同一栋鸡舍的所有鸡应来源于同一种禽场相同批次的家禽。

鸡场应记录品种、来源、数量、日龄等情况，并保留种畜禽生产经营许可证复印件、动物检疫合格证和车辆消毒证明等。一旦出现引种问题能追溯到家禽出生、孵化的家禽场。

3. 加强消毒，净化环境

养鸡场应备有健全的清洗消毒设施和设备，以及制订和执行严格的消毒制度，防止疫病传播。鸡场采用人工清扫、冲洗、交替使用化学消毒药物消毒。要选择对人和鸡安全、没有残留毒性、对设备没有破坏、不会在鸡体内产生有害积累的消毒剂。选用的消毒剂应符合《无公害农产品 兽药使用准则》（NY/T 5030—2016）的规定。在鸡场入口、生产区入口、鸡舍入口设置防疫规定长度和深度的消毒池。对养鸡场及相应设施进行定期清洗消毒。为了有效消灭病原，必须定期实施以下消毒程序：每次进场消毒、鸡舍消毒、饲养管理用具消毒、车辆等运输工具消毒、场区环境消毒、带鸡消毒、饮水消毒。

用一定浓度的次氯酸盐、有机碘混合物、过氧乙酸、新洁尔灭等，用喷雾装置进行喷雾消毒，主要用于鸡舍清洗完毕后的喷洒消毒、带鸡消毒、鸡场道路和周围、进入场区的车辆；用一定浓度的新洁尔灭、有机碘混合物或煤酚的水溶液，洗手、洗工作服或胶靴；鸡舍应在进鸡前用甲醛和高锰酸钾进行熏蒸消毒，每立方米用福尔马林（40％甲醛溶液）42 毫升、高锰酸钾 21 克，在 21℃以上温度、70％以上相对湿度条件下，封闭熏蒸 24 小时以上；在鸡场入口、更衣室，用紫外线灯照射，可以起到杀菌效果；在鸡舍周围、入口撒生石灰或火碱可以杀死大量细菌或病毒；用酒精、汽油、柴油、液化气喷灯，对空置的笼具、地面、墙壁等地方用火焰依次瞬间喷射消毒效果更好。

鸡舍周围环境每 2～3 周用 2％火碱消毒或撒生石灰 1 次；场周围及场内污水池、排粪坑、下水道出口，每月用漂白粉消毒 1 次。在大门口、鸡舍入口设消毒池，注意定期更换消毒液；工作人员进入生产区净道和鸡舍要经过洗澡、更衣、紫外线消毒。严格控制外来人员，必须进生产区时，要洗澡，更换场区工作服和工作鞋，并遵守场内防疫制度，按指定路线行走；每批鸡只调出后，要彻底清扫干净，用高压水枪冲洗，然后进行喷雾消毒或熏蒸消毒；定期对笼具、料槽、饲料车、料箱、针管等用具进行消毒，可用 0.1％新洁尔灭或 0.2％～0.5％过氧乙酸消毒，然后在密闭的室内进行熏蒸。

4. 饲料管理

饲料原料和添加剂的感官应符合要求。即具有该饲料应有的色泽、嗅、味及组织形态特征，质地均匀，无发霉、变质、结块、虫蛀及异味、异嗅、异物。饲料和饲料添加剂的生产、使用应是安全、有效、不污染环境的产品。符合单一饲料、饲料添加剂、配合饲料、浓缩饲料和添加剂预混合产品的饲料质量标准规定。饲料应符合 NY 5037 的要求，所有饲料和饲料添加剂的卫生指标应符合《饲料卫生标准》（GB 13078—2001）和《饲料卫生标准 饲料中赭曲霉素 A 和玉米赤霉烯酮的允许量》（GB 13078.2—2006）的规定。

饲料和饲料添加剂应在稳定的条件下取得或保存，确保饲料和饲料添加剂在生产加工、储存和运输过程中免受害虫、化学、物理、微生物或其他不期望物质的污染。

在鸡的不同生长时期和生理阶段，根据营养需求，配制不同的配合饲料。营养水平不低于鸡饲养标准的要求，参考使用饲养品种的饲养手册标准配制全价配合饲料。禁止在饲料中添加违禁的药物及药物添加剂。使用含有抗生素的添加剂时，在肉鸡出栏前，按有关准则执行休药期。不使用变质、霉败、生虫或被污染的饲料。

5. 病死鸡无害化处理

病死鸡无害化处理是指用物理、化学等方法处理病死动物尸体及相关动物产品，消灭其所携带的病原体，消除动物尸体危害的过程。无害化处理方法包括焚烧法、化制法、掩埋法和发酵法。注意因重大动物疫病及人畜共患病死亡的动物尸体和相关动物产品不得使用发酵法进行处理。

对养鸡场饲养过程中出现的病死鸡要严格执行"四不准一处理"（即不准宰杀、不准食用、不准出售、不准转运、对病死鸡必须无害化处理）制度。对剖检的病鸡尸体采取深埋或焚烧等安全处理措施，勿给狗吃或送人，更不要乱丢乱抛。育雏阶段的死亡小鸡也应烧毁或深埋，防止野狗掏食。对鸡粪、垃圾废物采用发酵法或堆粪法进行无害化处理。对废弃的药品、生物制品包装物进行无害化处理。

6. 实施群体预防

养鸡场应根据《中华人民共和国动物防疫法》及其配套法规的要求，结合当地疫病流行的实际情况，制订免疫计划，有选择地进行疫病的预防接种工作；对国家兽医行政管理部门不同时期规定需强制免疫的疫病，疫苗的免疫密度应达到100%，选用的疫苗应符合《中华人民共和国兽用生物制品质量标准》，并注意选择科学的免疫程序和免疫方法。

进行预防、治疗和诊断疾病所用的兽药应来自具有《兽药生产许可证》，并获得农业部颁发的《中华人民共和国兽药GMP证书》的兽药生产企业，或农业部批准注册进口的兽药，其质量均应符合相关的兽药国家质量标准。使用拟肾上腺素药、平喘药、抗胆碱药与拟胆碱药、糖肾上腺皮质激素类药和解热镇痛药，应严格按国务院兽医行政管理部门规定的作用用途和用法用量使用。使用饲料药物添加剂应符合农业部《饲料药物添加剂使用规范》的规定。禁止将原料药直接添加到饲料及饮用水中或直接饲喂。应慎用经农业部批准的拟肾上腺素药、平喘药、抗胆碱药与拟胆碱药、糖肾上腺皮质激素类药和解热镇痛药。鸡场要认真做好用药记录。

7. 防止应激

应激是作用于动物机体的一切异常刺激，引起机体内部发生一系列非特异性反应或紧张状态的统称。对鸡来说，任何让鸡只不舒服的动作都是应激。应激对鸡的危害很大，会造成机体免疫力、抗病力下降，抑制免疫，诱发疾病，进而条件性疾病就会发生。可以说，应激是百病之源。

防止和减少应激的办法很多，在饲养管理上要做到"以鸡为本"，精心饲喂，供应营养平衡的饲料，控制鸡群的密度，做好通风换气、控制好温度、湿度和噪声，随时供应清洁充足的饮水等等。

8. 实行抗体检测

养鸡场应依照《中华人民共和国动物防疫法》及其配套法规，以及当地兽医行政管理部门有关要求，并结合当地疫病流行的实际情况，制订疫病监测方案并实施，并及时将监测结果报告当地兽医行政管理部门。养鸡场常规监测的疫病有高致病性禽流感、鸡新城疫、鸡马立克氏病、禽白血病、禽结核、鸡白痢、鸡伤寒等。养鸡场应接受并配合当地动物防疫监督机构进行定期或不定期的疫病监督抽查、普查、监测等工作。

9. 疫病扑灭与净化

养鸡场应根据监测结果，制订场内疫病控制计划，隔离并淘汰病畜禽，逐步消灭疫病。当鸡场发生疫病或怀疑发生疫病时，应根据《中华人民共和国动物防疫法》，立即向当地兽医行政管理部门报告疫情。

确诊发生国家或地方政府规定应采取扑杀措施的疾病时，养鸡场必须配合当地兽医行政管理部门，对发病畜禽群实施严格的隔离、扑杀措施。

发生动物传染病时，养鸡场应对发病鸡群及饲养场所实施净化措施，对全场进行彻底的清洗消毒，病死或淘汰鸡的尸体按畜禽病害肉尸及其产品无害化处理要求进行无害化处理，消毒按《畜禽产品消毒规范》（GB/T 16569）进行。

10. 建立各项生物安全制度

建立生物安全制度就是将有关鸡场生物安全方面的要求、技术操作规程加以制度化，以便全体员工共同遵守和执行。

如在员工管理方面要求对新参加工作及临时参加工作的人员进行上岗卫生安全培训。定期对全体职工进行各种卫生规范、操作规程的培训。

生产人员和生产相关管理人员至少每年进行一次健康检查，新参加工作和临时参加工作的人员，经过身体检查取得健康合格证后方可上岗，并建立职工健康档案。

进生产区必须穿工作服、工作鞋，戴工作帽，工作服必须定期清洗和消毒。每次家禽周转完毕，所有参加周转人员的工作服应进行清洗和消毒。各禽舍专人专职管理，禁止各禽舍间人员随意走动。

严格执行换衣消毒制度，员工外出回场时（休假或外出超过 4 小时回场者，要在隔离区隔离 24 小时），要经严格消毒、洗澡，更换场内工作服才能进入生产区，换下的场外衣物存放在生活区的更衣室内，行李、箱包等大件物品需打开照射 30 分钟以上，衣物、行李、箱包等均不得带入生产区。

禁止外来人员随便进入鸡场。如发现外人入场所有员工有义务及时制止，请出防疫区。本场员工不得将外人带入鸡场。外来参观人员必须严格遵守本场防疫、消毒制度。

工具管理方面做到专舍专用工具，各舍设备和工具不得混用，工具严禁借给场外人员使用。

每栋鸡舍门口设消毒池、盆，并定期更换消毒液，保持有效浓度。员工每次进入鸡舍都必须用消毒液洗手和踩踏消毒池。严禁在防疫区内饲养猫、狗等，养鸡场应配备对害虫和啮齿动物等的生物防护设施，杜绝使用发霉变质饲料等等。

每群鸡都应有相关的资料记录，其内容包括：畜禽品种及来源、生产性能、饲料来源及消耗情况、兽药使用及免疫接种情况、日常消毒措施、发病情况、实验室检查及结果、死亡率及死亡原因、无害化处理情况等。所有记录应有相关负责人员签字并妥善保存两年以上。

三、采用全进全出制度

全进全出制度即同一鸡舍或同一鸡场只饲养同一批次的鸡，同时进场、同时出场的管理制度。全进全出制度是规模化养鸡场的一项重要技术措施，它不但能保证生产的计划性，而且有利于鸡群的保健和对疫病的控制、扑灭和净化。全进全出制也是最理想的生物安全方式。

众所周知，当前制约家禽业发展的最大瓶颈是疫病，而造成目前疾病困扰的根本原因正是小规模、大群体的饲养模式。在这种饲养模式下，大鸡小鸡混养，大鸡发病小鸡遭殃，一个饲养场（户）发病，波及全村、方圆十几里乃至更大范围，并且经常是一病未平一病又起，循环往复，损失巨大。解决的办法只有一个，推行全进全出制，就是一个饲养场（户）只养一批同日龄的鸡，鸡同时进场、同时出栏淘汰，鸡群出栏后彻底清理、消毒，并空舍一段时间，等于每次进鸡时都是一个新场。这样可以避免疾病从较大日龄鸡传播到较小日龄鸡，对疾病易感的鸡群，切断了病原在鸡群之间的水平传播，减少了疾病的早期感染机会，降低了疾病从上批次传染给下批次的风险和概率，可显著提高鸡场生产成绩，是鸡场生物安全的重要措施。欧美发达国家几十年的发展经验充分证明这种办法相当有效。我国大中型养鸡场采用的也比较多，效果非常好。

为了实现全进全出，养鸡场应从设施建设和饲养管理上做好充分的准备工作。

一是鸡场在设施建设上，要建设足够的鸡舍做保证。鸡场在鸡舍设计建设时就要根据各个阶段鸡的特点建设专门的鸡舍。保证做到每个鸡舍只饲养同一日龄的肉鸡。如果同一养鸡场饲养不同日龄的肉鸡，要保证各不同日龄的鸡舍必须相互独立，保持一定的安全距离。

二是做好雏鸡的引进和出售计划，做好进雏、饲养、出售等各环节的衔接。避免出现因计划不周，导致某一批鸡过多或出售时间延迟而鸡舍不够用，不得不把不同日龄、不同批次的鸡饲养在同一个舍的情况发生。

三是在饲养管理上，鸡舍从工具、饲料、人员到防疫等饲养管理的各个环节都要实行单独管理。各舍实行专人专职管理，禁止各舍间人员随意走动。

四、扎实做好肉鸡场的消毒

消毒是鸡场最常见，也是最重要的工作之一。保证鸡场消毒效果可以节省大量用于疾病免疫、治疗方面的费用。随着养鸡业发展趋于集约化、规模化，养鸡人必须充分认识到鸡场消毒的重要性。

但是很多鸡场经营者还对此认识不足，主要存在以下几个方面的问题。一是认为消毒可有可无。有的做消毒时应付了事，鸡舍没有彻底清扫、冲洗干净，就急忙喷洒消毒药液，使消毒剂先与环境中存在的有机物结合，以致对微生物的杀灭作用大为降低，很难达到消毒效果；有的嫌麻烦不愿意做，有的隔三差五做 1 次。听说周围鸡场有疫情了，就做一做，没有疫情就不做。本场发生传染病了，就集中做几次，时间一长又不坚持做了；有的干脆就不做。有的虽然做了消毒，但结果鸡还是得病了，所以就认为消毒没什么作用。二是不知道消毒方法。在消毒方法上，不懂得消毒程序，不知道怎样消毒，以为水冲干净、粪清干净就是消毒。有的养鸡场配制消毒剂时任意增减浓度，消毒剂的配比浓度过低，不能杀灭病原微生物。虽然浓度越大对病原微生物杀灭作用越强，但是浓度增大的范围是有限的，不是所有的消毒剂超出限度就能提高消毒效力。因为各种化学消毒剂的化学特性和化学结构不同，对病原微生物的作用也各不相同。三是不会选择消毒药品。消毒药品单一，不知道根据消毒对象选择合适的消毒药品。有的养鸡场长期使用 1～2 种消毒剂，没有定期更换，致使病原体产生耐药性，影响消毒效果。有的贪图便宜，哪个便宜买哪个，从市场上购进无生产批号、无生产厂家、无生产日期的"三无消毒药"，使用后不但没达到消毒目的，反而影响生产，造成经济损失。

消毒的目的是消灭病原微生物，如果存在病原微生物就有传播的可能，最常见的疾病传播方式是鸡与鸡之间的直接接触，引入疾病的最大风险总是来自于感染的家禽。其他能够传播疾病的方式包括：空气传播，例如来自相邻鸡场的风媒传播；机械传播，例如通过车辆、机械和设备传播；人员通过鞋和衣物传播；鸟、鼠、昆虫以及其他动物（家养、农场和野生）；污染的饲料、水、垫料等。

疾病要想传播，首先必须有足够的活体病原微生物接触到鸡只。生物安全就是要尽可能减少或稀释这种风险。因此，卫生、清洗消毒就成了生物安全计划不可分割的部分。

因此，一贯的、高水准的清洗消毒是打破某些传染性疾病在场内再度感染的循环周期的有效方式。所以，鸡场必须高度重视、扎实做好消毒工作。

五、制订科学的免疫程序

从目前生产实践看，多数养鸡场（户）饲养肉鸡所采用的免疫程序大都是参照疫苗厂家或由鸡雏供应商直接提供的免疫程序，这些免疫程序具有一定的普遍性，但是由于每个地方疫病的流行情况不同，免疫程序也不尽相似，养鸡场（户）必须根据本地的实际疫病流行情况和需要，科学地制订和设计一个适合于本场的免疫程序。

制订免疫程序应该考虑的因素如下。

1. 鸡场及周边疫病流行情况

本场、本地区疾病的流行情况、危害程度、鸡场疫病的流行病史、发病特点、多发日龄、流行季节、鸡场间的安全距离等都是制订和设计免疫程序时应该综合考虑的因素。如传染性支气管炎首免的时间一般在 7～9 日龄，由于春、秋两季温度变化较大，是传染性支气管炎高发期，首免的时间应选择在 3～5 日龄。

2. 疫苗毒力

疫苗有多种分类方法，就同一种疫苗来说，根据疫苗的毒力强弱可分为强毒、中毒、弱毒疫苗；根据血清型同时又有单价和多价之别。疫苗免疫后产生免疫保护所需的时间、免疫保护期长短、对机体的免疫应答作用是不同的：一般而言，活疫苗比灭活疫苗抗体产生的快，病毒疫苗比细菌疫苗的保护率高。毒力越强，免疫原性越好，对机体的应激越大，免疫后产生免疫保护需要的时间短；毒力弱则情况相反；灭活苗免疫后产生免疫保护需要的时间最长，但免疫后能获得高而整齐的抗体滴度。现在市场中经常见到使用毒力强的法氏囊活苗，毒力越强，对法氏囊的损伤就越大，易造成机体免疫器官的损坏，引起严重的自身免疫抑制，同时也影响其他疫苗的免疫效果，宜采用中等毒力的法氏囊疫苗。

3. 疫苗免疫后产生保护所需时间

疫苗免疫后产生保护所需时间及免疫保护期长短，即免疫空白期，因疫苗种类、毒株类型、免疫途径、毒力、免疫次数、鸡群的应激状态等不同而差异很大，一般的新城疫灭活苗注射后需 15 天才具有保护力。抗体的衰减速度因管理水平、环境污染程度差异而不同，但盲目过频的免疫或仅免疫一次都是很危险的。

4. 疫苗之间的干扰

多种疫苗同时免疫，如传染性支气管炎单苗与新城疫单苗同时混合使用或免疫间隔过短，会产生严重的干扰作用，两者间隔的时间最少为 14 天。使用新城疫、传染性支气管炎联苗的除外。

5. 免疫途径的选择

不同的疫苗有不同的免疫途径，疫苗生产厂家提供的产品均附有说明书，一般活苗免疫，如鸡新城疫、传染性支气管炎一般采用滴鼻或点眼，鸡痘疫苗一般采用肌内注射的免疫途径。灭活苗主要采用肌内注射或皮下注射的免疫方法。

合理的免疫途径可以刺激机体尽快产生免疫力，不合理的免疫途径则可能导致免疫失败甚至是严重的免疫反应。如法氏囊冻干疫苗免疫方法的选择以滴口为首选，油乳剂灭活苗不能饮水、喷雾；同一种疫苗用不同的免疫途径所获得的免疫效果也不一样，如鸡新城疫疫苗，滴鼻点眼的免疫效果是饮水免疫的 4～5 倍。

6. 免疫抑制性疾病的影响

临床上免疫抑制性疾病感染是很普遍的。种鸡群的净化水平低，导致鸡传染性贫血病毒（CIAV）、J 亚群禽骨髓性白血病病毒

（ALV-J）、网状内皮组织增生症病毒（REV）和呼肠孤病毒等免疫抑制性疾病广泛存在，均经过种蛋垂直传播给雏鸡。免疫抑制性疾病会造成家禽机体整个防御系统（非特异性免疫、特异性免疫）受损，导致免疫抑制或免疫力低下，增加其他病毒性、细菌性病发生的概率。

7. 母源抗体的干扰

母源抗体在保护机体免受病毒侵害的同时也影响疫苗免疫应答，从而影响免疫程序的制订。在母源抗体（MAT）水平较高的情况下，应推迟首免日龄，如鸡新城疫的首免一般选在 9～10 日龄、法氏囊首免宜在 1～16 日龄。当母源抗体（MAT）水平逐渐降低时，有少量母源抗体的缓冲作用，鸡群对疫苗的应答将会很好。

8. 鸡群健康及药物使用情况

在饲养过程中，预先制订好的免疫程序也不是一成不变的，而是要根据抗体监测结果和鸡群健康状况及用药情况随时进行调整；抗体监测可以查明鸡群的免疫状况，指导免疫程序的设计和调整。

抗病毒药物能抑制机体的免疫应答，有些抗生素也能抑制机体的免疫，链霉素、氟苯尼考等能抑制新城疫抗体的产生，庆大霉素和丁胺卡那霉素对 T、B 淋巴细胞的转化有明显的抑制作用，所以在免疫前后尽量不使用抗生素。

附：常见动物疫病免疫推荐方案（试行）

为贯彻落实《国家中长期动物疫病防治规划（2012—2020 年）》，指导做好动物防疫工作，结合当前防控工作实际，根据《中华人民共和国动物防疫法》等法律法规有关规定，制订本方案。

一、免疫病种

布鲁氏菌病、新城疫、狂犬病、绵羊痘和山羊痘、炭疽、猪伪狂犬病、棘球蚴病（包虫病）、猪繁殖与呼吸综合征（经典猪蓝耳病）、猪乙型脑炎、猪丹毒、猪圆环病毒病、鸡传染性支气管炎、鸡传染性法氏囊病、鸭瘟、低致病性（H9 亚型）禽流感等动物疫病。

二、免疫推荐方案

有条件的养殖单位应结合实际，定期进行免疫抗体水平监测，根据检测结果适时调整免疫程序。

（一）布鲁氏菌病

略。

（二）新城疫

对鸡实行全面免疫。

商品肉鸡：7～10日龄时，用新城疫活疫苗（低毒力）和（或）灭活疫苗进行初免，2周后，用新城疫活疫苗加强免疫一次。

种鸡、商品蛋鸡：3～7日龄，用新城疫活疫苗进行初免；10～14日龄用新城疫活疫苗和（或）灭活疫苗进行二免；12周龄用新城疫活疫苗和（或）灭活疫苗强化免疫，17～18周龄或开产前再用新城疫灭活疫苗免疫一次。开产后，根据免疫抗体检测情况进行强化免疫。

使用疫苗：鸡新城疫灭活疫苗或活疫苗。

（三）～（十一）

略。

（十二）鸡传染性支气管炎

对疫病流行地区的鸡进行免疫。

商品肉鸡：在1～7日龄、10～14日龄和56日龄时使用鸡传染性支气管炎活疫苗分别进行初免、二免和三免。对40～50日龄出栏的肉鸡，建议只进行两次免疫。

种鸡、商品蛋鸡：56日龄前免疫程序同商品肉鸡；110～120日龄时用鸡传染性支气管炎灭活疫苗进行四免。开产后，根据免疫抗体检测情况进行免疫。

使用疫苗：鸡传染性支气管炎灭活疫苗或活疫苗。

（十三）鸡传染性法氏囊病

对疫病流行地区的鸡进行免疫。

商品肉鸡：在10～14日龄、22日龄左右时使用鸡传染性法氏囊病活疫苗分别进行初免和二免。对40～50日龄时出栏的肉鸡，在24日龄前完成免疫。

种鸡、商品蛋鸡：在10～14日龄、28～35日龄时使用鸡传染性法氏囊病活疫苗分别进行初免和二免，110～120日龄时用鸡传染性法氏囊病灭活疫苗进行三免。开产后，根据免疫抗体检测情况进行免疫。

使用疫苗：鸡传染性法氏囊病灭活疫苗或活疫苗。

（十四）鸭瘟

略。

（十五）低致病性（H9亚型）禽流感

对疫病流行地区的鸡进行免疫。

商品肉鸡：7～14日龄时进行初免；28～35日龄时进行二免。对40～50日龄出栏的肉鸡，建议只进行初免。

种鸡、商品蛋鸡：初免、二免免疫程序同商品肉鸡；110～120日龄时进行三免。开产后，根据免疫抗体检测情况进行免疫。

使用疫苗：禽流感（H9亚型）灭活疫苗。

三、其他事项

（一）各种疫苗具体免疫接种方法及剂量按相关产品说明操作。

（二）切实做好疫苗效果监测评价工作，免疫抗体水平达不到要求时，应立即实施加强免疫。

（三）对开展相关重点疫病净化工作的种畜禽场等养殖单位，可按净化方案实施，不采取免疫措施。

（四）必须使用经国家批准生产或已注册的疫苗，并加强疫苗管理，严格按照疫苗保存条件进行储存和运输。对布鲁氏菌病等常见动物疫病，如国家批准使用新的疫苗产品，也可纳入本方案投入使用。

（五）使用疫苗前应仔细检查疫苗外观质量，如是否在有效期内、疫苗瓶是否破损等。免疫接种时应按照疫苗产品说明书要求规范操作，并对废弃物进行无害化处理。

（六）要切实做好个人生物安全防护工作，避免通过皮肤伤口、呼吸道、消化道、可视黏膜等途径感染病原或引起不良反应。

（七）免疫过程中要做好消毒工作，猪、牛、羊、犬等家畜免疫要做到"一畜一针头"，鸡、鸭等家禽免疫做到勤换针头，防止交叉感染。

（八）要做好免疫记录工作，建立规范完整的免疫档案，确保免

疫时间、使用疫苗种类等信息准确翔实、可追溯。

六、合理用药

按照《无公害农产品 兽药使用准则》（NY/T 5030—2016）规定，兽药是指用于预防、治疗、诊断动物疾病或者有目的地调节其生理机能的物质（含药物饲料添加剂），主要包括：血清制品、疫苗、诊断制品、微生态制品、中药材、中成药、化学药品；抗生素、生化药品、放射性药品及外用杀虫剂、消毒剂等。

在养鸡生产中，由于养殖人员对用药常识了解得不够，经常会出现盲目投药、胡乱搭配、超剂量投药、药量计算不准确、投药途径不正确、盲目使用药物、不注意药物配伍禁忌、甚至使用禁用药物等不合理用药的问题。由于肉鸡生长期短，生长强度大，鸡体承受能力也差，不合理用药既增加肉鸡的生产成本，又可因为药物的副作用导致鸡体损害，轻者影响肉鸡正常生长，重者使肉鸡死亡，得不偿失。特别是肉鸡的用药往往是整群用药，一旦药物使用不当，将对整个鸡群造成严重影响，后果不堪设想。因此，养鸡场必须合理用药。

合理用药就是按照《无公害农产品 兽药使用准则》的规定，做到以下几点。

1. 遵守《兽药管理条例》的有关规定使用兽药

临床兽医和畜禽饲养者应遵守《兽药管理条例》的有关规定使用兽药，应凭专业兽医开具的处方使用经国务院兽医行政管理部门规定的兽医处方药。禁止使用国务院兽医行政管理部门规定的禁用药品。临床兽医使用拟肾上腺素药、平喘药、抗胆碱药与拟胆碱药、糖肾上腺皮质激素类药和解热镇痛药，应严格按国务院兽医行政管理部门规定的作用用途和用法用量审慎使用。养鸡场使用饲料药物添加剂应符合农业部《饲料药物添加剂使用规范》的规定。禁止将原料药直接添加到饲料及动物饮用水中或直接饲喂动物。非临床医疗需要，禁止使用麻痛药、镇痛药、镇静药、中枢兴奋药、雄性激素、雌性激素、化学保定药及骨骼肌松弛药。必须使用该类药时，应凭专业兽医开具的处方药。

2. 购买正规兽药生产企业的合格兽药

临床兽医和畜禽饲养者进行预防、治疗和诊断畜禽疾病所用的兽药应是来自具有《兽药生产许可证》，并获得农业部颁发的《中华人民共和国兽药 GMP 证书》的兽药生产企业，或农业部批准注册进口的兽药，其质量均应符合相关的兽药国家质量标准。

3. 按《中华人民共和国动物防疫法》的规定对畜禽进行免疫

临床兽医应严格按《中华人民共和国动物防疫法》的规定对畜禽进行免疫，防止畜禽发病和死亡。肉种鸡的产蛋期要慎用鸡新城疫、传染性支气管炎等疫苗，肉种鸡产蛋期除发生疫情紧急接种外，一般不宜接种这些疫苗，以防应激等因素引起产蛋量下降和软壳蛋。

4. 注意药物配伍禁忌

如抗生素之间、抗生素与其他药物混合使用，有的可产生增强相加作用，有的可产生拮抗和毒副作用，所以要注意药物间的配伍禁忌，以免带来不良后果，如青霉素 G 与四环素，土霉素与金霉素则不能联用。再比如磺胺类药物，与新霉素、黄连素配伍使用可增强疗效，而与青霉素配伍则降低疗效。与氨基糖苷类和酸性药物配伍会产生沉淀，与四环素类、头孢菌素类、莫能菌素、盐霉素等配伍则毒性增强。

5. 抓住最佳用药时机

给肉鸡用药的目的一定要明确，不能在畜禽发病还没有确诊的情况下，仅凭想当然就随意用药。因此，必须仔细观察其症状，必要时还要进行剖检，还不能确诊时就必须采集病料送有关部门进行实验室诊断。只有在准确诊断的基础上用药，才能得到应有的疗效。也就是清楚肉鸡患的是哪种病，应该选择什么类型的药物进行治疗。根据治疗的目的选择合适的治疗方案，进行科学选药。与此同时，药物的用量一定要适当，在病情比较轻微时，最好不选用高档药物，否则很容易产生抗药性。

6. 注意合理用药的剂量

用药剂量不是越大效果越好，很多药物大剂量使用，不仅造成药

物残留，而且会发生畜禽中毒。在实际生产中，首先使用抗菌药可适当加大剂量，其他药则不宜加大用药剂量。同时要注意，拌入饲料服用的药物，必须搅拌均匀，防止鸡采食药物的剂量不一致，引起中毒。另外，要注意药物的溶解度和饮水量。饮水给药要考虑药物的溶解度和鸡的饮水量，确保鸡吃到足够剂量的药物。

7. 注意药物疗程和休药期

要保证疗程用药时间。药物连续使用时间必须达到一个疗程以上。不可使用一两次就停药，或急于调换药物品种，因为很多药物需使用一个疗程才显示出疗效。

临床兽医和饲养者应严格执行国务院兽医行政管理部门规定的兽药休药期，并向购买者或屠宰者提供准确、真实的用药记录。

8. 注意用药对象

常用的药物如磺胺嘧啶、磺胺噻唑、磺胺氯吡嗪、增效磺胺嘧啶等，这类药在养鸡生产上常用于防治白痢、球虫病、盲肠肝炎和其他细菌性疾病。但这些药物都有抑制肉种鸡产蛋的副作用，能与碳酸酐酶结合，使其降低活性，从而使鸡产软壳蛋和薄壳蛋，因此这类药只能用于幼小的鸡和青年鸡，而对肉种鸡产蛋期应禁止使用。抗球虫类药物如氯苯胍、球虫净、克球粉、硝基氯苯酰胺、莫能霉素等。这些药物使用后，一方面有抑制肉种鸡产蛋的作用，另一方面会在种蛋中出现残留现象，这种蛋被人食用后，又会危害人体健康，因而对产蛋鸡应禁用。

9. 做好兽药使用记录和兽药不良反应报告

临床兽医和畜禽饲养者使用兽药，应认真做好用药记录。用药记录至少应包括：用药的名称（商品名和通用名）、剂型、剂量、给药途径、疗程，药物的生产企业、产品的批准文号、生产日期、批号等。使用兽药的单位或个人均应建立用药记录档案，并保存1年（含1年）以上。

临床兽医和畜禽饲养者使用兽药，应对兽药的治疗效果、不良反应做观察记录；发生动物死亡时，应请专业兽医进行解剖，分析是药物原因还是疾病原因。发现可能与兽药使用有关的严重不良反应时，应当立即向所在地人民政府兽医行政管理部门报告。

七、保持良好的卫生管理

畜禽养殖管理过程中，良好的卫生管理最为重要。因为肉鸡生产周期短，生长强度大，在饲养期间如发生疾病将遭受重大经济损失。而环境卫生差是导致发病的重要因素，因此，必须做到无论何时都要重视舍内外的卫生管理，这是畜禽养殖管理工作的重中之重，千万不可轻视此方面工作。为了做到良好的卫生管理，必须做好以下三个方面的工作。

1. 制订合理的卫生管理制度和工作程序

"没有规矩，不成方圆。"一个养鸡场要保证良好的卫生管理，就要制订符合本场实际的、可操作性强的卫生管理制度，用制度实现有序的卫生管理。鸡场的卫生制度要明确什么时间、什么地点、由什么人去做卫生管理，以及明确完成的标准、完成的时限和奖惩措施。

2. 卫生管理制度的实施

制度制订以后关键是实施，而实施体现出执行力，没有人去执行或执行不到位的制度是没有意义的。养鸡场的执行力越强，鸡场的效益就会越好。因此，鸡场的管理人员要从自身做起，以身作则，带头严格执行卫生管理制度。管理者还要始终如一地坚持，要常抓不懈。切不可有布置没检查，抓工作虎头蛇尾，或者想起来就抓一抓，要持续地跟进。还要根据生产情况及时调整，使之符合生产实际需要。然后督促员工认真做好分担区的卫生管理。

3. 实行严格的考核及奖惩措施

为了保证卫生管理制度完全彻底地执行，就要有严格的考核及奖惩措施，做好考核及奖惩措施的兑现。这也是确保卫生管理制度得到良好执行的保证。奖惩要本着"奖惩结合，有功必奖，有过必罚"的原则，与员工的岗位职责和收入挂钩。

八、肉鸡球虫病的防治

鸡球虫病（coccidiosis in chicken）是鸡常见且危害十分严重的寄生虫病，是由一种或多种球虫引起的急性流行性寄生虫病。它造成

的经济损失是惊人的。10～30 日龄的雏鸡或 35～60 日龄的青年鸡的发病率和致死率可高达 80％。病愈的雏鸡生长受阻，增重缓慢；成年鸡一般不发病，但为带虫者，增重和产蛋能力降低，是传播球虫病的重要病源。

临床上根据球虫病发病部位不同分为盲肠球虫病和小肠球虫病。

盲肠球虫病：3～6 周龄幼鸡常为此型，由柔嫩艾美耳球虫引起。病鸡早期出现精神萎靡，拥挤在一起，翅膀下垂，羽毛逆立。闭眼瞌睡，下痢，排出带血液的稀粪或排出的全部是血液，食欲不振，鸡冠苍白，发病后 4～10 天死亡，不及时治疗死亡率可达 50％～100％。

小肠球虫病：由柔嫩艾美耳球虫以外的其他几种艾美耳球虫引起，较大日龄幼鸡的球虫病为此种类型，这种类型的球虫病病程较长，病鸡表现冠苍白，食欲减少，消瘦，羽毛蓬松，下痢，一般无血便，两脚无力，瘫倒不起，最后衰竭死亡，死亡率较盲肠球虫病低。

根据球虫病发病时间长短分为急性型、慢性型和亚临诊型。

急性型：精神不振，缩颈，不吃食，喜卧，渴欲增加，排暗红色或巧克力血便，有的带少量鲜血，羽毛松乱，拉稀，消瘦，贫血，多见于发病后四五天死亡，耐过的病鸡生长缓慢，病程 2～3 周，死亡率可达 50％。

慢性型：症状与急性型相似，但比较轻微，病程长，可达几周或数月，病鸡间歇腹泻，消瘦，贫血，成为散播疾病的传染源。

亚临诊型：无症状，但可造成肉仔鸡生长缓慢，蛋鸡产蛋量下降。

各个品种的鸡均有易感性，15～50 日龄的鸡发病率和致死率都较高，成年鸡对球虫有一定的抵抗力。

【防治措施】

球虫病的防治关键在于预防。由于球虫卵囊抵抗力强，分布广泛，感染普遍，对球虫病的预防也需要采取综合防治措施，多管齐下，才能收到较好的效果。

1. 搞好环境卫生

病鸡是主要传染源，凡被带虫鸡污染过的饲料、饮水、土壤和用具等，都有卵囊存在。鸡感染球虫的途径主要是吃了感染性卵囊。人及其衣服、用具等以及某些昆虫都可成为机械传播者。粪便及时清除、定期消毒等可有效防止该病的发生。要保持饲料、饮水清洁，笼具、料槽、水槽定期消毒，一般每周 1 次，可用沸水、热蒸汽或 3％～5％热碱水等处理。用球杀灵和 1：200 的农乐溶液消毒鸡场及运动场，均对球虫卵囊有强大杀灭作用。因此，要搞好鸡场环境卫生，及时清除粪便，定期消毒，防止球虫卵囊的扩散。

2. 加强饲养管理

鸡舍内阴凉潮湿、卫生条件不良、消毒不严、鸡群密度大等因素是造成球虫病流行的主要诱发因素。在潮湿多雨、气温较高的梅雨季节易爆发球虫病。球虫孢子化卵囊对外界环境及常用消毒剂有极强的抵抗力，一般的消毒剂不易破坏，在土壤中可保持生活力达 4～9 个月，在有树荫的地方可达 15～18 个月。但鸡球虫未孢子化卵囊对高温及干燥环境抵抗力较弱，36℃即可影响其孢子化率，40℃环境中停止发育，在 65℃高温作用下，几秒钟卵囊即全部死亡；湿度对球虫卵囊的孢子化也影响极大，干燥室温环境下放置 1 天，即可使球虫丧失孢子化的能力，从而失去传染能力。可见，温暖、潮湿的环境有利于球虫卵囊的发育和扩散，而圈舍通风好、圈舍干燥和适当的饲养密度等则可有效防止该病的发生。

3. 做好免疫预防

目前，用于鸡场计划免疫的球虫活苗的免疫方法有滴口法、拌料法、饮水法及喷雾法等，以滴口法为最佳，可确保 100％免疫，但对于大鸡场则有些不便且应激大。喷料法和饮水法是大鸡场较为适用的免疫方法。

（1）滴口免疫法　滴口免疫法免疫的整齐度和效果最为理想，但要逐只滴服，工作量较大。在条件许可的情况下，建议尽量使用滴口的免疫接种方法。具体操作方法：按 1000 羽份疫苗用 53～55 毫升生理盐水或凉开水稀释，充分摇匀后倒入滴瓶中，每只鸡滴口两滴即可。注意在滴口过程中要不断摇动滴瓶，以保持疫苗的均匀，且应在较短时间内滴完。

（2）拌料免疫法 拌饲料的免疫方法操作简便，工作量小，免疫效果不如滴口，但却是效果较为理想的常用方法。具体操作方法：将鸡一天的饲料均匀撒在供料用具中，然后按1000羽份疫苗用1千克凉开水稀释。充分搅拌均匀后装入已彻底清洗干净的喷雾器中，按每只鸡1羽份均匀喷洒在饲料表面，以只浸湿饲料表面为宜。让鸡把喷洒好球虫疫苗的饲料在6～8小时内采食干净。喷洒过程中要经常摇动喷雾器，保持疫苗均匀。

（3）饮水免疫法 让鸡自由采食饮水2小时后，实行控水2小时。将球虫疫苗稀释于够鸡1～2小时饮完的凉开水中，加入悬浮剂。将疫苗定量分装饮水器中，供鸡只自由饮用。

（4）球虫免疫效果的判定 应根据鸡群免疫后的鸡群状态、粪便状态、颜色、气味等，再加上实验室镜检每克粪便所含卵囊数的多少来判定鸡群免疫是否成功。一般情况下，球虫免疫后第5～7天开始排出卵囊，第10天左右粪便会有所变化（例如，黑褐色稀便、淡红色软便等），同时在同一鸡舍内选几个点，每个点采5～10团的新鲜粪便混匀，检查、计每克粪便卵囊数。如果每个点查到的卵囊大小不一，且几个点上的卵囊数较均匀，则说明免疫成功，反之免疫可疑。

（5）球虫免疫后的垫料管理至关重要 垫料太干，球虫卵囊不孢子化，鸡群得不到反复免疫；垫料太湿，卵囊孢子化的数量太多，易使免疫力尚未充分建立的鸡群引发球虫病，因此上层垫料的最佳湿度是25%～30%。根据经验，其判别标准是在鸡舍中选取几个点，抓起一把垫料，把手松开，手心感觉有点潮，说明垫料湿度适合；手心感觉有点湿，说明垫料太潮湿；手心感觉有点干，说明应增加湿度。在免疫期间，上层垫料要经常翻动保证疏松，不得出现结饼现象，育雏期间不许大面积更换垫料。

（6）球虫免疫后2周内在饲料或饮水中应添加维生素A和维生素K 以防止维生素A的缺乏和减少肠道出血等免疫反应。

4．辅助药物防治

抗球虫药物有化学合成类抗球虫药（主要有磺胺类、尼卡巴嗪、地克珠利、氯羟吡啶、球痢灵）和聚醚类离子载体抗生素类抗球虫药（主要有莫能霉素、拉沙里霉素、马杜拉霉素、海南霉素等），各有优缺点，可以根据本场情况选用，需要注意球虫耐药性问题。

九、常见传染病的预防和治疗

1. 鸡新城疫

鸡新城疫（new castle disease），由副黏病毒引起的高度接触性传染病。鸡瘟是鸡新城疫的俗称，又称亚洲鸡瘟或伪鸡瘟。常呈急性败血症状。主要特征是呼吸困难、便稀、神经紊乱、黏膜和浆膜出血。死亡率高，对养鸡业危害严重。

有强毒株和弱毒株两类。病毒分为低毒力型（即缓发型）、中等毒力型（即中发型）、强毒力型（即速发型）3型。多数高强度毒力株常属嗜内脏型新城疫病毒。鸡科动物都可罹患本病。家鸡最易感，雏鸡比成年鸡易感性更高。病初体温升高，达43～44℃，精神委顿，羽毛松乱，呈昏睡状。冠和肉髯暗红色或黑紫色。嗉囊内常充满液体及气体，呼吸困难，喉部发出咯咯声；粪便稀薄、恶臭，一般2～5天死亡。亚急性或慢性型症状与急性型相似，唯病情较轻，出现神经症状，腿、翅麻痹，运动失调，头向后仰或向一边弯曲等，病程可达1～2个月，多数最终死亡。

各种鸡和各种年龄的鸡都能感染，幼鸡和中鸡更易感染，两年以上的老鸡易感性降低。本病主要传染源是病鸡和带毒鸡的粪便及口腔黏液。被病毒污染的饲料、饮水和尘土经消化道、呼吸道或结膜传染易感鸡是主要的传播方式。空气和饮水传播，人、器械、车辆、饲料、垫料（稻壳等）、种蛋、幼雏、昆虫、鼠类的机械携带，以及带毒的鸽、麻雀的传播对本病都有重要的流行病学意义。一年四季均可发生，以冬春寒冷季节较易流行。在非免疫区或免疫低下的鸡群，一旦有速发型毒株侵入，可迅速传播，呈毁灭性流行。发病率和死亡率可达90％以上。目前，在大中型养鸡场，鸡群有一定免疫力的情况下，鸡新城疫主要以一种非典型的形式出现，应引起重视。

近年来由于病毒毒力增强、疫苗使用方法、使用途径等原因，非典型新城疫发病较多。非典型新城疫一般不呈爆发性流行，多散发，发病率在5％～10％。临床上缺乏特征性呼吸道症状，鸡群精神状态较好，饮食正常。个别鸡出现精神沉郁，食欲降低，嗉囊空虚，排黄

色粪便等症状。从出现症状到死亡，一般为1～2天。产蛋鸡出现产蛋量下降，产软壳蛋等。非典型新城疫的特征性病理变化表现在小肠上有数个大小不等的黄色泡状肠段。剪开该肠段可见肠内容物呈橘黄色、稀薄，肠黏膜脱落，肠壁变薄，呈橘黄色，缺乏弹性，肠壁毛细血管充血或出血，与周围界限明显。腺胃变软、变薄，腺胃乳头间有出血。产蛋鸡除上述病变外，卵泡变形，卵黄液稀薄，严重者卵泡破裂，卵黄散落到腹腔中形成卵黄性腹膜炎。

【防治措施】

本病尚无有效治疗药物，只能依靠严格消毒、隔离和用灭活苗及活苗疫苗接种预防。新城疫的预防工作是一项综合性工程。饲养管理、防疫、消毒、免疫及监测五个环节缺一不可。不能单纯依赖疫苗来控制疾病。防治措施如下。

一是加强饲养管理和兽医卫生，注意饲料营养，减少应激，提高鸡群的整体健康水平；特别要强调全进全出和封闭式饲养制，提倡育雏、育成、成年鸡分场饲养方式。谢绝参观，加强检疫，防止动物进入易感鸡群，工作人员、车辆进出须经严格消毒处理。

二是严格防疫消毒制度，杜绝强毒污染和入侵。本病毒对消毒剂、日光及高温抵抗力不强，一般消毒剂的常用浓度即可很快将其杀灭。但是消毒要严格规范，特别是消毒前彻底清除粪便、污染物、灰尘等。因为很多种因素都能影响消毒剂的效果，如病毒的数量、毒株的种类、温度、湿度、阳光照射、储存条件及是否存在有机物等，尤其以有机物的存在和低温的影响作用最大。

三是建立科学的适合于本场实际的免疫程序，充分考虑母源抗体水平，疫苗种类及毒力，最佳剂量和接种途径，鸡种和年龄。坚持定期地免疫监测，随时调整免疫计划，使鸡群始终保持有效的抗体水平。肉鸡一般8～9日龄用新城疫Ⅳ系疫苗点眼、滴鼻，同时颈部皮下注射新城疫油乳剂灭活疫苗。25日龄用新城疫Ⅳ系疫苗4倍量饮水。40日龄用Ⅳ系疫苗4倍量饮水。

四是鸡场发生鸡新城疫的处理：分新城疫和非典型新城疫两种情况处理，鸡群一旦发生本病，首先将可疑病鸡拣出焚烧或深埋，被污染的羽毛、垫料、粪鸡新城疫病变内脏亦应深埋或烧毁。封锁鸡场，禁止转场或出售，立即彻底消毒环境，并给鸡群进行Ⅰ系苗加倍剂量的紧急接种；鸡场内如有雏鸡，则应严格隔离，避免Ⅰ系苗感染雏鸡。待最后一个病例处理两周后，经过严格消毒，方可解除封锁，重新进鸡。

发生非典型新城疫，应立即隔离和淘汰早期病鸡，全群紧急接种3倍剂量的 La Sota（Ⅳ系）活毒疫苗，必要时也可考虑注射Ⅰ系活毒疫苗。如果把3倍量Ⅳ系活苗与新城疫油乳剂灭活苗同时应用，效果更好。对发病鸡群投服多维和适当抗生素，可增加抵抗力，控制细菌感染。

2. 鸡传染性支气管炎

鸡传染性支气管炎（infectious bronchitis，IB）是由传染性支气管炎病毒（IBV）引起的一种急性、高度接触性传染病。IBV 主要损伤雏鸡的呼吸道、生殖系统以及泌尿系统的肾等，造成蛋用鸡产蛋量和蛋的品质下降，甚至导致成年鸡死亡，给养鸡业带来不可低估的经济损失。

本病的发病率高，各个年龄的鸡均易感。雏鸡无前驱症状，全群几乎同时突然发病。最初表现为呼吸道症状，流鼻涕、流泪、鼻肿胀、咳嗽、打喷嚏、伸颈张口喘气。夜间听到明显嘶哑的叫声。随着病情发展，症状加重，缩头闭目、垂翅挤堆、食欲不振、饮欲增加，如治疗不及时，有个别死亡现象。6 周龄以上的鸡和成年鸡的发病症状与幼鸡相似，但较少见到流鼻液的现象。由于气管内滞留大量分泌物，因此可在夜间听到明显的异常呼吸音"咕噜"声。肾病变型多发于 20～50 日龄的幼鸡。在感染肾病变型的传染性支气管炎毒株时，由于肾脏功能的损害，病鸡除有呼吸道症状外，还可引起肾炎和肠炎。肾型支气管炎的症状呈二相性：第一阶段有几天呼吸道症状，随后又有几天症状消失的"康复"阶段；第二阶段就开始排水样白色或绿色粪便，并含有大量尿酸盐。病鸡失水，表现虚弱嗜睡，鸡冠褪色或呈紫蓝色。肾病变型传染性支气管炎病程（12～20 天）一般比呼吸器官型稍长，死亡率也高（20%～30%）。

【防治措施】

本病的发病季节多见于秋末至次年春末，但以冬季最为严重。环境因素主要是冷、热、拥挤、通风不良，特别是强烈的应激作用，如疫苗接种、转群等可诱发该病发生。传播方式主要是病鸡排出病毒，

经空气飞沫传染给易感鸡。此外，人员、用具及饲料和饮水等也是传播媒介。本病传播迅速，常在1～2天内波及全群。但是，鸡传染性支气管炎病毒分的几个毒株抵抗力很弱，常用的消毒方法和消毒药均能杀灭。因此，加强饲养管理、做好消毒隔离和疫苗免疫是本病防治的最有效方法。防治措施如下。

一是严格执行引种和检疫隔离措施。要坚持全进全出。引进鸡只和种鸡种蛋时，要按规定进行检疫和引种审批，鸡只符合规定并引入后，应按规定隔离饲养，隔离期满确认健康后方可投入饲养栏饲养。

二是加强饲养管理。饲养过程中应注意降低饲养密度，避免鸡群拥挤，注意温度、湿度变化，避免过冷、过热。加强鸡舍通风换气，防止有害气体刺激呼吸道。合理配比饲料，防止维生素，尤其是维生素A的缺乏，以增强机体的抵抗力。

三是适时接种疫苗。预防本病的有效方法是接种疫苗。实践中，可根据鸡传染性支气管炎的流行季节、地方性流行情况和饲养管理条件、疫苗毒株特点等，合理选择疫苗，在适当日龄进行免疫，提高防疫水平（疫苗应是正规厂家生产，使用方法和剂量按疫苗说明书），同时应建立免疫档案，完善免疫记录。

四是发病治疗。本病目前尚无特效疗法，发现病鸡最好及时淘汰，并对同群鸡进行净化处理。发病后可选用家禽基因工程干扰素进行治疗，配合使用泰乐菌素或强力霉素、丁胺卡那霉素、阿奇霉素等抗生素药物控制继发感染。同时，可使用复方口服补液盐（含有柠檬酸盐或碳酸氢盐的复合制剂）补充机体内钠、钾损失和消除肾脏炎症，或饮水中添加抗生素、复合多维等，提高禽只抵抗力。

3. 鸡传染性法氏囊病

鸡传染性法氏囊病又称鸡传染性腔上囊病，是由传染性法氏囊病毒引起的一种急性、接触传染性疾病。传染性法氏囊病毒属于双RNA病毒科，包括两个血清型。以法氏囊发炎、坏死、萎缩和法氏囊内淋巴细胞严重受损为特征，从而引起鸡的免疫机能障碍，干扰各种疫苗的免疫效果。发病率高，几乎达100%，死亡率低，一般为5%～15%，是目前养禽业最重要的疾病之一。此病一年四季均可发生。

此病常突然大批发病，2～3 天内可波及 60％～70％的鸡，发病后 3～4 天死亡达到高峰，其后迅速下降，病程约 1 周。当鸡群死亡数量再次增多，往往预示着继发感染的出现。病初精神沉郁，采食量减少，饮水增多，有些自啄肛门，排白色水样稀粪，重者脱水，卧地不起，极度虚弱、最后死亡。耐过雏鸡贫血消瘦，生长缓慢。剖检可见：法氏囊发生特征性病变，法氏囊呈黄色胶冻样水肿，质硬，黏膜上覆盖有奶油色纤维素性渗出物。有时法氏囊黏膜严重发炎，出血，坏死，萎缩。另外，病死鸡表现为脱水，腿和胸部肌肉常有出血，颜色暗红；肾肿胀；肾小管和输尿管充满白色尿酸盐；脾脏及腺胃和肌胃交界处黏膜出血。

【防治措施】

由于本病主要发生于 2 周至开产前的雏鸡，3～7 周龄为发病高峰期。随着日龄增长易感性降低。接近成熟和开始产蛋鸡群发病较少见。在一个育雏批次多的大型鸡场里，此病一旦发生，很难在短时间内得到有效控制，导致批批雏鸡均有发生，造成的损失越来越严重。病毒主要随病鸡粪便排出，污染饲料、饮水和环境，使同群鸡经消化道、呼吸道和眼结膜等感染；各种用具、人员及昆虫也可以携带病毒，扩散传播；本病还可经蛋传递。引起该病的病毒对热和一般消毒药有很强的抵抗力，尤其是对酸的抵抗力很强。病毒可在发过病的鸡舍环境中存活很长时间（甚至可达数十天之久），造成对下批雏鸡的威胁。免疫程序不合理也会导致免疫失败而造成多批次的雏鸡发病。

目前对本病没有行之有效的治疗药物，市场上的治疗药物只是针对出血和肾功能减退进行对症治疗，缓解病情和减少死亡。因此现行控制鸡传染性法氏囊病的主要措施还是搞好疫苗接种工作和综合防治措施。

一是严格的生物安全措施。各养殖场应把加强生物安全措施放在疾病防控的首位，加强环境消毒，尽量减少环境中野毒的感染压力；传染性法氏囊病毒对各种理化因素有较强的抵抗力，很难被彻底杀灭，为避免反复感染，空舍时间要足够长，并做好日常消毒工作，鉴于本病病原体对外界理化因素抵抗力很强，消毒液以碘制剂、福尔马林和强碱为主；此外，采用"全进全出"和封闭式的饲养制度，不要多日龄混合饲养。

二是加强日常管理，消除免疫抑制病的影响。加强日常管理，保证鸡群的营养供给，给鸡群创造适宜的小环境，尽量减小应激，提高鸡群自身的抗病能力；在做好鸡传染性法氏囊病免疫的同时，还应做好禽马立克氏病、禽白血病和鸡传染性贫血等其他免疫抑制病的预防与控制。

三是制订合理的免疫程序。根据当地和本场传染性法氏囊病流行情况制订合理的免疫程序，同时应做好抗体监测，适时地根据抗体的消长变化情况调整免疫程序。在疫苗免疫中，母源抗体的干扰是影响制订免疫程序的关键问题。因此，血清学检测通常是确定最佳免疫接种时间所必需的。

四是选择合适的鸡传染性法氏囊病疫苗。养殖场必须根据当地的疾病流行情况和母源抗体情况选用合适毒株的疫苗，一般首次免疫时应用弱毒苗（有母源抗体的鸡群首免可采用中等毒力的疫苗），二免时用中等毒力的疫苗。对来源复杂或情况不清的雏鸡免疫可适当提前。严重污染区、本病高发区的雏鸡以直接选用中等毒力苗为宜。

五是发病鸡群的处理。鸡传染性法氏囊病爆发初期应及时隔离消毒，并对发病鸡群用鸡传染性法氏囊病中等毒力活疫苗紧急接种，可减少死亡。发病早期注射高免血清或康复鸡血清可起到紧急治疗的效果。若混合或继发感染其他疾病，应合理联合用药进行治疗，情况严重者，则淘汰。科学处理淘汰鸡、病死鸡、鸡粪等排泄物。

总之，要控制鸡传染性法氏囊病的发生，必须树立科学的综合防制思想，预防为主，防重于治。

4.鸡马立克病

鸡马立克病（Marek's disease，MD）是由马立克氏病病毒引起的一种淋巴组织增生性疾病，具有很强的传染性。其特征为外周神经淋巴样细胞浸润和增大，引起肢（翅）麻痹，以及性腺、虹膜、各种脏器、肌肉和皮肤肿瘤病灶。本病是一种世界性疾病，目前是危害养鸡业健康发展的三大主要疫病（马立克氏病、鸡新城疫及鸡传染性法氏囊病）之一，引起鸡群较高的发病率和死亡率。

鸡易感，火鸡、山鸡和鹌鹑等较少感染，哺乳动物不感染。病鸡和带毒鸡是传染来源，尤其是这类鸡的羽毛囊上皮内存在大量完整的病毒，随皮肤代谢脱落后污染环境，成为在自然条件下最主要的传染来源。

本病主要通过空气传染经呼吸道进入体内，污染的饲料、饮水和人员也可带毒传播。孵房污染能使刚出壳雏鸡的感染性明显增加。1日龄雏鸡最易感染，2～18周龄鸡均可发病。母鸡比公鸡易感性高。来航鸡抵抗力较强，肉鸡抵抗力低。

潜伏期常为3～4周，一般在50日龄以后出现症状，70日龄后陆续出现死亡，90日龄以后达到高峰，很少晚至30周龄才出现症状，偶见3～4周龄的幼龄鸡和60周龄的老龄鸡发病。本病的发病率变化很大，一般肉鸡为20%～30%，个别达60%，产蛋鸡为10%～15%，严重达50%，死亡率与之相当。

根据临床表现分为神经型、内脏型、眼型和皮肤型等四种类型。

神经型：常侵害周围神经，以坐骨神经和臂神经最易受侵害。当坐骨神经受损时病鸡一侧腿发生不全或完全麻痹，站立不稳，两腿前后伸展，呈"劈叉"姿势，为典型症状。当臂神经受损时，翅膀下垂；支配颈部肌肉的神经受损时病鸡低头或斜颈；迷走神经受损时鸡嗉囊麻痹或膨大，食物不能下行。一般病鸡精神尚好，并有食欲，但往往由于饮不到水而脱水，吃不到饲料而衰竭，或被其他鸡只践踏，最后均以死亡而告终，多数情况下病鸡被淘汰。

内脏型：常见于50～70日龄的鸡，病鸡精神委顿，食欲减退，羽毛松乱，鸡冠苍白、皱缩，有的鸡冠呈黑紫色，黄白色或黄绿色下痢，迅速消瘦，胸骨似刀锋，触诊腹部能摸到硬块。病鸡脱水、昏迷，最后死亡。

眼型：在病鸡群中很少见到，一旦出现则病鸡表现为瞳孔缩小，严重时仅有针尖大小；虹膜边缘不整齐，呈环状或斑点状，颜色由正常的橘红色变为弥漫性的灰白色，呈"鱼眼状"。轻者表现为对光线强度的反应迟钝，重者对光线失去调节能力，最终失明。

皮肤型：较少见，往往在禽类加工厂屠宰鸡只时褪毛后才发现，主要表现为毛囊肿大或皮肤出现结节。

临床上以神经型和内脏型多见，有的鸡群发病以神经型为主，内脏型较少，一般死亡率在 5% 以下，且当鸡群开产前本病流行基本平息。有的鸡群发病以内脏型为主，兼有神经型，危害大，损失严重，常造成较高的死亡率。

【防治措施】

一是加强养鸡环境卫生与消毒工作，尤其是孵化卫生与育雏鸡舍的消毒，防止雏鸡的早期感染，这是非常重要的，否则即使出壳后即刻免疫有效疫苗，也难防止发病。

二是加强饲养管理，改善鸡群的生活条件，增强鸡体的抵抗力，对预防本病有很大的作用。饲养管理不善，环境条件差或某些传染病如球虫病等常是重要的诱发因素。

三是坚持自繁自养，防止因购入鸡苗的同时将病毒带入鸡舍。采用全进全出的饲养制度，防止不同日龄的鸡混养于同一鸡舍。

四是防止应激因素和预防能引起免疫抑制的疾病，如鸡传染性法氏囊病、鸡传染性贫血病毒病、网状内皮组织增殖病等的感染。

五是对发生本病的处理。一旦发生本病，在感染的场地清除所有的鸡，将鸡舍清洁消毒后，空置数周再引进新雏鸡。一旦开始育雏，中途不得补充新鸡。

六是疫苗接种。疫苗接种是防治本病的关键。在进行疫苗接种的同时，鸡群要封闭饲养，尤其是育雏期间应搞好封闭隔离，可减少本病的发病率。疫苗接种应在 1 日龄进行，有条件的鸡场可进行胚胎免疫，即在 18 日胚龄时进行鸡胚接种。

所用疫苗主要为火鸡疱疹病毒冻干苗（HVT）；二价苗（Ⅱ型和Ⅲ型组成），常见的双价疫苗为 HVT＋SB1 或 HVT＋HPRS-16 或 HVT＋Z4，以及血清Ⅰ型疫苗，如 CVI988 和"814"。HVT 不能抵抗超强毒的感染，二价苗与血清Ⅰ型疫苗比 HVT 单苗的免疫效果显著提高。由于二价苗与血清Ⅰ型疫苗是细胞结合疫苗，其免疫效果受母源抗体的影响很小，但一般需在液氮条件下保存，给运输和使用带来一些不便。因此，在尚未存在超强毒的鸡场，仍可应用 HVT，为提高免疫效果，可提高 HVT 的免疫剂量；在存在超强毒的鸡场，应该使用二价苗和血清Ⅰ型疫苗。

5. 鸡慢性呼吸道病

鸡慢性呼吸道病又称鸡败血霉形体病、鸡败血支原体病，其病原是败血霉形体。它可感染鸡和火鸡等家禽。各种日龄的禽类均可感染，全年各季均可发生，但以寒冬及早春最为严重。如单纯败血霉形体感染，一般只有轻度呼吸道症状，此时的发病率高，但死亡一般只有 10%～30%。本病在老疫区和老鸡场（舍）常呈隐性经过。

患本病后，由于影响机体的生长发育而使肉用仔鸡饲养期延长，带来饲料报酬下降，药物消耗增多等，使养鸡成本大大增加。同时，本病还可使产蛋鸡群的产蛋率下降 10%～40%，种蛋孵化率下降 10%～20%，弱雏也相应增加约 10%。

本病的特点是发病急、传播慢、病程长。临床上可表现出明显的"三轻三重"现象：天气好时轻、天气坏时重，用药时轻、不用药时重，环境卫生好时轻、坏时重。临床上各种日龄鸡均可发病，无明显日龄限制。在没有其他疾病发生时，只是由于气温变化、饲养密度大、鸡舍通风不良时发生的单纯性感染，多数鸡精神、食欲变化不大，少数鸡呼吸音增强（只能在夜间听到），上述发病因素过强也可致多数鸡发病，这时采食量减少，在鸡群中可以看到有些鸡眼睛流泪，甩鼻，颜面肿胀。眼睛流泪多为一侧性，也有双眼流泪的。如果治疗不及时可转为慢性，鸡的食欲时强时弱，眼内有干酪样渗出物，有的如豆子大小，严重时可造成眼睛失明。少数鸡由于喉头阻塞窒息而死。如没有继发感染，死亡率低。死亡鸡解剖后主要的病理变化是气囊炎。成年鸡发病对产蛋的影响是呼吸道病中影响最小的。但是，在实际生产中本病发生后常继发大肠杆菌病，尤其是在肉鸡群更加明显，结果使病情复杂化，鸡群死淘率上升。在多数情况下本病出现在多种疾病发生的过程中，因此，死亡鸡解剖后的病理变化还可见到原发病的变化。

【防治措施】

由于本病的发生有明显的诱因，因此预防工作显得更为重要。

一是做好种鸡的检疫和净化是预防鸡慢性呼吸道疾病的关键，种鸡群在收集种蛋前多次利用全血平板凝集反应检疫，淘汰阳性鸡。其次，做好种蛋入孵前的消毒。

二是本病的发生具有明显的诱因，因此预防工作尤为重要。第一，做好各种病毒性疾病的预防接种，鸡新城疫、禽流感、传染性

支气管炎等病毒性呼吸道疾病的发生易导致本病的继发感染，加大临床治疗的难度；第二，做好日常药物保健；第三，加强饲养管理，做好鸡舍的通风工作，勤于打扫，降低舍内有害气体的含量，改善鸡群生存环境；第四，控制饲养密度，降低和消除各种应激。

三是发病后如发病鸡只较少可单独挑出饲养，个别鸡的治疗可用罗红霉素或链霉素，成年鸡每只鸡每天用20万国际单位，或者用卡那霉素每天1万国际单位，分两次注射，连续注射2～3天。5～6周龄的幼鸡为5万～8万国际单位，早期治疗效果很好。全群给药可用饮水给药的方法，连用4～5天。如与大肠杆菌病混合感染，则以用治疗大肠杆菌病的药物为主，并投喂多种维生素和增强抵抗力的药物等。

6. 鸡副伤寒

鸡副伤寒是由鞭毛能运动的沙门菌所致的疾病的总称。各种日龄的鸡均可发病，以产蛋鸡最易感。幼雏多表现为急性热性败血症，与鸡白痢相似；成鸡一般慢性经过或隐性感染。本病不仅可以给各种幼龄鸡造成大批死亡，而且由于其慢性性质和难以根除，是养鸡业中比较严重的细菌性产染病之一。防治鸡副伤寒具有公共卫生意义，因为人类很多沙门氏菌感染都与鸡产品中存在的副伤寒沙门菌有关。

该病鸡、火鸡和珍珠鸡等均对易感，其他如鸭、鹅、鸽、鹌鹑、麻雀等也可被感染。雏鸡在胚胎期和出雏器内感染的，常于4～5日龄发病，这些病雏的排泄物使同群的鸡感染，多于4～5日龄发病，死亡高峰在6～10日龄。10天以上的雏鸡发病的无食欲，离群独自站立，怕冷，喜欢拥挤在温暖的地方，下痢，排出水样稀粪，有的发生眼炎，失明。成年鸡则为慢性或隐性感染。成年鸡有时有轻度腹泻，消瘦，产蛋减少。病程较长的肝、脾、肾淤血肿大，肝脏表面有出血条纹和灰白色坏死点，胆囊扩张，充满胆汁。常有心包炎，心包液增多呈黄色，小肠（尤其是十二指肠）有出血性炎症，肠腔中有时有干酪样黄色物质堵塞。

本病主要经卵传递，消化道、呼吸道和损伤的皮肤或黏膜亦可感染，鼠、鸟、昆虫类动物常成为本病的重要带菌者和传播媒介，雏禽感染后发病率最高。带菌禽是本病的主要传染来源，被污染的种蛋也能传染。带菌禽不断从粪便中排出病菌，污染土壤、饲料、饮水和用具等，进而经消化道而感染本病。也可通过眼结膜等途径感染。

【防治措施】

一是对带菌者必须严格淘汰。病鸡及时淘汰，尸体要焚烧深埋。

二是成年鸡和幼鸡要隔离饲养。

三是发病严重和已知有带菌者存在的鸡群，不可作为种蛋来源。

四是孵化时种蛋要来自健康无传染病的鸡场，并在孵化前，蛋用福尔马林蒸气消毒。蒸气消毒在孵化前 24～48 小时为适宜。孵化器等用具也要彻底清扫，消毒。运送的雏鸡用具以及鸡舍、场址、饲养用具等，都必须保持清洁，并经常消毒，孵化室和养鸡场要消灭老鼠和苍蝇。

五是药物治疗可以降低急性副伤寒的死亡率，但治疗后的鸡会成为长期带菌者，不能留作种用。此病用土霉素、金霉素治疗效果较好，按 0.2% 的比例拌入饲料内喂服。或用 0.04% 的呋喃唑酮连续饲喂 10 天，对鸡及火鸡有显著疗效。磺胺类药物也有一定疗效。

7. 鸡白痢

鸡白痢是由鸡白痢沙门氏菌引起的传染性疾病，世界各地均有发生，是危害养鸡业最严重的疾病之一。主要侵害雏鸡，以排白痢为特征。成年鸡常呈慢性或隐性感染。

临床症状如下。

雏鸡：孵出的鸡苗弱雏较多，脐部发炎，2～3 日龄开始发病、死亡，7～10 日龄达死亡高峰，2 周后死亡渐少。病雏表现精神不振、怕冷、寒战；羽毛逆立，食欲废绝；排白色黏稠粪便，肛门周围羽毛有石灰样粪便黏污，甚至堵塞肛门。有的不见下痢症状，因肺炎病变而出现呼吸困难，伸颈张口呼吸。患病鸡群死亡率为 10%～25%，耐过鸡生长缓慢，消瘦，腹部膨大。病雏有时表现为关节炎、关节肿胀、跛行或原地不动。

育成鸡：主要发生于 40～80 日龄的鸡，病鸡多为病雏未彻底治愈，转为慢性，或育雏期感染所致。鸡群中不断出现精神不振、食欲差的鸡和下痢的鸡，病鸡常突然死亡，死亡持续不断，可延续 20～30 天。

成年鸡：成年鸡不表现急性感染的特征，常为无症状感染。病菌污染较重的鸡群，产蛋率、受精率和孵化率均处于低水平。鸡的死淘率明显高于正常鸡群。

本病可经种鸡垂直传播或经孵化器感染；带菌雏鸡的胎粪、绒毛等带有大量沙门氏菌；病鸡排泄物经消化道或呼吸道传染。此外，管理不善、温度忽高忽低、长途运输等都可增加死亡率。

【防治措施】

一是检疫净化鸡群。通过血清学试验，检出并淘汰带菌种鸡，次检查于 60～70 日龄进行，第二次检查可在 16 周龄时进行，后每隔 1 个月检查 1 次，发现阳性鸡及时淘汰，直至全群的阳性率不超过 0.5%。

二是严格消毒。种蛋消毒，及时拣、选种蛋，并分别于拣蛋、入孵化器后、18～19 日胚龄落盘时 3 次用 28 毫升/米³ 福尔马林熏蒸消毒 20 分钟。出雏达 50% 左右时，在出雏器内用 10 毫升/米³ 福尔马林再次熏蒸消毒；孵化室建立严格的消毒制度；育雏舍、育成舍和肉鸡舍做好地面、用具、饲槽、笼具、饮水器等的清洁消毒，定期对鸡群进行带鸡消毒。

三是加强雏鸡饲养管理，进行药物预防。在本病流行地区，育雏时可在饲料中交替添加 0.04% 的痢特灵、0.05% 氯霉素、0.005% 氟哌酸进行预防。

四是发病治疗。治疗要突出一个早字，一旦发现鸡群中病死鸡增多，确诊后立即全群给药。本病菌对丁胺卡那霉素、阿米卡星高度敏感，对土霉素、链霉素中度敏感，对四环素、红霉素不敏感。因此临诊上使用 5% 丁胺卡那霉素饮水剂 100 克/200 千克饮水，同时饮水中加入电解多维辅助治疗。病情严重者用阿米卡星按每千克体重 10 毫克肌内注射。每天 2 次，用药 5 天后病情可得到控制。同时加强饲养管理，消除不良因素对鸡群的影响，可以大大缩短病程，最大限度地减少损失。

8. 鸡大肠杆菌病

禽大肠杆菌病（avian colibacillosios）是由致病性大肠杆菌引起

的。其主要的病型有胚胎和幼雏的死亡、败血症、气囊炎、心包炎、输卵管炎、肠炎、腹膜炎和大肠杆菌性肉芽肿等。由于常和霉形体病合并感染，又常继发于其他传染病（如新城疫、禽流感、传染性支气管炎、巴氏杆菌病等），因此治疗十分困难。目前本病已成为危害养鸡业的重要传染病，常造成巨大的经济损失。

大肠杆菌在自然环境中，饲料、饮水、鸡的体表、孵化场、孵化器等各处普遍存在，该菌在种蛋表面、鸡蛋内、孵化过程中的死胚及毛液中分离率较高。对养鸡的全过程构成了威胁。饲养环境被致病性大肠杆菌污染是最主要的原因。慢性呼吸道疾病（支原体、衣原体）以及导致呼吸道发病的病毒病，如传染性支气管炎、新城疫、禽流感、传染性喉气管炎、法氏囊病可诱导鸡群发病。产蛋高峰期鸡群的抗病力下降时可患病。种鸡人工输精时，输精管携带病原而感染；临床使用的弱毒疫苗带有支原体、衣原体病原，诱发大肠杆菌病。各种年龄的鸡均可感染，但因饲养管理水平、环境卫生、防治措施的效果、有无继发其他疫病等因素的影响，本病的发病率和死亡率有较大差异。

本病一年四季均可发生，每年在多雨、闷热、潮湿季节多发。大肠杆菌病在肉用仔鸡生产过程中更是常见多发病之一。由本病造成鸡群的死亡虽没有明显的高峰，但病程较长。

雏鸡脐炎型和卵黄囊型：在孵化过程中发生了感染，孵化后雏鸡腹部膨大，脐孔不闭合，周围呈褐色，卵黄囊不吸收内容物呈灰绿色，病雏排灰白色水样粪便，多在出壳后2～3日发生败血症死亡，耐过鸡生长受阻。常见于小规模孵化场或操作不严格的场。多数在购买雏鸡时就可发现。

腹膜炎型：多发于成年蛋鸡，产蛋鸡腹气囊受大肠杆菌感染发生腹膜炎和输卵管炎，输卵管变薄，管腔内充满干酪样物质，输卵管被堵塞，排出的卵落入腹腔，人工授精的种鸡常多发，其原因在于没有做好卫生消毒工作。

急性败血症：本型大肠杆菌病多发生于产蛋高峰的蛋鸡，寒冷时期发病较多，表现为精神不振，有呼吸道症状，有的表现为腹泻，排出黄绿色或白色稀便，可在短期内死亡。

眼炎型：患病鸡一侧眼流泪，渐渐地发展成眼睑水肿，眼球被白

色脓性物包围。鸡舍粉尘物污染会加重病情，严重的发展为失明。

【防治措施】

大肠杆菌是条件性致病菌，饲养管理不善会造成发病。可经消化道、呼吸道水平传播，也可经被污染的种蛋垂直传播。此病常和慢性呼吸道病、法氏囊炎、新城疫、沙门氏菌病混合感染。

鉴于该病的发生与外界各种应激因素有关，预防本病首先是在平时加强对鸡群的饲养管理，降低饲养密度，改善鸡舍的通风条件，保证饲料、饮水的清洁和环境卫生，认真落实鸡场兽医卫生防疫措施。种鸡场应加强种蛋收集、存放和整个孵化过程的卫生消毒管理。另外应搞好常见多发疾病的预防工作，所有这些对预防本病发生均有重要意义。

鸡群发病后可用药物进行防治。近年来在防治本病的过程中发现，大肠杆菌对药物极易产生抗药性，如青霉素、链霉素、土霉素、四环素等抗生素几乎没有治疗作用。氯霉素、庆大霉素、新霉素有较好的治疗效果。但对这些药物产生抗药性的菌株已经出现且有增多趋势。因此防治本病时，有条件的地方应进行药敏试验，选择敏感药物，或选用本场过去少用的药物进行全群给药，可收到满意效果。早期投药可控制早期感染的病鸡，促使痊愈。同时可防止新发病例的出现。鸡已患病，体内已造成上述多种病理变化的病鸡治疗效果极差。

近年来国内已试制了大肠杆菌死疫苗，有鸡大肠杆菌多价氢氧化铝苗和多价油佐剂苗，经现场应用取得了较好的防治效果。由于大肠杆菌血清型较多，制苗菌株应该采自本地区发病鸡群的多个毒株，或本场分离菌株制成自家苗使用效果较好。在给成年鸡注射大肠杆菌油佐剂苗时，注苗后鸡群有程度不同的注苗反应，主要表现精神不好、喜卧、吃食减少等。一般 1～2 天后逐渐消失，无须进行任何处理。因此在开产前注苗较为合适。开产后注苗往往会影响产蛋。

9. 高致病性禽流感

高致病性禽流感（highly pathogenic avian influenza，HPAI），是由正黏病毒科流感病毒属 A 型流感病毒引起的禽类烈性传染病。世界动物卫生组织（OIE）将其列为 A 类动物疫病，我国将其列为一类动物疫病。

鸡、火鸡、鸭、鹅、鹌鹑、雉鸡、鹧鸪、鸵鸟、鸽、孔雀等多种禽类均易感。传染源主要为病禽和带毒禽（包括水禽和飞禽）。病毒可长期在污染的粪便、水等环境中存活。病毒的传播主要通过接触感染禽及其分泌物和排泄物、污染的饲料、水、蛋托（箱）、垫料、种蛋、鸡胚和精液等媒介，经呼吸道、消化道感染，也可通过气源性媒介传播。

潜伏期从几小时到数天，最长可达 21 天。表现为突然死亡、高死亡率，饲料和饮水消耗量及产蛋量急剧下降，病鸡极度沉郁，头部和脸部水肿，鸡冠发绀、脚鳞出血和神经紊乱；鸭、鹅等水禽有明显神经和腹泻症状，可出现角膜炎症，甚至失明；产蛋突然下降；全身组织器官严重出血；腺胃黏液增多，刮开可见腺胃乳头出血，腺胃和肌胃之间交界处黏膜可见带状出血；消化道黏膜，特别是十二指肠广泛出血；呼吸道黏膜可见充血、出血；心冠脂肪及心内膜出血；输卵管的中部可见乳白色分泌物或凝块；卵泡充血、出血、萎缩、破裂，有的可见"卵黄性腹膜炎"。水禽在心内膜还可见灰白色条状坏死。胰脏沿长轴常有淡黄色斑点和暗红色区域。急性死亡病例有时未见明显病变。

病理组织学变化主要表现为脑、皮肤及内脏器官（肝、脾、胰、肺、肾）的出血、充血和坏死。脑的病变包括坏死灶、血管周围淋巴细胞管套、神经胶质灶、血管增生和神经元性变化；胰腺和心肌组织局灶性坏死。

【防治措施】

一是加强饲养管理，提高环境控制水平。饲养、生产、经营场所必须符合动物防疫条件，取得动物防疫合格证。饲养场实行全进全出饲养方式，控制人员出入，严格执行清洁和消毒程序。

二是鸡和水禽禁止混养，养鸡场与水禽饲养场应相互间隔 3 千米以上，且不得共用同一水源。养禽场要有良好的防止禽鸟（包括水禽）进入饲养区的设施，并有健全的灭鼠设施和措施。

三是加强消毒，做好基础防疫工作。各饲养场、屠宰厂（场）、动物防疫监督检查站等要建立严格的卫生（消毒）管理制度。

四是免疫。在发生疫情时，对疫区、受威胁区内的所有易感禽只进行紧急免疫；在曾发生过疫情区域的水禽，必要时也可进行免疫。所用疫苗必须是经农业部批准使用的禽流感疫苗。

五是国内异地引入种禽及精液、种蛋时，应当先到当地动物防疫监督机构办理检疫审批手续且检疫合格。引入的种禽必须隔离饲养21天以上，并由动物防疫监督机构进行检测，合格后方可混群饲养。从国外引入种禽及精液、种蛋时，按国家有关规定执行。

六是疫情处理。实行以紧急扑杀为主的综合性防治措施。

十、肉鸡代谢病的预防和治疗

1. 痛风

痛风（gout）是由于尿酸盐沉积于内脏器官或关节腔而形成的一种代谢性疾病。

【病因】痛风的发病原因有多种，常见的有以下几个方面。

（1）营养性因素　核蛋白和嘌呤碱饲料过多、可溶性钙盐含量过高、维生素 A 缺乏、饮水不足等均是肉鸡痛风的诱发因素。

（2）中毒因素　许多药物对肾脏有损害作用，如磺胺类和氨基糖苷类等抗生素、感冒通等在体内通过肾脏进行排泄，对肾脏有潜在性的中毒作用。霉菌和植物毒素污染的饲料亦可引起中毒，如橘霉素、赭曲霉素和卵孢霉素都具有肾毒性，并引起肾功能的改变，诱发痛风。

（3）传染性因素　已知与痛风有关的病毒主要有传染性支气管炎病毒、禽肾炎病毒及其他相关病毒。

【症状】病鸡食欲不振，精神较差，贫血，鸡冠苍白，脱毛，羽毛无光泽，爪失水干瘪，排白色石灰渣样粪便，病鸡呼吸困难。关节痛风时，可见跗关节肿大，运动困难。

【病理变化】血液循环越旺盛的器官如心、肝、肾等，痛风的病变越明显。所以，内脏痛风时表现为病鸡的心脏、肝脏、肠道、肠系膜、腹膜的表面有大量石灰渣样尿酸盐沉积，严重者肝脏与胸壁粘连。肾脏肿大，有大量尿酸盐沉积，红白相间，呈花斑状。两条输尿管肿胀，输尿管中有大量白色的尿酸盐沉积，严重者形成尿结石，呈圆柱状，肾脏中的尿结石呈珊瑚状。关节痛风时，在关节周围及关节腔中，有白色的尿酸盐沉积，关节周围的组织由于尿酸盐沉着而呈白色。

【诊断】根据剖检变化即可确诊。但须与肾型传染性支气管炎相鉴别，肾型传染性支气管炎其肾脏中尿酸盐沉积较少，输尿管中、肝脏、肠道表面一般无尿酸盐沉积，本病发病急，发病率高，日粮中蛋白及钙盐正常。

【防治措施】

（1）预防措施

① 预防和控制本病的发生，必须坚持科学的饲养管理制度，根据鸡不同日龄的营养需要，合理配制日粮，控制高蛋白、高钙日粮。15 周龄前的后备母鸡日粮中含钙量不应超过 1%。大鸡 16 周龄至产蛋率为 5% 的鸡群，使用预产期日粮，其含钙量以控制在 2.25%～2.5% 为宜，高钙日粮可引起严重的肾脏损害。

② 碳酸氢钠能使尿液呈强碱性，此为结石（主要成分为 Ca-Na 尿酸盐晶体）的形成创造了条件，因此在改善蛋壳质量或其他用途时，只能使用推荐剂量，应用时间不可过长。患痛风的病鸡应禁止使用碳酸氢钠治疗，或喂强碱性的饲料。

③ 饲养过程中定期检测饲料中钙、磷及蛋白的含量，抽样检测饲料中霉菌毒素的含量。

④ 适当增加运动，供给充足的饮水及含丰富维生素 A 的饲料，合理使用磺胺类及其他药物。

（2）发病治疗

① 找出发病原因，消除致病因素。

② 减少喂料量。比平时减少 20%，连续 5 天，并同时补充青绿饲料，多饮水，以促进尿酸盐的排出。

（3）使尿液酸化以溶解肾结石，保护肾功能。研究表明，日粮中含氯化铵、硫酸铵、DL-蛋氨酸、2-羟-4-甲基丁酸（HMB）都能使尿液酸化，减少由钙诱发的肾损伤。日粮中添加氯化铵的量不超过 10 千克/吨饲料，硫酸铵不超过 5 千克/吨饲料，DL-蛋氨酸不超过 6 千克/吨饲料，HMB 不超过 6 千克/吨饲料时可减少死亡率。饮水中也可加入乌洛托品或乙酰水杨酸钠进行治疗。

2. 肉鸡猝死综合征

肉鸡猝死综合征（sudden death syndrome，SDS），又称暴死症

或急性死亡综合征（acute death syndrome，ADS）、两脚朝天症。现在一般认为肉鸡猝死综合征是一种代谢病。以肌肉丰满、外观健康的肉鸡突然死亡为特征。主要发生于饲养管理好、生长速度快、饲料报酬高的鸡群。该病广泛存在于世界上许多国家和地区，由于饲养水平的不断提高，此病近年来对肉鸡业的危害日益严重。

【流行病学】多发于2～3周龄的肉雏鸡，尤以10多天的肉雏鸡发病最多见，最早可见3日龄，最迟在35日龄左右，但超过3周龄的很少发病，本病的发病率为0.5%～4.0%，死亡率1.0%～5.0%不等。本病一年四季均可发生，肉雏鸡在1～2周龄时发病率呈直线上升，21日龄左右达到发病高峰，以后呈下降趋势。肉用种雏鸡在幼龄时发病率很低，但在开产后发病率高，在20～28周龄多发，死亡率在1.0%～5.0%，雄雏肉鸡发病率高，在70%～80%，而雌雏肉鸡仅在20%～25%，这可能与争胜好斗、个体大有关，但仍需进一步研究。

【病因】目前对引起本病的根本病因还在研究之中，并没有确切答案，只能从饲养管理上存在的许多薄弱环节和弊端着手，认为是目前引起肉鸡猝死综合征的重要原因。

（1）饲养密度过大，环境卫生差　饲养密度是影响夏季和冬季猝死综合征发病的一个原因，养殖户为了利用空间，减少提高舍温的费用成本，采取集中加温，以至于2～3周龄的密度达到40只/米^2。鸡只处于相对拥挤的环境中，通风不良，舍内二氧化碳、一氧化碳、氨气、硫化氢等有害气体严重超标，这些有害因素可诱发本病。

（2）光照时间过长　多数养殖户采用24小时全日制光照，光照强度过强。平均每平方米超过60瓦，强烈刺激肉雏鸡的神经系统，引起神经系统紊乱，破坏机体正常的生理机能，使肉雏鸡处于长久性疲劳，这也是造成肉鸡猝死综合征的又一原因。

（3）营养失衡　饲料配比不科学，与日粮能量的高低，日粮中的蛋白质、脂肪、维生素、氯化胆碱含量有关。养殖户为了提高肉雏鸡的生长速度，在用配合饲料的基础上又加入高蛋白饲料原料，如鱼粉、豆饼、蚕蛹、苍蝇蛹等，使饲料中蛋白质含量高达25%左右，比正常需求高出5%左右，从而造成各项比例极不合理，能量和蛋白质的比例严重失调，不符合肉雏鸡快速生长的生理需求。特别是2～3周龄的肉雏鸡由于自由采食和食量不限，生长快、个体大的肉雏鸡最为突出，出现生长迅速与自身功能系统不完善的不协调。营养失衡的矛盾，促使本病的发生；另外，饲料形态的大小也会影响本病发生，饲喂颗粒样料的肉雏鸡群发病高于饲喂粉料形态的肉雏鸡群，黄豆不去毒素也可诱发本病发生。

（4）各种应激因素　饲养员突然变换工作进入鸡舍，工作服色彩鲜艳，色彩刺激会使肉雏鸡惊叫、狂飞、肌肉痉挛、扑打翅膀、翻跟头而死。异常惊吓使心跳加快、供血不足，心力衰竭死亡。突然转换环境、拥挤、高热也能使本病发生。应少喂勤添，多次给料。

（5）其他因素　遗传品种及一些不明原因也可能引发本病。

【症状】肉鸡猝死综合征病程短，发病前无任何异状。患鸡死前1分钟无任何异常，其特征性症状是行为正常的鸡突然出现平衡失调，猛烈扑动翅膀和强烈肌肉收缩，症状持续约一分钟鸡即死亡。在发作时多数病鸡发出粗厉的叫声或凄厉地叫唤并扑打背部。死后多以背部着地，少数以体侧面着地。无论死时体姿如何，颈和脚都呈伸展状态。死亡鸡多是同群鸡中生长速度较快，体重较大的。

【病理变化】外观体型较丰满，除鸡冠、肉垂略潮红外无其他异常。剖检可见，患鸡腹部饱满，嗉囊中含有饲料，胃肠道中充满食物，十二指肠内容物常呈奶样外观，胸肌呈粉红色或表现苍白。肺脏弥漫性充血，气管内有泡沫状渗出物。肝脏增大、苍白、易碎，有的鸡肝被膜下出血或肝脏破裂，胆囊空虚，肾脏变白。心脏稍扩张，心房充满血凝块，心室紧缩无血，由于心室收缩常使心脏呈长形豌豆状。

【诊断】对肉鸡猝死综合征目前尚无特异性诊断方法，一般通过综合判断即可确诊。多数学者以为，在排除细菌、病毒感染及有毒物质中毒的情况下，如果鸡营养状况良好，突然死亡，消化道中积有刚食入的食物，肺脏淤血，胆囊空虚，嗉囊及腺胃无异常变化，结合心房有血凝块，但无血栓即可作出诊断。

【防治措施】肉鸡猝死综合征属急性发作性疾病，目前尚无较理

想的治疗方法，用0.62克/只碳酸氢钾饮水能明显降低发病鸡群的死亡率。在饲料中掺入碳酸氢钾3.6千克/吨饲料进行治疗，能使死亡率显著降低。在饲养管理上，采取良好的管理措施，实施光照强度低的渐增光照程序。使用以玉米和植物油为能量源的平衡日粮。限制饲养，降低肉鸡的生长速度。由于肉鸡猝死综合征病因复杂，因此必须采取综合性防治措施，才能有效地控制其发生。

3. 肉鸡腹水综合征

肉鸡腹水综合征（ascites syndrome），又称雏鸡水肿病、肉鸡腹水症、心衰综合征和鸡高原海拔病。以病鸡心、肝等实质器官发生病理变化，明显的腹腔积水、右心室肥大扩张、肺淤血水肿、心肺功能衰竭、肝脏显著肿大为特征的综合征，是肉鸡生产中一种常见的非传染性疾病，世界各地饲养肉鸡的地区均有发生。和猝死症、腿病构成了严重危害肉鸡业的三大疾病。近年来该病的发病率呈现不断上升的态势，给养禽业带来了巨大的经济损失。

【流行病学】肉鸡腹水综合征主要发生于生长速度较快的幼龄鸡群中，多见于3～6周龄，特别是速生型肉鸡，且公鸡发病率高于母鸡。在发病季节上，多见于寒冷的冬季和气温较低的春秋季节。它不仅使肉鸡的屠宰率及屠宰品质下降，甚至会造成鸡的死亡，严重者死亡率可达60%。

【病因】引起肉鸡腹水综合征的病因较复杂，主要有遗传因素、环境因素、饲料因素、疾病及中毒性因素等，一般都是机体缺氧而致肺动脉压升高，右心室衰竭，以致体腔内发生腹水和积液。

（1）遗传因素　主要与鸡的品种和年龄有关，由于遗传选育过程中侧重于生长方面，因此肉鸡心肺的发育和体重的增长具有先天性的不平衡性，即心脏正常的功能不能完全满足机体代谢的需要，导致相对缺氧。

（2）环境因素　环境缺氧和因需氧量增加而导致的相对缺氧是诱发该病的主要原因。

（3）饲料因素　颗粒饲料或高能日粮能使肉鸡的耗氧量增加，促使肉鸡腹水综合征的发生。饲料霉变、霉菌毒素中毒等也可引发腹水症。

（4）疾病及中毒性因素　当肉鸡患慢性呼吸道疾病和大肠杆菌病

时，可继发腹水。机体中间代谢的有毒产物蓄积，空气中的有毒气体，某些药物用量过多及损害肝、肾等的多种疾病，均可引起肝脏或肾脏病变，降低解毒及排泄机能，导致机体中毒，静脉淤血，血压升高，血管渗透性增大，血浆外渗而形成腹水。

【症状】本病可表现为突然死亡，但通常病鸡小于正常鸡，而且羽毛蓬乱和倦呆，饮水和采食量减少，生长迟爱，病鸡不愿活动，呼吸困难和冠及肉髯发绀。肉眼可见的最明显的临床症状是病鸡腹部膨大，呈水袋状，触压有波动感，腹部皮肤变薄发亮。严重者皮肤瘀血发红，有的病鸡站立困难，以腹部着地呈企鹅状，行动迟缓，呈鸭步样。腹腔穿刺流出透明清亮的淡黄色液体。该病发展往往很快，病鸡常在腹水出现后1～3天内死亡。

【病理变化】本病的特征性变化是腹腔中积有大量清亮而透明的液体，呈淡黄色，部分病鸡的腹腔中常有淡黄色的纤维蛋白凝块。肝脏充血肿大，严重者皱缩，肝脏变厚、变硬，表面凹凸不平。肝被膜上常覆盖一层灰白色或淡黄色纤维素性渗出物。肺脏瘀血水肿，副支气管充血。心脏体积增大，心包有积液，右心室扩张、柔软，心肌变薄，肌纤维苍白。肠管变细，肠黏膜呈弥漫性瘀血。肾脏肿大、充血，呈紫红色。

【防治措施】

(1) 早期限饲　由于该病发生的日龄越来越早，采取早期限饲可有效地减少以后的腹水症及死亡。肉鸡开食后的3周内，要注意控制营养的摄入量，特别是在2～3周龄要适当限饲，即限制雏鸡采食量，控制生长速度。李增光等进行了肉鸡早期限饲试验，即从13日龄起对肉仔鸡每天减少饲料量10%，维持2周，然后恢复正常饲养。试验结果表明，限饲对降低腹水症的发生率确有显著效果，限饲组的发病率相当于对照组总发病率的24.5%。Arce在海拔1828米的地区对7～28日龄肉鸡采用隔日限饲法，腹水症发生率显著下降，且对生长无不良影响。Albers对15日龄至屠宰前的肉仔鸡每天定时供料进行长期限饲，结果死亡率降低36%，饲料利用率改善37.3%。

调整日粮营养水平和饲喂方式，用低营养水平日粮饲喂的肉仔鸡腹水症远远低于采食高营养水平日粮的仔鸡。建议在3周龄前饲喂低能日粮，之后转为高能日粮。

由于饲喂颗粒料会大大增加肉鸡腹水症发生的可能性，因此在不影响其他生产性能的前提下，应尽可能地延长粉料饲喂的时间，限制肉仔鸡的快速生长，一般以2～3周龄给予粉料，4周龄至出栏给予颗粒料为宜。

(2)改善饲养环境　缺氧是造成肉鸡腹水综合征的重要原因，因此设计和改造鸡舍，要解决好防寒保暖与通风换气的关系，保证鸡舍适宜温度的同时加强通风换气，以保证充足的氧气供应。鸡舍建筑时要有天窗，安装换气扇，定时强制通风换气，保证空气新鲜；改善供暖条件，不要在鸡舍内放置煤炉，防止污染空气，育雏期可采用火炉供暖，炉门要在鸡舍外，鸡舍改为暖风炉集中供暖，这样既省力、节能，又能有效地减少冬季肉鸡腹水症的发病率。同时，采取高床平养，定期清理粪便及进行环境消毒，减少有害气体含量。

此外，有效地控制光照时间可以适度减少肉鸡的采食量，防止肉鸡前期体重增长过快，以上这些措施都可以降低肉鸡腹水症的发病率。

(3)减少应激反应　肉鸡生长需要一个较安静、空气新鲜的生活环境，减少或避免不良因素对鸡群的刺激是预防肉鸡腹水症的基础措施。如更换垫料、带鸡消毒、高热寒冷、噪声惊吓、异味刺激等，都会使鸡产生不同程度的应激反应，从而影响免疫力或降低食欲。因此，选择在夜间低光照下进行带鸡消毒、更换垫料等，是减轻应激反应的有效方法。在饲料中添加50毫克/千克饲料的多种维生素和复方维生素E等，以缓解或预防应激反应，增强机体抵抗力，降低腹水症的发生。

(4)增加鸡的抵抗力，减少发病　做好卫生免疫接种的同时，可以在饲料中添加维生素C来预防和缓解应激反应，增加鸡的免疫力，减少鸡生病。添加比例为每千克饲料100毫克，连用3日。此外，不饲喂发霉变质的饲料，防止中毒的发生；用药要在兽医技术人员的指导下合理使用，不能长期使用对鸡体内脏各器官有毒害的药物来降低肉鸡腹水的发病率。

(5)发病治疗　一旦病鸡出现临床症状，单纯治疗常常难以奏效，多以死亡而告终。但下面几项措施有助于减少鸡的死亡和损失。

① 当发现鸡有腹水症状时可以先给鸡服用大黄碳酸氢钠片，以便胃肠道内容物能及时清除，然后喂服维生素 C，用法和用量要咨询专业人士，遵照使用说明。

② 当症状非常明显时，可以用注射器刺入病鸡腹腔先将腹水抽出，然后注入青霉素和链霉素各 2 万国际单位，经 2～4 次治疗后可使部分病鸡康复。

③ 给病鸡皮下注射 1 到 2 次，规格为 1 克/升的亚硒酸钠 0.1 毫升，也可以采用肾肿解毒类药物来控制。

④ 腹水综合征常诱发大肠杆菌病或慢性呼吸道病，这时可对症选用一些抗菌消炎类药物，在日常饮水中添加氨苄西林或阿莫西林（药水比例：10 克/100 千克水）、环丙沙星（药水比例：5～10 克/100 千克水）等，但一定要在技术人员指导下控制好用药量和用药时间，防止药物残留。

十一、肉鸡常见普通病的预防和治疗

1. 胸囊肿

胸囊肿是肉仔鸡最常见的胸部皮下发生的局部炎症。它不传染也不影响生长，但影响屠体的商品价值和等级，造成一定经济损失。

【病因】肉仔鸡早期生长快、体重大，在胸部羽毛未长或正在长的时候，胸部与地面或硬质网面接触，龙骨外皮层受到长时间的摩擦和压迫等刺激，造成皮质硬化，形成囊状组织，里面逐渐积累一些黏稠的渗出液，成为水泡状囊肿。囊肿初期颜色浅，面积较小；后期颜色变深，面积也变大。肉鸡采食速度快，吃饱就俯卧休息，一天当中有 68%～72% 的时间处于俯卧状态。俯卧时体重的 60% 由胸部支撑。这样胸部受压时间长，压力大，胸部羽毛又长得晚，由此导致胸囊肿现象的出现。

生长速度快、体重大的鸡只胸囊肿发生率较高；凡发生腿部疾病的肉仔鸡伏卧时间更长，基本上都兼有胸囊肿的发生。

【防治措施】

① 加强垫料管理：保持垫料干燥、松软，及时更换板结、潮湿

的垫料，保持垫料应有的厚度。

② 尽量不采用金属网面饲养，若采用铁网平养或笼养时，应在笼底部加一层弹性塑料网。

③ 采取少喂多餐的办法，促使肉鸡站起来采食活动，减少伏卧时间。

2. 腿部疾病

肉鸡腿部疾病是肉鸡的常见病、多发病，表现为腿部无力，骨骼变形和关节囊肿等症状，造成鸡只跛行或者瘫痪，严重影响运动和采食，制约生长速度，严重影响养殖经济效益。腿部疾病是肉鸡生产中存在的第二大问题。随着肉用仔鸡生产性能的不断提高，腿部疾病的严重程度也在增加。

【病因】育种工作的积极进展、饲养水平的提高以及环境控制的改善，使肉仔鸡的早期生长速度大幅度提高，鸡体肌肉组织的生长快于骨骼组织的生长，从而引起一些腿部疾病。不少试验证明，早期实行适当的限制饲养，可使腿部疾病大为减少，甚至根除。但这在生产上不可能实行，因为肉仔鸡饲养的技术目标就是加快生长。

虽然肉鸡的腿部疾病与生长速度密切相关，但引起腿病的直接原因是多种多样的，归纳为以下几类。

① 遗传性腿病，如胫骨、软骨发育异常，脊柱滑脱等。

② 感染性腿病，如化脓性关节炎、脑脊髓炎、病毒性腱鞘炎等。

③ 营养性腿病，如高能高蛋白日粮可提高肉鸡生长速度和饲料利用率，但后期容易导致腹水症、猝死症和较高的腿病发生率。日粮钙磷含量不足、比例不当或维生素 D 缺乏，致使肉鸡患软骨症、骨质疏松、脚麻痹等腿病。电解质不平衡增加腿病发生率。微量元素锰、铜、锌和硒等的缺乏易导致肉鸡腿病的发生。维生素 A、维生素 D_3、维生素 B_2，缺乏可影响腿部正常生长发育。

④ 管理性腿病，如高温高湿环境易引起肉鸡低血糖症，肌肉颤抖、瘫痪；鸡舍内寒冷、湿度大，垫料潮湿，通风换气不良，特别是缺少氧气的环境，可诱发鸡的腿病。一氧化碳、氨气、二氧化碳和硫化氢等有害气体中毒也会引起腿病。饲养密度过大，鸡群活动困难，长期卧在地上，会引起腿病。水料线高度过低，肉鸡卧着采食和饮水，会引起腿病。水线乳头漏水，垫料潮湿，也容易引起足垫皮炎和

腿病。日常饮用水水质微生物超标严重，导致鸡群细菌病感染严重，夏秋季尤为明显。机械性骨折、扭伤引起的炎症。垫料质量粗劣、垫料内有尖锐异物、免疫和称重时抓鸡操作暴力，可能导致鸡只腿部机械性骨折或扭伤。外伤若得不到及时发现和处理，就容易引起局部细菌感染。光照时间过长和光照强度太大，鸡群活动量较大，易发生腿病。

【诊断】由于肉鸡腿病的病因十分复杂，与多种因素有关。因此，在诊断肉鸡腿病时，不可轻易下结论，而应对鸡群的饲养管理、环境条件、饲料和品种等进行综合考虑，然后进行疾病检查，针对腿病的症状和病变，对全身各脏器、组织进行检查，必要时进行病原学、血清学和病理组织学检查。

【防治措施】应针对上述病因采取相应措施。

（1）严格执行生物安全制度　即做好隔离和消毒工作，切断传播途径，杜绝外源性病原微生物感染。做好疫苗接种和预防工作，提高鸡群特异性免疫功能。病鸡和瘫鸡应及早隔离淘汰，消灭传染源，将损失降到最小。

（2）加强饲养管理　做好结合温湿度、通风、垫料管理和光照程序等管理工作，为鸡群提供适宜的生长环境。夏季防止高温高湿环境，保证鸡舍通风良好；冬季要保证育雏温度和湿度，防止通风不良和温度忽高忽低，处理好保温和通风的关系。根据不同日龄需要及时调水料线高度，防止鸡卧着采食饮水。保证适宜的饲养密度，饲养过程中要及时进行扩群，3～4周龄后，每平方米饲养肉鸡不超过12只。采用勤添少喂的方式投料，增加鸡采食和运动时间。选择优质垫料，潮湿垫料要及时更换，以防止细菌滋生尤其是霉菌污染。合理的光照程序和光照强度，使鸡群在特定模式下休息和活动，给鸡只一定时间的黑暗，减少肉鸡的活动量，改善肉鸡的腿健康，降低因腿病造成的死亡。称重和免疫抓鸡时要轻抓轻放，减少对鸡的应激和腿部损伤。

（3）提供平衡营养　目前营养不平衡日粮导致的腿病，更多是因为原料质量和消化吸收出现问题，因此，要严格控制饲料原料质量，同时不使用霉变饲料原料，保证饲料不发生霉变。为防止饲料霉变，在炎热潮湿的夏季，配合饲料储存期最长不要超过2周，每批鸡出栏

后对料塔进行清理，熏蒸消毒。随着肉鸡周龄增加及时调整日粮（一般肉鸡全程分三段饲料）组分，蛋白质浓度应逐渐下降，能量则要相应提高，这样既能满足肉鸡生长需要又能避免体重过大或痛风引起的腿病发生。

3.鸡啄癖的防治

啄癖是鸡的一种不良嗜好，啄癖在育雏、育成和产蛋鸡群中都有发生，而以育雏鸡和育成鸡发生较多，特别是密集饲养和笼养条件下更易发生，轻者头部、背部、尾部的羽毛被啄掉，鸡冠、头部、尾部的皮肤被啄伤出血，重者脚趾、肛门被啄破出血而死亡。啄癖易使鸡群受惊吓，情绪紧张不安，严重影响鸡的生长发育。

【病因】

（1）营养因素

① 蛋白质不足或日粮氨基酸不平衡。赖氨酸、蛋氨酸、亮氨酸、色氨酸、胱氨酸中的一种或几种含量不足或过高，均会造成日粮氨基酸不平衡而引发啄羽、啄蛋。

② 矿物质缺乏。日粮矿物质元素不足或不平衡，锌、铜、硒、钴、铁、钠、钙、磷不足或钙、磷比例失调，尤其是食盐不足造成家禽喜食带咸性的血迹，形成啄肛癖。硫含量不足等均可引起啄羽、啄肛、异食等恶癖。

③ 维生素缺乏。维生素 A、维生素 B_1、维生素 B_2、维生素 B_{12}等缺乏影响叶酸、泛酸、胆碱、蛋氨酸的代谢，使其生长减慢，羽毛生长不良，引起脚趾皮炎，头部、眼睑、嘴角表皮质角化而诱发啄癖。

④ 青年鸡日粮中粗纤维不足，导致鸡不易产生饱腹感，采食时间短，鸡一天中较长时间无所事事，产生无聊感而啄羽。

⑤ 换料太急，引起鸡换料应激。

（2）管理因素

① 鸡舍温度过高或通风不良造成鸡体内热量散失受阻，同时二氧化碳、硫化氢、氨气等有害气体过多，破坏鸡体的生理平衡，使鸡体烦躁不安引起鸡的啄癖。

② 饲养密度过大、湿度过高都易导致啄癖，会造成烦躁好斗而引发啄癖。

③ 光照强度过大、光照制度不合理或光线分布不均匀，可诱发啄羽。

④ 公母鸡、强弱鸡、不同日龄鸡、不同种群的鸡、不同颜色的鸡混养易引发啄癖。

⑤ 环境突变或外界惊扰，如防疫、转群等引起啄癖。

⑥ 日粮中粗纤维及沙砾缺乏。粗纤维缺乏时，鸡肠蠕动不充分，易引起啄羽、啄肛等恶习。

⑦ 在鸡生理换羽过程中，羽毛刚长出时，皮肤发痒，鸡自己啄发痒部位而引起其他鸡跟着去啄，造成相互啄羽。

⑧ 饮水不足或饲料喂量不足。

⑨ 没有及时断喙和修喙。

（3）疾病因素

① 当鸡发生白痢、球虫或其他疾病时，常由于肛门上粘有异物而引起相互间的啄斗。大肠杆菌引起输卵管炎、泄殖腔炎、黏膜水肿变性，导致输卵管狭窄，使蛋通过受阻，鸡只有通过增加腹压才能产出鸡蛋，时间一长，形成脱肛，诱发其他鸡啄肛。

② 体表寄生虫。体外寄生虫如虱、螨等引起局部发痒造成鸡自啄或互啄。

③ 生理性脱肛、皮肤外伤等因素都可诱发啄癖的发生。

（4）品种因素

① 部分品种鸡性成熟时，由于体内性激素（雌激素或孕酮、雄激素）分泌量增加或异常，常有异常行为发生，其中最常见的为自啄或乱啄形成恶癖。

② 部分品种鸡生性好斗，也是引起啄癖的一个原因。

【症状】鸡发生啄癖表现的症状很多，归纳主要有以下几种情况。

（1）啄羽　啄羽是最常见的一种啄癖行为，常见于幼雏换羽期及母鸡产蛋高峰期、换羽期。鸡互啄羽毛或啄脱落的羽毛，被啄鸡皮肉暴露，出血后，发展为啄肉癖。圈养鸡中有 70% 的鸡有啄羽恶习，其中较严重的占 30%～40%。

（2）啄肛　啄肛多发生于雏鸡、初产母鸡和产大蛋鸡。啄癖鸡见到鸡的肛门潮红或有污物时，即乘机叨啄，主要是啄肛周羽毛，伤口感染后细菌进入泄殖腔引起发炎。发生鸡白痢病时，产蛋时泄殖腔缩

不回去,其他鸡争着啄,一旦肛门被啄破出血,啄癖鸡都来围攻,进而把肠道拉出来造成被啄鸡死亡。产蛋鸡在产蛋或交配、泄殖腔外翻时也会被其他母鸡啄食,造成出血、脱肛甚至死亡。

(3)啄趾爪、冠、肉垂 啄趾爪多见于雏鸡,常因饥饿、槽位不足或过高引起。啄冠和肉垂多是公鸡性成熟时由于相互打斗引起。雏鸡脚部被外寄生虫侵袭时,可引起鸡群互啄脚趾,引起出血和跛行。

(4)啄蛋 在产蛋鸡群时有发生,尤其是高产鸡群。这与饮水不足或鸡体缺钙,产软壳蛋有关。

(5)啄异物 如啄墙壁、食槽等。鸡消化需要沙砾,如果缺乏,常引起啄异物癖。

【防治措施】啄肛癖是个古老而富于挑战的难题,目前还没有特别有效的药物可以根治,只有加强饲养管理,供给全价饲料,搞好环境卫生。

(1)发生啄癖时,要及时查明原因,迅速处理 立即将被啄的鸡隔离饲养,受伤局部进行消毒处理,对已啄鸡只可涂紫药水治疗,可在伤口涂抹废机油、煤油、鱼石脂、松节油、樟脑油等具有强烈异味的物质,防止鸡再被啄和鸡群互啄。

(2)断喙 断喙是预防啄癖的有效办法。雏鸡在7~9日龄时进行首次断喙,上喙切掉1/2,下喙切掉1/3,在12周龄时进行第2次断喙。

(3)合理配制日粮 配制优质、全价的日粮,满足鸡只各生长阶段的营养需要,特别应注意维生素A、维生素D、维生素E和B族维生素、胱氨酸、蛋氨酸及微量元素等的供给。在饲料中加入1.5%~2%石膏粉可治疗原因不明的啄羽癖。

(4)加强管理,减少应激 不同品种、日龄、体质的鸡不要混养,公、母鸡分群饲养;每日定时加料、加水、清粪,配足饮水器、饲槽,防止饥饿引起啄癖;严格控制温度、湿度、通风、换气,避免环境不适引起的拥挤堆叠、烦躁不安。另外,要减少应激,保持鸡舍安静。天气闷热时除加强舍内通风外,在饮水中添加多种维生素,以避免中暑、热应激和引起啄癖。

(5)采用短期食盐疗法 在饲料中添加1.5%~2%的食盐,连喂3~4天,对食盐缺乏引发的啄癖效果明显,但要供给足够的饮水以防食盐中毒。

（6）控制光照强度 鸡舍灯光最好为红色，因红光使鸡安静，可减少啄癖的发生。

（7）用盐霉素、氨丙啉等拌料预防和治疗鸡球虫病，同时注意定期消毒。

（8）鸡患寄生虫时，用胺菊酯、溴氢菊酯、苄呋菊酯、芬苯达唑、阿维菌素等对鸡群进行喷雾、药浴或拌料以预防或驱杀体表寄生虫。

（9）散养鸡的，可用牧草使鸡啄之，让其分散注意力。

4．中暑

中暑（heatstroke）又称热应激，是指家禽在高温环境下，由于体温调节及生理机能趋于紊乱而发生的一系列异常反应，并伴随生产性能下降，甚至出现热休克和死亡。中暑多发生于夏秋高温季节，特别多见于集约化饲养的种鸡及快大肉鸡。

【病因】中暑多发于气温超过35℃时，通风不良且卫生条件较差的鸡舍易发，中暑的严重程度随舍温的升高而加大。当舍温超过39℃时，可迅速导致鸡中暑而造成大批死亡。特别是肉种鸡对高温的耐受性较低，中暑后看上去体格健壮、身体较肥胖的鸡往往最先死亡。19～21点是中暑鸡死亡的高峰时间。

【发病机理】家禽像哺乳动物一样属恒温动物。在一定的外界温度范围内，家禽的体温可维持在一个恒定范围，即（41.5±0.5）℃。体温的恒定是在位于下丘脑的体温调节中枢的精细调节下，体内的产热与散热保持一种动态平衡而实现的。家禽的生命过程中，不断进行新陈代谢，并产生热量。除维持机体健康、正常新陈代谢和维持体温的需要外，多余的热量则必须及时通过传导、对流、辐射、蒸发等方式散发出去，以保证最适的体内环境。

当外界环境潮湿闷热，气温升高，体内积热时，热的刺激反射性地引起呼吸加快，促进热的散发。但因外界环境温度高，机体不能通过传导、对流、辐射散热，只能通过呼吸、排粪、排尿散热，产热多，散热少，产热与散热不能保持相对的统一与平衡，家禽可出现明显的热应激乃至中暑等不良反应，并引起一系列生理变化。

【症状】中暑时，最先出现的症状是呼吸加快，心跳增速。当环

境温度超过 32℃时，呼吸次数显著增加，出现张口伸颈气喘、翅膀张开下垂、体温升高为特征的热喘息。体温高于 43℃，触摸鸡体有烫手感；同时伴随食欲下降，饮水增加。产蛋家禽产蛋量下降，蛋重减轻，蛋壳变薄、变脆；处于生长期的鸡，其生长发育受阻，增重减慢；种公禽精子生成减少，活力降低，母禽则受精率下降，种蛋孵化率降低。当环境温度进一步升高时，热喘息由间歇转变为持续性，食欲废绝，饮欲亢进，排水便，可见战栗、痉挛倒地，冠苍白，甚至昏迷，濒死前可见深而稀的病理性呼吸，最后因神经中枢的严重紊乱而死亡。长期慢性热应激的鸡可见部分脱毛现象。

【病理变化】死亡鸡只的两腿多向后平伸。病死鸡冠呈紫色，有的肛门凸出，口中带血。死鸡一般肉体发白，似开水烫过一样；嗉囊多水，粪便过稀。血液凝固不良，尸冷缓慢，肺脏瘀血，肺水肿，胸膜、心包膜，以及肠黏膜都有瘀血；腺胃变薄变软，肝脏表面有散在的出血点，肝脏易碎，脑及脑膜的血管瘀血，并有出血点，脑组织水肿。

【诊断】本病根据发病季节、发病症状及剖检变化即可确诊。

【防治措施】

中暑是禽舍及周围环境温度的升高超过了机体的耐受能力而产生的。引起禽舍及环境温度升高的主要原因：夏季强烈阳光照射，使屋顶及地面产生大量的辐射热，据测定，中午时太阳水平辐射热达到 800~900 千卡/（米²·时），大量的热通过辐射、传导和对流等途径进入禽舍；由于密集饲养，饲养密度大，每个个体所占的空间较小而不利于个体体热的散发，甚至可因拥挤而造成高于周围环境温度的小环境；鸡舍内积集的热量散发出现障碍。如通风不良、停电、风扇损坏、空气湿度过高等。所以预防上要从做好以下方面入手。

（1）禽舍建筑不能太矮并应尽可能坐北朝南，开设足够的通风孔，禽舍周围适当种植树草。

（2）安装必要的通风降温设备，如风扇、水帘、喷水等，可采用水帘加纵向通风的最佳通风系统。

（3）屋顶喷白色反射漆，或涂白水泥，以减少热量的吸收。

（4）炎热季节，降低饲养密度，适当改变饲喂制度，改白天饲喂为早晚饲喂，并相应调整饲料的能量和蛋白水平，适当增加维生素的供应，白天供应足够的饮水，最好给予冷的井水，并在水中适当添加电解质。

（5）使用抗热应激剂

① 在日粮中补充维生素 C。在常温条件下，家禽能合成足够的维生素 C 供机体利用，但在热应激时，机体的合成能力下降，而此时对维生素 C 的需要量却增加，一般在日粮中添加 0.02％～0.04％ 的维生素 C。

② 在日粮或饮水中补充氯化钾。由于饲料中含钾量较高，所以常温下不需要在日粮中补充。但在热应激时，由于出现低血钾，所以必须从外界补充钾，一般饮水中补充 0.15％～0.3％ 的氯化钾或在日粮中补充 0.3％～0.5％ 的氯化钾。

③ 在日粮或饮水中补充氯化铵。鸡发生热应激时，出现呼吸性碱中毒，在日粮或饮水中补充氯化铵能明显降低血液 pH 值，一般在饮水中补充 0.3％ 或在日粮中添加 0.3％～1％ 的氯化铵。

④ 在日粮中补充碳酸氢钠。由于鸡发生热应激时血液中碳酸氢根离子含量降低，所以在日粮中补充碳酸氢钠，同时减少氯化钠在饲料中的用量，一般在饲料中补充 0.5％ 的碳酸氢钠。由于补充碳酸氢钠后，血液的 pH 值会升高，所以同时补充 0.5％ 的碳酸氢钠和 1％ 的氯化铵效果更好。

⑤ 在日粮中补充柠檬酸。补充柠檬酸可使鸡血液中的 pH 值下降，添加量在 0.25％ 左右。此外，还有报道在饲料中添加阿司匹林（一种常用解热药）0.05％～0.1％，可减轻热应激。实际上在生产中常同时使用两种或三种添加剂，效果更好。

⑥ 鸡群发现有中暑症状时，必须立即急救。将病鸡移到阴凉地方，大群鸡可用冷水喷雾浸湿鸡体降温，并在鸡冠、翅翼部位扎针放血，同时给鸡加喂十滴水 1～2 滴、人丹 4～5 粒，多数中暑鸡很快即可恢复。

第八章
科学经营管理

　　经营是鸡场进行市场活动的行为，涉及市场、顾客、行业、环境、投资等问题；而管理是鸡场理顺工作流程、发现问题的行为，涉及制度、人才、激励的问题。经营追求的是效益，要资源，要赚钱；管理追求的是效率，要节流，要控制成本。经营要扩张性的，要积极进取，要抓住机会；管理是收敛的，要谨慎稳妥，要评估和控制风险。经营是龙头，管理是基础，管理必须为经营服务。经营和管理是密不可分的，管理始终贯穿于整个经营的过程，没有管理，就谈不上经营，管理的结果最终在经营上体现出来，经营结果代表管理水平。

　　肉鸡养殖就是一个经营管理的过程，而鸡场的经营管理是对鸡场整个生产经营活动进行决策、计划、组织、控制、协调，并对鸡场员工进行激励，以实现其任务和目标的一系列工作的总称。

一、经营管理者要不断地学习新技术

　　一个人的学习能力往往决定了一个人竞争力的高低，也正因为如此，无论对于个人还是对于组织，未来唯一持久的优势就是有能力比竞争对手学习得更多更快。一个企业如果想要在激烈的竞争中立于不败之地，它就必须不断地有所创新，而创新则来自于知识，知识则来源于人的不断学习。通过不断地学习，专业能力得到不断提升。所以管理大师德鲁克说："真正持久的优势就是怎样去学习，就是怎样使得自己的企业能够学习的比对手更快。"

作为一个合格的鸡场经营管理者，即使鸡场的每一项工作不需要亲力亲为，但是也要懂得怎么做。因此，必须掌握相关的养殖知识，不能当门外汉、说外行话、办外行事，要成为养鸡的明白人，甚至是养鸡专家。只有这样，才能管好鸡场。

很多鸡场的经营管理者都不是学习畜牧专业的，对养鸡技术了解得不多，多数都是一知半解。而如今已经不是粗放式养鸡时代了，规模化、标准化养鸡，从品种选择、鸡舍建设、养鸡设备、饲料营养、疾病防治、饲养管理到营销等各个方面工作都需要相应的技术，而且这些技术还在不断地发展和进步。目前家禽疫病复杂，环境恶化，对肉鸡养殖提出了更高的要求。肉鸡养殖政策越来越严格，养殖的门槛逐渐提高，对整个养殖环境、规格的构建，以及饲养方式和技术提出更多规定和建议。行业新的业态在不断地涌现，如云养殖、"互联网+"等。经营管理者如果不学习或者不坚持知识更新，就无法掌握新技术，养鸡的效益就要降低。

做好鸡场的工作安排和各项计划也离不开专业技术知识。鸡场的日常工作繁杂，要求经营管理者要有较高的专业素质，才能科学合理地安排好鸡场的各项管理工作。如管理者要懂得体重抽测的方法、均匀度、整齐度、光照管理、通风管理、温度管理、防疫等关键技术，还要懂得查找管理上的漏洞，如果病、残的鸡只数量过多，多属于饲养管理上存在问题，要查找引起这些问题的原因，并及时加以改正。另外，各项工作环节的衔接、饲料采购计划、养殖人员绩效管理、肉鸡出栏时机等等，都离不开专业技术的支持。

可见，学习对鸡场经营管理者的重要性不言而喻。那么，学习就要掌握正确的学习方法，鸡场的经营管理者如何学习呢？

一是看书学习。看书是最基本的，也是最重要的学习方法。各大书店都有养鸡方面的书籍出售，有介绍如何投资办养鸡场的书籍，如《投资养肉鸡你准备好了吗》；有介绍养殖技术的书籍，如《高效健康养肉鸡关键技术》；有介绍养殖经验的书籍，如《养肉鸡高手谈经验》；有鸡病治疗方面的书籍，如《中国禽病学》等。养鸡方面的书籍种类很多。挑选时首先要根据自己对养鸡知识掌握的程度有针对性地挑选书籍。作为非专业人员，选择书籍的内容要简单易懂，贴近实践。没有养鸡基础的，要先选择入门书籍，等掌握一定养鸡知识以后再购买专业性强的书籍。

二是向专家请教。这是直观学习的好方法。各农业院校、科研所、农科院、各级兽医防疫部门都有权威的专家，可以同他们建立联系，遇到问题可以及时通过电话、电子邮件、登门等方式向专家求教。如今各大饲料公司和兽药企业都有负责售后技术服务的人员，这些人员中有很多人的养殖技术比较全面，特别是疾病的治疗技术较好，遇到弄不懂或不明白的问题可以及时向这些人请教，必要的时候可以请他们来场现场指导，请他们做示范，同时给全场的养殖人员上课，传授饲养管理方面的知识。

三是上互联网学习和交流。互联网学习也是学习的好方法。互联网的普及极大地方便了人们获取信息和知识，人们可以通过网络方便地进行学习和交流，及时掌握养鸡动态，互联网上涉及养鸡内容的网站很多，养鸡方面的新闻发布的也比较及时。但涉及养殖知识的原创内容不是很多，多数都是摘录或转载报纸和刊物的内容，内容重复率很高，学习时可以选择中国畜牧学会、中国畜牧兽医学会等权威机构或学会的网站。

四是多参加有关的知识讲座和有关会议，扩大视野，交流养殖心得，掌握前沿的养殖方法和经营管理理念。

二、经营者对待养鸡的态度决定鸡场的未来

经营者对待养鸡要有专心的态度，用心去养鸡，工作有计划，还要多与外界交流，把所有的积极的能量都聚集到养鸡上面，只有同时具备这些，才能把鸡场经营好，赚到钱。

一个人的精力是有限的，能力也是有限的，不可能每件工作都能做好，也不可能所有的事情都能同时兼顾得好。把每一件简单的事情做好，就是不简单。把每件平凡的事情做好，就是不平凡。经营者要把养鸡当作一项事业，并为之全身心投入，专心做好养鸡这件事，这是养好鸡的根本。朝三暮四，这山望着那山高，或者什么都想搞，是养不好鸡的。同样的雏鸡、同样的饲料、同样的用药、同样的大环境，有些人为什么总是养不好鸡？原因何在？纵观养殖过程中的各个环节，没有特别重大的事件，却都是一环扣一环不起眼的工作。但正是处理细小事情的细心程度，决定了养殖的成功与否。要知道，养殖

是高风险的事业，1%的错误会带来 100％的失败。这就要求我们从小事做起，不断地从细节中积累。

要细心周到，不要觉得肉鸡饲养简单。要知道从雏鸡进入鸡舍开始，一直到下批雏鸡进舍前，所有的工作都非常重要。饲养的全程必须抱着细心做事的原则和必定成功的信心去关注肉鸡的生长和表现。实时调节好温度、湿度、光照、空气质量、饮水和饲料营养等，特别是在气候多变昼夜温差大的冬春季节，舍内的环境受外界环境变化的影响较大。如果不适时做好调控，对肉鸡的生长十分不利。

养肉鸡要有计划，不能打乱仗。要想养鸡长期成功，管理者首先要制订切实可行的肉鸡养殖计划。计划要具体，不要空，既要有远期计划，又要有近期工作安排。具体到每批养多少只鸡、一年养几批鸡、鸡雏从哪里进、每批鸡的资金怎么落实、饲料怎么解决、鸡舍及养鸡设备什么时候维修和更新、鸡出栏时卖给谁、饲养员怎么培训等，都要有一个全面的计划。计划要可行，要切合本场实际，定得过高反而无用。计划要与鸡场的长期发展目标和盈利目标结合起来，不能与之脱节，做到努力就能完成。其次是养殖过程中排除各种干扰，确保计划得到落实。经营者自己要始终带头执行好计划，督促员工认真落实计划，及时解决计划执行过程中的各种难题。

要多与同行交流，取长补短，不能做井底之蛙，更不能闭门造车。哪个孵化场的鸡雏质量好、哪个厂家的饲料好、哪个厂家的兽药好、哪个屠宰加工场给的价格高、饲养管理上什么方法好用、什么方法实用、肉鸡的养殖形势和政策要求等等，这些与养鸡息息相关的信息和知识，仅靠自己慢慢摸索是不够的，要多与养殖同行交流，了解养殖过程中遇到的各种问题与解决方案，达到开阔视野、取长补短的目的。

三、经营者要把握好肉鸡发展趋势

由于市场变化莫测，养殖经营者必须具有较强的市场意识和对发展趋势的准确把握能力。密切注意市场的供求关系和变化趋势，关注产业政策调整、鸡肉产品安全事件和动物疫情对产业的影响，按照市

场需求确定养殖模式、养殖规模、饲养品种。顺应行业发展，不能与趋势为敌。

从养殖经营模式方面看，主要有四大先进要素，分别是设备先进、工艺先进、管理先进和经营理念先进。具体表现：区域化，如日本大阪肉鸡的养殖；规模化，如美国肉鸡，平均两个人可饲养100万只鸡；一体化，如养殖、屠宰、食品加工一体化；安全化，如绿色、环保养殖。我们要努力向国际先进学习，不能始终停留在低水平发展上。

我国养鸡业发展的五大趋势：一是绿色、环保是生态安全的主旋律和终极目标，这是利润最大化的前提；二是可有效降低成本的适度规模化是养鸡场发展的必经途径；三是在特定区域内形成特有的养殖文化，实现畜牧业与意识流行业的充分接轨；四是一体化形成经济链条，带动各个相关行业的发展，推动当地经济的进步；五是包括土鸡养殖、山鸡养殖、高锌蛋、高碘蛋、有机蛋在内的特色化，是行业内燃起的五彩灯，照亮行业的发展。

我国肉鸡养殖的主流模式。一是成立养鸡合作社。成立养鸡合作社，首先要正式注册，设计合理的章程，规定卖蛋、买卖鸡苗、卖淘汰鸡、料、药、设备等的日常业务，入社的成员要符合其标准。二是组建养鸡服务公司。要组建服务公司，首先要招聘专业经营人才，专业运作养鸡产业，比如，专业经营鲜蛋、种蛋、鸡雏、淘汰鸡、饲料、兽药、设备。三是成立养鸡托管公司。招聘最专业的养鸡技术与管理专家，给有需求的企业提供技术与管理帮助，靠技术与管理能力赚钱。四是进入食品领域。养鸡场要进入食品领域，必须进行专业化屠宰和加工，占领养鸡经济链条制高点。五是运营养鸡项目。整合社会资源，运作养鸡项目，在新技术、新工艺、新模式方面获得国家支持。六是特色养鸡经济模式。特色养鸡经济模式，包括特色产品、特色工艺和特色经营三种模式。

从食品安全方面看，食品安全事件对肉鸡行业的发展影响巨大，养鸡场要在生产环节做好食品安全工作，在饲养环境、饲料及饲料添加剂、预防和治疗用兽药等方面严格执行国家规定，同时积极主动配合政府部门落实食品安全可追溯制度，生产安全放心的食品。

从疫情方面看，疫情对肉鸡行业影响也很大。根据美国农业部报告，自 2014 年 12 月以来，美国遭遇了有史以来最严重的禽流感威胁，是美国近 30 年来最严重的一次禽流感疫情，流行的主要病毒类型是 H5N2，另外还有少量家禽感染 H5N8 和 H5N1 型病毒。美国农业部 2015 年 5 月 19 日公布数据称，从 2014 年 12 月开始已经有 16 个州的 3825 万只鸡、火鸡和鸭受到影响。在疫情最严重的艾奥瓦州和明尼苏达州，总经济损失可能高达 10 亿美元。这也直接影响到我国祖代白羽肉种鸡的引进，因为我国白羽肉鸡祖代鸡全部依赖进口，且 97％的份额来自美国。不能及时从美国进口，直接影响中国肉鸡市场供应。

四、要适度规模经营

经济学理论告诉我们：规模才能产生效益，规模越大效益越大，但规模达到一个临界点后其效益随着规模增大呈下降趋势。适度规模养殖是在一定的适合的环境和适合的社会经济条件下，各生产要素（土地、劳动力、资金、设备、经营管理、信息等）的最优组合和有效运行，取得最佳的经济效益。所谓肉鸡养殖生产的适度规模，是指在一定的社会条件下，肉鸡养殖生产者结合自身的经济实力、生产条件和技术水平，充分利用自身的各种优势，把各种潜能充分发挥出来，以取得最好经济效益的规模。

养肉鸡已经进入微利时代，必须靠规模效益取胜。肉仔鸡饲养管理全过程基本实现了机械化、自动化，为大规模饲养提供了可能。规模太小了不行，但也不是规模越大越好，通常养肉鸡规模过大，资金投入相对较大，资源过度消耗、生态环境恶化、疫病防控成本倍增、饲料供应、肉鸡销售、鸡粪处理的难度增大，而且市场风险也增大。肉鸡养殖规模的扩大必须以提高劳动生产率和经济效益为目的。养殖规模的大小因养殖经营者自身具备的生产各要素条件的不同而不同，不能一概而论。

比如养殖人员数量上，不管有没有自动环境控制系统和自动喂料系统，鸡舍内外的许多工作还依赖于人员的操作，设备的自动化只是减少了饲养人员的体力劳动，精力的投入并没有降低多少，一个人的精力毕竟是有限的，所以一个人管理鸡的数量也是有限的。长期实践证明，在自动化程度高的鸡舍每人管理鸡的数量在 2 万只以下，自动化程度低的鸡舍每人管理鸡的数量在 0.5 万只以下，这样的管理数量能够达到最优的人员效率和经济效益。例如，鸡场有两个饲养员，采用自动化程度高的喂养方式，适度规模就是 4 万只以下，采用自动化程度低的，适度规模就是 1 万只以下。

再看根据鸡舍面积确定适度规模的方法，鸡舍长度一般在 70～80 米。机械化程度较高的鸡舍可长一些，但一般不宜超过 100 米，否则机械设备的制作与安装难度较大，材料不易解决。鸡舍的跨度和长度比在 1：(7～9)，也就是说，长度在 80 米的鸡舍，宽度应该控制在 10 米左右。因为考虑到无论是密闭式鸡舍还是半开放式鸡舍都需要机械通风，鸡舍宽度的增加，使鸡舍的横截面积增加，为保证鸡舍内正常的通风换气，需按照要求增加排风设备的投入，建设鸡舍投资会增加。例如：宽度 10 米，长度 80 米的鸡舍能养殖肉鸡 6000 只，需要风机 4 台，造价 8000 元，平均每只鸡 1.33 元，如果宽度增加到 12 米，能养殖肉鸡 7500 只，需要风机 6 台，造价 12000 元，平均每只鸡 1.6 元，每只鸡的建设投入增加 0.27 元。

还要考虑肉鸡出栏时的情况，如要考虑成鸡销售和运输能力，一个鸡场的成鸡必须在 3～5 天内全部销售完毕，否则会影响整个鸡场的全进全出，延长部分鸡舍的空舍时间，降低鸡舍的利用率，更重要的一点，出栏时间越长，后出栏鸡群会因为应激等因素，降低采食，死亡上升，甚至会发生疾病，带来经济效益的降低。所以单个鸡场不要盲目求大，在我国现时条件下，直接饲养人员 1 人可养 1 万～2 万只肉仔鸡，1 年可生产 5 万～10 万只肉仔鸡。单个鸡场宜控制在 15 万只以下。

所以适度规模的适应值要完全满足鸡舍面积、技术水平、设备利用率、资金保障能力、饲料保障能力、鸡蛋销售渠道、鸡粪处理能力和经营管理能力等要求，结合蛋鸡的只均效益和总体效益来综合考虑养蛋鸡规模的大小。这些条件必须同时满足，不可偏废其中任何一项，否则将无法经营下去。

五、把肉鸡卖个好价钱

养肉鸡的目的是为了赚钱。因此，如何使养肉鸡的效益最大化，使所养的肉鸡卖个好价钱，是每个养殖者最关心的事情。应该注意以下四个方面：

1. 遵循市场规律，养殖适销对路的品种

遵循市场规律，养殖适销对路的品种是卖出好价钱的前提。养殖场要能"见微知著"地遵循市场规律，摸准市场的脉搏。养殖户可以根据当地肉鸡消费的特点，确定选择养什么品种，也就是说养什么样品种的鸡好卖就养什么品种。如当地有肉鸡加工企业或大型肉鸡公司，快长型肉鸡品种销路好，就可以饲养艾维茵肉鸡 AA 肉鸡、艾维茵肉鸡等肉鸡品种；还可以饲养肉鸡公司"放养"的肉鸡，也就是选择"公司＋农户"的饲养方式；如果本地区对土种鸡的需求量较大，就可以饲养我国的地方品种，肉鸡无论选择哪个品种，只要搞好饲养管理，产销对路，都能取得比较好的经济效益。市场需求是多元化的，无论养殖什么品种，只有符合市场需求，才能赚到钱。否则，不能适销对路，就不能获利。

从经济效益的角度，要见效快就养殖大家普遍饲养的品种，因为这样的品种雏鸡好挑选、饲料来源广、市场需要量大、饲养技术成熟等。而饲养量少的品种，市场需要养殖场自己去开拓、品种纯度不好保证、没有成熟的饲养技术等，想短期取得好效益非常困难。

还要在食品安全上做到绝对不添加任何违禁添加剂和不使用任何违禁药物，生产安全放心的肉鸡产品，多在改善养殖条件和饲养管理下功夫，少在投机取巧上费心思，不能为一时的小利而毁掉整个养鸡场的前程。

2. 延伸产业链，增加产品附加值

现有的销售渠道主要是合同养殖，公司按照约定收养殖户的出栏鸡，养殖户只能挣劳动力的钱，而单纯的放养然后将出栏肉鸡卖给屠宰加工厂的公司挣的钱有出栏肉鸡的差价、饲料差价、兽药差价、雏鸡差价等，如果是屠宰加工厂放养肉鸡的话，除了前面几项以外，肉鸡加工利润钱还有很多。食品加工厂加工成熟食后，利润会更高，据测算，加工成熟食后肉鸡的养殖成本只占到肉鸡熟食销售价格的10％，可见利润有多大。因此，有条件的养殖场（户）要尽量在养殖的上游采取自主采购，如饲料和兽药现金购买和放养公司赊销差价很

大。成立联合体，自找销路，尽量减少中间环节，或者成立屠宰加工厂和食品加工厂等。

食品加工企业食品加工上一要立足国内市场，发展深加工，开发旅游食品和方便食品，儿童、老年食品，创造我国的"肯德基""麦当劳"，如肉块、肉片、肉松、肉饼，调味特制品，即食品、香肠等半成品和熟制品。方便、多样是购买的主要吸引力。要注意研究市场、研究大众消费心理，以高质量、多样化产品满足不同层次的消费需求，特别要着力开辟消费潜力巨大的农村市场。同时要加强宣传，引导消费。二要开辟国外市场，有条件的应积极争取自营进出口权，以高质量产品开辟日本、俄罗斯、东南亚、欧盟市场。

3. 实施品牌战略，打造过硬品牌

品牌有利于树立养殖场的形象，提高企业及产品的知名度与美誉度；有利于提高产品的附加值，增加利润；有利于市场细分，培养顾客偏好与顾客忠诚，培养稳定的顾客群；有利于促使企业保证和提高产品质量，维护企业的自身信誉；有利于维护企业的正当权益。当今社会，产品竞争同质化、市场竞争白热化，许多企业失败的原因不尽相同，但是成功者的法宝却惊人地相似，那就是他们无一例外地借助了品牌的力量。一个成功的品牌，能够为其所有者不断带来超额利润，今天的市场竞争，很大程度上就是品牌竞争。

国内的大型食品加工企业在这方面已经做得非常好，如我们常见的德大（吉林德大有限公司）、六和（山东六和集团有限公司）、雨润等，它们已经成了老少皆知、家喻户晓的品牌。因此，要想在同质化竞争越来越激烈的市场中分得一杯羹，立于不败之地，就必须创立自己的过硬品牌。

4. 整合销售渠道，实施深度营销

健全有序的流通渠道是一个产业建立与发展的基础，一个完整的产业体系的建立与发展离不开高效有序的市场流通网络。因此，养鸡场要在充分利用现有销售渠道的基础上逐步建立具有自身特色的销售渠道和网络，并对其实施有效的管理和控制，才能让养鸡的效益倍增。

对于资金实力雄厚的养殖企业，可以在建场立项的时候就开始大造声势，把项目进展的每一个步骤都作为一个宣传的好时机，等真正可供出售的肉鸡能对外销售的时候，不用太多宣传推介就达到一定的知名度了。比如在肉鸡场立项的时候，可以利用地方政府招商引资政策，让地方政府有关部门参与规划，让当地的主流媒体报道这一投资项目，后续的奠基仪式、开工仪式、当地政府和省市领导视察、引进种鸡、养殖人才招聘会以及主动参与当地的一些公益事业和慈善捐款等，都是造势的最好也是最廉价的方式。

对于创业初期资金规模不大的养鸡场，可以借势而为。可以考虑先加入相关合作组织来整合资源，提升形象，扩大影响，借力开拓自己的市场，销售产品。目前，在养鸡行业中存在不同的组织，如畜产品龙头企业，国家和地方养肉鸡协会，养肉鸡合作社等。饲养者可以根据自己的实际情况，选择适合于自己的渠道来扩大生鸡产品的销售，增加经济效益。

等自身积累了一定的实力时，在明确自己市场定位的基础上，经营者要敢于解放思想，大胆创新，根据本场的生产情况制订自己的市场营销策略来开拓市场。

六、影响肉鸡生产经济效益的因素

1. 出栏体重与饲料转化率

有的出栏体重虽大，但出售日龄也大，饲料转化率降低；有的出栏日龄小，饲料转化率虽高，但出栏体重偏轻。这两种情况都不会增加收益。因此，要有合适的出栏体重。按照快大型白羽肉鸡的生长规律，肉鸡早期生产速度快，绝对增重的高峰期在 6～8 周龄，以后逐渐下降。在 7 周龄上市，可进一步提高饲料转化率，经济效益也相应提高。优质黄羽肉鸡多为杂交培育的中型鸡，它们的早期生长速度比地方黄羽土鸡明显提高，10 周龄体重达到 1.65 千克，10 周龄后生长减缓，出栏时间宜选择 10 周龄以后的，根据市场对体重的要求而定。

2. 出售价格与出栏时间

出售价格是影响收益的关键因素之一。它既受肉鸡品种和肉鸡品

质的影响，又受市场供求关系影响，不是生产者能决定的。出售时间不同，肉鸡的体重、等级和价格会有很大差异。生产者可根据市场情况，选择最佳出售时间。通常快大型白羽肉鸡多是采取公司加农户的"合同鸡"形式，在饲养之前就决定了出栏时间，甚至出栏价格也定好了，一旦达到出栏日龄就必须出栏。这就要求养鸡场做好成本估算，根据预期利润确定开始养鸡的时间。而黄羽肉鸡由于品种较多，生长的速度也不一样，各地对体重的要求也不一样，饲养的方式也很多，可以按照节假日和其他需求量大的时间出栏。

3. 饲养密度与鸡舍周转次数

合理的饲养密度和鸡舍周转次数也是影响收益的关键因素。合理的饲养密度和鸡舍周转次数也就是鸡舍单位面积生产出售产品的重量。通常，同一生产设施在一定的时间内出售的肉鸡量愈大，则单位重量的费用愈小，收益愈高。采用笼养肉鸡鸡舍单位面积生产出售产品的重量最高，二层网上平养肉鸡次之，地面平养肉鸡最低。养鸡场可根据本场的鸡舍条件和资金实力决定采用哪种饲养方式。

4. 出栏率与品质

肉鸡出栏数与入雏数的百分比，称为出栏率。一般来说，出栏率高的鸡群品质也较好，饲料转化率高，每只肉鸡或单位体重所负担的初生雏费也少。通常希望育成率达到98%。

若鸡不丰满或伤残的鸡多，出售的价格当然会降低，就会大大降低生产者的收入。因此，养鸡场首先要选择优质健壮的雏鸡，其次是在饲养管理和销售上下功夫。要想获得单位面积产量高又有较好的品质的肉鸡，要适当考虑饲养密度，加强在给水、给料、温度、湿度、光照、防病、垫料、小心捕捉、运输等环节的饲养管理，以保证肉鸡的品质，提高生产收入。

肉鸡在一定日龄或周龄的体重存在差别，而饲养管理不当会加剧这种差别，使出栏和销售受到影响。这就要求鸡场做到适当的饲养密度、良好的管理和卫生防疫，及时将弱小、病鸡挑出来单独饲喂，也可以采取公母鸡分群饲养的方式，使鸡群发育整齐。

5. 饲料价格与肉鸡出售价格

影响肉鸡生产效益的最大因素是饲料价格与肉鸡出售价格。饲料占肉鸡成本 65％以上，肉鸡经营成果的好坏随出售价格与饲料价格变化而变化。

两者的关系指数（鸡料价格比）可显示各个时期的经营情况，即鸡料价格比＝每千克鸡的出售价格/每千克饲料的购入价格。

这个数值愈大，对生产者就愈有利。

七、做好养鸡场的成本核算

养鸡场的成本核算是指将在一定时期内养鸡场生产经营过程中所发生的费用，按其性质和发生地点，分类归集、汇总、核算，计算出该时期内生产经营费用发生总额和分别计算出每种产品的实际成本和单位成本的管理活动。其基本任务是正确、及时地核算产品实际总成本和单位成本，提供正确的成本数据，为企业经营决策提供科学依据，并借以考核成本计划执行情况，综合反映企业的生产经营管理水平。

养鸡场成本核算是养鸡场成本管理工作的重要组成部分，成本核算将直接影响养鸡场的成本预测、计划、分析、考核等控制工作，同时也对养鸡场的成本决策和经营决策产生重大影响。

通过成本核算，可以计算出产品实际成本，可以作为生产耗费的补偿尺度，是确定鸡场盈利的依据，便于养鸡场依据成本核算结果制订产品价格和企业编制财务成本报表。还可以通过产品成本的核算计算出产品实际成本资料，与产品的计划成本、定额成本或标准成本等指标进行对比，除可对产品成本升降的原因进行分析外，还可据此对产品的计划成本、定额成本或标准成本进行适当地修改，使其更加接近实际。

通过产品成本核算，可以反映和监督养鸡场各项消耗定额及成本计划的执行情况，可以控制生产过程中人力、物力和财力的耗费，从而做到增产节约、增收节支。同时，利用成本核算资料，开展对比分析，还可以查明养鸡场生产经营的成绩和缺点，从而采取针对性的措施，改善养鸡场的经营管理，促使鸡场进一步降低产品成本。

产品成本核算还可以反映和监督产品占用资金的增减变动和结存情况，为加强产品资金的管理、提高资金周转速度和节约有效地使用

资金提供资料。

可见做好养鸡场的成本核算，具有非常重要的意义，是规模化养鸡场必须做好的一项重要工作。

1. 成本核算的主要原则

（1）合法性原则　指计入成本的费用都必须符合法律、法规、制度等的规定。不合规定的费用不能计入成本。

（2）可靠性原则　包括真实性和可核实性。真实性就是所提供的成本信息与客观的经济事项相一致，不应掺假，或人为地提高、降低成本。可核实性指成本核算资料按一定的原则由不同的会计人员加以核算，都能得到相同的结果。真实性和可核实性是为了保证成本核算信息的正确可靠。

（3）有用性和及时性原则　有用性是指成本核算要为鸡场经营管理者提供有用的信息，为成本管理、预测、决策服务。及时性是强调信息取得的时间性。及时的信息反馈可及时地采取措施，改进工作。而过时的信息往往成为徒劳无用的资料。

（4）分期核算原则　企业为了取得一定期间所生产产品的成本，必须将川流不息的生产活动按一定阶段（如月、季、年）划分为各个时期，分别计算各期产品的成本。成本核算的分期，必须与会计年度的分月、分季、分年相一致，这样可以便于利润的计算。

（5）权责发生制原则　凡是当期已经实现的收入和已经发生或应当负担的费用，不论款项是否收付，都应作为本期的收入和费用；凡是不属于本期的收入和费用，即使款项已经在当期收付，也不应作为本期的收入和费用，以便正确提供各项的成本信息。

（6）实际成本计价原则　生产所耗用的原材料、燃料、动力要按实际耗用数量的实际单位成本计算，完工产品成本的计算要按实际发生的成本计算。

（7）一致性原则　成本核算所采用的方法，前后各期必须一致，以使各期的成本资料有统一的口径，前后连贯，互相可比。

2. 成本核算的基础工作

（1）建立健全各项财务制度和手续。

（2）建立禽群变动日报制度，包括饲养禽群的日龄、存活数、死亡数、淘汰数、转出数及出栏等。

（3）成本费用的组成　养殖肉鸡的生产成本由直接费用和间接费用两部分构成。

① 直接费用，也称可变费用，也就是因生产技术的优劣而有变动的费用。

直接费用包括：

a. 饲料费。肉鸡每单位体重的饲料费＝饲料转化率×饲料价格。

b. 初生雏费。每只初生雏费＝初生雏的单价÷出售率。

出售率＝出售肉鸡只数÷入雏只数。

② 间接费用，也称不变费用，即不论生产成绩如何，都需要有固定的费用。

间接费用包括：

a. 水、电、热能费。为每批肉鸡整个饲养过程所耗水电、燃料费除以出售只数或出售总体重的商数。

b. 药品费。为每批肉鸡所用防疫、治疗、消毒等所用药品费的总和，除以出售肉鸡只数或总重量所得的商数。

c. 利息。指对固定投资（所借长期贷款）及流动资金（短期贷款），1 年用以支付的利息总数，除以年内出售肉鸡的批数，再除以每批出售的只数或总重量所得的商数。

d. 修理费。为保持建筑物完好而提取的修理费。通常为每年折旧额 5%～10%。

e. 折旧费。为更新建筑物和设备的预留。一般来说，砖木结构舍折旧期为 15 年，木质的 7 年，简易的 5 年，器具、机械按 5 年折旧。

f. 劳务费。指肉鸡的生产管理劳动所用的花费之和，包括入雏、给温、给水、给料、疫苗接种、观察鸡群、提鸡、装笼、清扫、消毒、运输、购物等。

g. 税金。主要是肉鸡生产所用土地、建筑、设备、生产、销售应交的税金，也储计算在每只鸡或每千克体重上。

h. 杂费。除上述各项直接、间接费用之外的费用，统归为杂费，包括保险费、储备金、通信费、交通费、搬运费、抓鸡费等。

按以上各成本对象合理地分配各种物料的消耗及各种费用，并由

主管人员审核。以上各项材料数字要正确，认真整理清楚，这是计算成本的主要依据。

3. 每千克毛鸡的成本的核算方法

每千克毛鸡的成本＝（料肉比×平均料价）＋鸡苗成本＋[（药品疫苗费用＋人员工资＋水电煤费＋折旧费＋其他费用）÷出栏数÷出栏体重（千克）]。

料肉比又称饲料转化率，指肉鸡所消耗的饲料与出栏体重之比。平均料价指肉鸡所用的所有饲料费用与饲料数量之比。

鸡苗成本＝鸡苗价格÷1.02÷成活率÷出栏体重（千克），其中1.02为鸡苗贴损数。

4. 考核利润指标

（1）产值利润及产值利润率 产值利润是产品产值减去可变成本和固定成本后的余额。产值利润是一定时期内总利润额与产品产值之比。计算公式为：

产值利润率＝利润总额/产品产值×100％

（2）销售利润及销售利润率

销售利润＝销售收入－生产成本－销售费用－税金

销售利润率＝产品销售利润/产品销售收入×100％

（3）营业利润及营业利润率

营业利润＝销售利润－推销费用－推销管理费

企业的推销费用包括接待费、推销人员工资及差旅费、广告宣传费等。

营业利润率＝营业利润/产品销售收入×100％

利润反映了生产与流通合计所得的利润。

（4）经营利润及经营利润率

经营利润＝营业利润＋全营业外损益

营业外损益指与企业的生产活动没有直接联系的各种收入或支出。如罚金、由于汇率变化影响到的收入或支出、企业内事故损失、积压物资削价损失、呆账损失等。

经营利润率＝经营利润/产品销售收入×100％

（5）衡量一个企业的赢利能力 养禽生产以流动资金购入饲

料、雏禽、医药、燃料等，在人的劳动作用下转化成禽肉、蛋产品，通过销售禽肉、蛋产品又回收了资金，这个过程叫资金周转一次。

利润就是资金周转一次或使用一次的结果。资金在周转中获得利润，周转越快、次数越多，企业获利就越多。资金周转的衡量指标是一定时期内流动资金周转率。

资金周转率（年）＝年销售总额/年流动资金总额×100％

企业的销售利润和资金周转共同影响资金利润高低。

资金利润率＝资金周转率×销售利润率

企业赢利的最终指标应以资金利润率作为主要指标。

附　录

一、标准化养殖场　肉鸡

标准化养殖场　肉鸡（NY/T 2666—2014）

1 范围

本标准规定了肉鸡标准化养殖场的基本要求、选址及布局、生产设施与设备、管理与防疫、废弃物处理和生产水平等。

本标准适用于商品肉鸡规模养殖场的标准化生产。

2 规范性引用文件

下列文件对于本文件的应用是必不可少的。凡是注日期的引用文件，仅注日期的版本适用于本文件。凡是不注日期的引用文件，其最新版本（包括所有的修改单）适用于本文件。

GB 16548 畜禽病害肉尸及其产品无害化处理规程

GB 16549 畜禽产地检疫规范

GB 18596 畜禽养殖业污染物排放标准

GB/T 19664 商品肉鸡生产技术规程

NY/T 682 畜禽场场区设计技术规范

NY/T 1168 畜禽粪便无害化处理技术规范

NY/T 1566 标准化肉鸡养殖场建设规范

NY/T 1871 黄羽肉鸡饲养管理技术规程

NY 5027 无公害食品 畜禽饮用水水质

中华人民共和国主席令 2005 年第 45 号 中华人民共和国畜牧法

中华人民共和国农业部令 2006 年第 67 号 畜禽标识和养殖档案管理办法

中华人民共和国农业部公告第 168 号 饲料药物添加剂使用规范

中华人民共和国农业部公告第 1521 号　中华人民共和国兽药典

中华人民共和国农业部公告第 1773 号 饲料原料目录

3 基本要求

3.1 场址不应位于中华人民共和国主席令 2005 年第 45 号规定的禁止区域，并符合相关法律法规及土地利用规划。

3.2 具有动物防疫条件合格证。

3.3 在县级人民政府畜牧兽医行政主管部门备案，取得畜禽标识代码。

3.4 单栋存栏 5 000 只以上，年出栏快大型白羽肉鸡 10 万只或黄羽肉鸡 5 万只以上。

4 选址和布局

4.1 距离生活饮用水源地、居民区、畜禽屠宰加工、交易场所和主要交通干线 500 米以上，其他畜禽养殖场 1000 米以上。

4.2 选址地势高燥，背风向阳，通风良好，远离噪音。

4.3 场区有稳定水源及电力供应，水质符合 NY 5027 的规定。

4.4 场区主要路面应硬化。净道、污道严格分开。

4.5 场区周围有防疫隔离设施，区域间有消毒设施，并有明显的防疫标志。

4.6 场区布局应符合 NY/T 1566 和 NY/T 682 的规定。生活区、生产区严格分开，并具有有效隔离。

5 生产设施与设备

5.1 鸡舍建筑基本符合要求和舍内环境参数符合 NY/T 1566 的规定。鸡舍具有防鼠、防鸟等设施设备。

5.2 鸡舍配备通风换气、升温和降温、光照等环境控制设备，具备饮水和加料系统，建有储料罐或储料库。

5.3 场区门口、生产区入口和鸡舍门口应有消毒设施，生产区入口同时设有更衣消毒室。

5.4 场内和舍内应有消毒设备。

5.5 配备药品储备室和专门的解剖室及设施设备。

5.6 具备应急条件下的电源及饮水供应设备。

6 管理与防疫

6.1 饲养单一类型的品种，采取全进全出制饲养方式。

6.2 饲养密度合理，符合所养殖品种的要求。

6.3 制定生产管理、防疫消毒、兽药和饲料使用、人员管理等各项制度并公示。

6.4 兽药、饲料药物添加剂、消毒剂等的使用符合中华人民共和国农业部公告第1521号和中华人民共和国农业部公告第168号的规定。

6.5 饲养管理操作技术规程应符合GB/T 19664和NY/T 1871的要求。

6.6 免疫程序的制定须有专业兽医资格的兽医认可。

6.7 按照中华人民共和国农业部令2006年第67号的要求建立养殖档案。建立员工培训档案。建立设备使用、维护档案。

6.8 具备1名以上畜牧兽医专业的技术人员，或有专业技术人员提供稳定的技术服务。

6.9 雏鸡应来源于具有种畜禽生产经营许可证的种鸡场，并保留畜禽生产经营许可证复印件、动物检疫合格证和车辆消毒证明。

6.10 出栏肉鸡建议符合GB 16549的要求。

7 废弃物处理

7.1 有固定的防雨、防渗漏、防溢流鸡粪储存场所。鸡粪应发酵或经其他无害化处理，鸡粪的储存和处理应符合NY/T 1168的规定，排放应符合GB 18596的规定。

7.2 所有病死鸡采取焚烧或深埋等方式进行无害化处理，处理规程应符合GB 16548的规定。

7.3 场区整洁，垃圾合理收集、及时清理。

8 生产水平

8.1 成活率

年平均出栏肉鸡成活率≥90％。

8.2 料重比

50日龄内出栏的白羽肉鸡：年平均出栏肉鸡的料重比≤2.0。

60日龄内出栏的快大型黄羽肉鸡：年平均出栏肉鸡的料重比≤2.4。

61日龄～90日龄内出栏的中速型黄羽肉鸡：年平均出栏肉鸡的料重比≤2.8。

二、无公害农产品　兽药使用准则

无公害农产品　兽药使用准则（NY/T 5030—2016）

1 范围

本标准规定了兽药的术语和定义、使用要求、使用记录和不良反应报告。

本标准适用于无公害农产品（畜禽产品、蜂蜜）的生产、管理和认证。

2 规范性引用文件

下列文件对于本文件的应用是必不可少的。凡是注日期的引用文件，仅注日期的版本适用于本文件。凡是不注日期的引用文件，其最新版本（包括所有的修改单）适用于本文件。

兽药管理条例

中华人民共和国动物防疫法

中华人民共和国兽药典

中华人民共和国农业部公告第 168 号 饲料药物添加剂使用规范

中华人民共和国农业部公告第 176 号 禁止在饲料和动物饮用水中使用的药物品种目录

中华人民共和国农业部公告第 193 号 食品动物禁用的兽药及其他化合物清单

中华人民共和国农业部公告第 235 号 动物性食品中兽药最高残留限量

中华人民共和国农业部公告第 560 号 兽药地方标准废止目录

中华人民共和国农业部公告第 1519 号 禁止在饲料和动物饮水中使用的物质

中华人民共和国农业部公告第 1997 号 兽用处方药品种目录（第一批）

中华人民共和国农业部公告第 2069 号 乡村兽医基本用药目录

3 术语和定义

下列术语和定义适用于本文件。

3.1

兽药 veterinary drugs

用于预防、治疗、诊断动物疾病或者有目的地调节其生理机能的物质（含药物饲料添加剂），主要包括血清制品、疫苗、诊断制品、微生态制品、中药材、中成药、化学药品、抗生素、生化药品、放射性药品及外用杀虫剂、消毒剂等。

3.2

兽用处方药 veterinary prescription drugs

由国务院兽医行政管理部门公布的、凭兽医处方方可购买和使用的兽药。

3.3

食品动物 food-producing animal

各种供人食用或其产品供人食用的动物。

3.4

休药期 withdrawal time

食品动物从停止给药到许可屠宰或其产品（奶、蛋）许可上市的间隔时间。对于奶牛和蛋鸡也称弃奶期或弃蛋期。蜜蜂从停止给药到其产品收获的间隔时间。

4 购买要求

4.1 使用者和兽医进行预防、治疗和诊断疾病所用的兽药均应是农业部批准的兽药或批准进口注册兽药，其质量均应符合相关的兽药国家标准。

4.2 使用者和兽医在购买兽药时，应在国家兽药基础信息查询系统中核对兽药产品批准信息，包括核对购买产品的批准文号、标签和说明书内容、生产企业信息等。

4.3 购买的兽药产品为生物制品的，应在国家兽药基础信息查询系统中核对兽用生物制品签发信息，不得购买和使用兽用生物制品批签发数据库外的兽用生物制品。

4.4 购买的兽药产品标签附有二维码的，应在国家兽药产品追溯系统中进一步核对产品信息。

4.5 使用者应定期在国家兽药基础信息查询系统中查看农业部发布的兽药质量监督抽检质量通报和有关假兽药查处活动的通知，不应购买和使用非法兽药生产企业生产的产品，不应购买和使用重点监控企业的产品以及抽检不合格的产品。

4.6 兽药应在说明书规定的条件下储存与运输，以保证兽药的质量。《兽药产品说明书》中储藏项下名词术语见附录 A。

5 使用要求

5.1 使用者和兽医应遵守《兽药管理条例》的有关规定使用兽药，应凭兽医开具的处方使用中华人民共和国农业部公告第 1997 号规定的兽用处方药（见附录 B）。处方笺应当保存 3 年以上。

5.2 从事动物诊疗服务活动的乡村兽医，凭乡村兽医登记证购买和使用中华人民共和国农业部公告第 2069 号中所列处方药（见附录 C）。

5.3 使用者和兽医应慎开具或使用抗菌药物。用药前宜做药敏试验，能用窄谱抗菌药物的就不用广谱抗菌药物，药敏实验的结果应进行归档。同时考虑交替用药，尽可能降低耐药性的产生。蜜蜂饲养者对蜜蜂疾病进行诊断后，选择一种合适的药，避免重复用药。

5.4 使用者和兽医应严格按照农业部批准的兽药标签和说明书（见国家兽药基础信息查询系统）用药，包括给药途径、剂量、疗程、动物种属、适应证、休药期等。

5.5 不应超出兽药产品说明书范围使用兽药；不应使用农业部规定禁用、不得使用的药物品种（见附录 D）；不应使用人用药品；不应使用过期或变质的兽药；不应使用原料药。

5.6 使用饲料药物添加剂时，应按中华人民共和国农业部公告第 168 号的规定执行。

5.7 兽医应按《中华人民共和国动物防疫法》的规定对动物进行免疫。

5.8 兽医应慎用拟肾上腺素药、平喘药、抗胆碱药与拟胆碱药、糖皮质激素类药和解热镇痛消炎药，并应严格按批准的作用与用途和用法与用量使用。

5.9 非临床医疗需要，不应使用麻醉药、镇痛药、镇静药、中枢兴奋药、性激素类药、化学保定药及骨骼肌松弛药。

6 兽药使用记录

6.1 使用者和兽医使用兽药，应认真做好用药记录。用药记录至少应包括动物种类、年（日）龄、体重及数量、诊断结果或用药目的、用药的名称（商品名和通用名）、规格、剂量、给药途径、疗程，药物的生产企业、产品的批准文号、生产日期、批号等。使用兽药的单位或个人均应建立用药记录档案，并保存 3 年（含 3 年）以上。

6.2 使用者和兽医应严格执行兽药标签和说明书中规定的兽药休药期，并向购买者或屠宰者提供准确、真实的用药记录；应记录在休药期内生产的奶、蛋、蜂蜜等农产品的处理方式。

7 兽药不良反应报告

使用者和兽医使用兽药，应对兽药的疗效、不良反应做观察、记录；动物发生死亡时，应请专业兽医进行剖检，分析是药物原因或疾病原因。发现可能与兽药使用有关的严重不良反应时，应当立即向所在地人民政府兽医行政管理部门报告。

附录 A
（规范性附录）
《兽药产品说明书》中储藏项下名词术语

储藏项下的规定，系为避免污染和降解而对兽药储存与保管的基本要求，以下列名词术语表示：

a）遮光：指用不透光的容器包装，如棕色容器或黑纸包裹的无色透明、半透明容器；

b）避光：指避免日光直射；

c）密闭：指将容器密闭，以防止尘土及异物进入；

d）密封：指将容器密封以防止风化、吸潮、挥发或异物进入；

e）熔封或严封：指将容器熔封或用适宜的材料严封，以防止空气与水分的侵入并防止污染；

f）阴凉处：指不超过 20℃；

g）凉暗处：指避光并不超过 20℃；

h）冷处：指 2℃～10℃；

i）常温：指 10℃～30℃。

除另有规定外，储藏项下未规定温度的一般系指常温。

附录 B
（规范性附录）
兽用处方药品种目录（第一批）

B.1 抗微生物药

B.1.1 抗生素类

B. 1. 1. 1 β-内酰胺类

注射用青霉素钠、注射用青霉素钾、氨苄西林混悬注射液、氨苄西林可溶性粉、注射用氨苄西林钠、注射用氯唑西林钠、阿莫西林注射液、注射用阿莫西林钠、阿莫西林片、阿莫西林可溶性粉、阿莫西林克拉维酸钾注射液、阿莫西林硫酸黏菌素注射液、注射用苯唑西林钠、注射用普鲁卡因青霉素、普鲁卡因青霉素注射液、注射用苄星青霉素。

B. 1. 1. 2 头孢菌素类

注射用头孢噻呋、盐酸头孢噻呋注射液、注射用头孢噻呋钠、头孢氨苄注射液、硫酸头孢喹肟注射液。

B. 1. 1. 3 氨基糖苷类

注射用硫酸链霉素、注射用硫酸双氢链霉素、硫酸双氢链霉素注射液、硫酸卡那霉素注射液、注射用硫酸卡那霉素、硫酸庆大霉素注射液、硫酸安普霉素注射液、硫酸安普霉素可溶性粉、硫酸安普霉素预混剂、硫酸新霉素溶液、硫酸新霉素粉（水产用）、硫酸新霉素预混剂、硫酸新霉素可溶性粉、盐酸大观霉素可溶性粉、盐酸大观霉素盐酸林可霉素可溶性粉。

B. 1. 1. 4 四环素类

土霉素注射液、长效土霉素注射液、盐酸土霉素注射液、注射用盐酸土霉素、长效盐酸土霉素注射液、四环素片、注射用盐酸四环素、盐酸多西环素粉（水产用）、盐酸多西环素可溶性粉、盐酸多西环素片、盐酸多西环素注射液。

B. 1. 1. 5 大环内酯类

红霉素片、注射用乳糖酸红霉素、硫氰酸红霉素可溶性粉、泰乐菌素注射液、注射用酒石酸泰乐菌素、酒石酸泰乐菌素可溶性粉、酒石酸泰乐菌素磺胺二甲嘧啶可溶性粉、磷酸泰乐菌素磺胺二甲嘧啶预混剂、替米考星注射液、替米考星可溶性粉、替米考星预混剂、替米考星溶液、磷酸替米考星预混剂、酒石酸吉他霉素可溶性粉。

B. 1. 1. 6 酰胺醇类

氟苯尼考粉、氟苯尼考粉（水产用）、氟苯尼考注射液、氟苯尼考可溶性粉、氟苯尼考预混剂、氟苯尼考预混剂（50%）、甲砜霉素注射液、甲砜霉素粉、甲砜霉素粉（水产用）、甲砜霉素可溶性粉、甲砜霉素片、甲砜霉素颗粒。

B.1.1.7 林可胺类

盐酸林可霉素注射液、盐酸林可霉素片、盐酸林可霉素可溶性粉、盐酸林可霉素预混剂、盐酸林可霉素硫酸大观霉素预混剂。

B.1.1.8 其他

延胡索酸泰妙菌素可溶性粉。

B.1.2 合成抗菌药

B.1.2.1 磺胺类药

复方磺胺嘧啶预混剂、复方磺胺嘧啶粉（水产用）、磺胺对甲氧嘧啶二甲氧苄啶预混剂、复方磺胺对甲氧嘧啶粉、磺胺间甲氧嘧啶粉、磺胺间甲氧嘧啶预混剂、复方磺胺间甲氧嘧啶可溶性粉、复方磺胺间甲氧嘧啶预混剂、磺胺间甲氧嘧啶钠粉（水产用）、磺胺间甲氧嘧啶钠可溶性粉、复方磺胺间甲氧嘧啶钠粉、复方磺胺间甲氧嘧啶钠可溶性粉、复方磺胺二甲嘧啶粉（水产用）、复方磺胺二甲嘧啶可溶性粉、复方磺胺甲噁唑粉、复方磺胺甲噁唑粉（水产用）、复方磺胺氯达嗪钠粉、磺胺氯吡嗪钠可溶性粉、复方磺胺氯吡嗪钠预混剂、磺胺喹噁啉二甲氧苄啶预混剂、磺胺喹噁啉钠可溶性粉。

B.1.2.2 喹诺酮类药

恩诺沙星注射液、恩诺沙星粉（水产用）、恩诺沙星片、恩诺沙星溶液、恩诺沙星可溶性粉、恩诺沙星混悬液、盐酸恩诺沙星可溶性粉、乳酸环丙沙星可溶性粉、乳酸环丙沙星注射液、盐酸环丙沙星注射液、盐酸环丙沙星可溶性粉、盐酸环丙沙星盐酸小檗碱预混剂、维生素 C 磷酸酯镁盐酸环丙沙星预混剂、盐酸沙拉沙星注射液、盐酸沙拉沙星片、盐酸沙拉沙星可溶性粉、盐酸沙拉沙星溶液、甲磺酸达氟沙星注射液、甲磺酸达氟沙星溶液、甲磺酸达氟沙星粉、盐酸二氟沙星片、盐酸二氟沙星注射液、盐酸二氟沙星粉、盐酸二氟沙星溶液、噁喹酸散、噁喹酸混悬液、噁喹酸溶液、氟甲喹可溶性粉、氟甲喹粉。

B.1.2.3 其他

乙酰甲喹片、乙酰甲喹注射液。

B.2 抗寄生虫药

B.2.1 抗螨虫药

阿苯达唑硝氯酚片、甲苯咪唑溶液（水产用）、硝氯酚伊维菌素片、阿维菌素注射液、碘硝酚注射液、精制敌百虫片、精制敌百虫粉

（水产用）。

B.2.2 抗原虫药

注射用三氮脒、注射用喹嘧胺、盐酸吖啶黄注射液、甲硝唑片、地美硝唑预混剂。

B.2.3 杀虫药

辛硫磷溶液（水产用）、氯氰菊酯溶液（水产用）、溴氰菊酯溶液（水产用）。

B.3 中枢神经系统药物

B.3.1 中枢兴奋药

安钠咖注射液、尼可刹米注射液、樟脑磺酸钠注射液、硝酸士的宁注射液、盐酸苯噁唑注射液。

B.3.2 镇静药与抗惊厥药

盐酸氯丙嗪片、盐酸氯丙嗪注射液、地西泮片、地西泮注射液、苯巴比妥片、注射用苯巴比妥钠。

B.3.3 麻醉性镇痛药

盐酸吗啡注射液、盐酸哌替啶注射液。

B.3.4 全身麻醉药与化学保定药

注射用硫喷妥钠、注射用异戊巴比妥钠、盐酸氯胺酮注射液、复方氯胺酮注射液、盐酸赛拉嗪注射液、盐酸赛拉唑注射液、氯化琥珀胆碱注射液。

B.4 外周神经系统药物

B.4.1 拟胆碱药

氯化氨甲酰甲胆碱注射液、甲硫酸新斯的明注射液。

B.4.2 抗胆碱药

硫酸阿托品片、硫酸阿托品注射液、氢溴酸东莨菪碱注射液。

B.4.3 拟肾上腺素药

重酒石酸去甲肾上腺素注射液、盐酸肾上腺素注射液。

B.4.4 局部麻醉药

盐酸普鲁卡因注射液、盐酸利多卡因注射液。

B.5 抗炎药

氢化可的松注射液、醋酸可的松注射液、醋酸氢化可的松注射液、醋酸泼尼松片、地塞米松磷酸钠注射液、醋酸地塞米松片、倍他米松片。

B.6 泌尿生殖系统药物

丙酸睾酮注射液、苯丙酸诺龙注射液、苯甲酸雌二醇注射液、黄体酮注射液、注射用促黄体素释放激素 A_2、注射用促黄体素释放激素 A_3、注射用复方鲑鱼促性腺激素释放激素类似物、注射用复方绒促性素 A 型、注射用复方绒促性素 B 型。

B.7 抗过敏药

盐酸苯海拉明注射液、盐酸异丙嗪注射液、马来酸氯苯那敏注射液。

B.8 局部用药物

注射用氯唑西林钠、头孢氨苄乳剂、苄星氯唑西林注射液、氯唑西林钠氨苄西林钠乳剂（泌乳期）、氨苄西林氯唑西林钠乳房注入剂（泌乳期）、盐酸林可霉素硫酸新霉素乳房注入剂（泌乳期）、盐酸林可霉素乳房注入剂（泌乳期）、盐酸吡利霉素乳房注入剂（泌乳期）。

B.9 解毒药

B.9.1 金属络合剂

二巯丙醇注射液、二巯丙磺钠注射液。

B.9.2 胆碱酯酶复活剂

碘解磷定注射液。

B.9.3 高铁血红蛋白还原剂

亚甲蓝注射液。

B.9.4 氰化物解毒剂

亚硝酸钠注射液。

B.9.5 其他解毒剂

乙酰胺注射液。

注：引自中华人民共和国农业部公告第 1997 号。本标准执行期间，农业部批准的处方药新品种，按照处方药使用。

附录 C

（规范性附录）

《乡村兽医基本用药目录》中处方药有关品种目录

C.1 抗微生物药

C.1.1 抗生素类

C.1.1.1 β-内酰胺类

注射用青霉素钠、注射用青霉素钾、氨苄西林混悬注射液、氨苄西林可溶性粉、注射用氨苄西林钠、注射用氯唑西林钠、阿莫西林注射液、注射用阿莫西林钠、阿莫西林片、阿莫西林可溶性粉、阿莫西林克拉维酸钾注射液、阿莫西林硫酸黏菌素注射液、注射用苯唑西林钠、注射用普鲁卡因青霉素、普鲁卡因青霉素注射液、注射用苄星青霉素。

C.1.1.2 头孢菌素类

注射用头孢噻呋、盐酸头孢噻呋注射液、注射用头孢噻呋钠。

C.1.1.3 氨基糖苷类

注射用硫酸链霉素、注射用硫酸双氢链霉素、硫酸双氢链霉素注射液、硫酸卡那霉素注射液、注射用硫酸卡那霉素、硫酸庆大霉素注射液、硫酸安普霉素注射液、硫酸安普霉素可溶性粉、硫酸新霉素溶液、硫酸新霉素粉（水产用）、硫酸新霉素可溶性粉、盐酸大观霉素可溶性粉、盐酸大观霉素盐酸林可霉素可溶性粉。

C.1.1.4 四环素类

土霉素注射液、盐酸土霉素注射液、注射用盐酸土霉素、四环素片、注射用盐酸四环素、盐酸多西环素粉（水产用）、盐酸多西环素可溶性粉、盐酸多西环素片、盐酸多西环素注射液。

C.1.1.5 大环内酯类

红霉素片、注射用乳糖酸红霉素、硫氰酸红霉素可溶性粉、泰乐菌素注射液、注射用酒石酸泰乐菌素、酒石酸泰乐菌素可溶性粉、酒石酸泰乐菌素磺胺二甲嘧啶可溶性粉、替米考星注射液、替米考星可溶性粉、替米考星溶液、酒石酸吉他霉素可溶性粉。

C.1.1.6 酰胺醇类

氟苯尼考粉、氟苯尼考粉（水产用）、氟苯尼考注射液、氟苯尼考可溶性粉、甲砜霉素注射液、甲砜霉素粉、甲砜霉素粉（水产用）、甲砜霉素可溶性粉、甲砜霉素片、甲砜霉素颗粒。

C.1.1.7 林可胺类

盐酸林可霉素注射液、盐酸林可霉素片、盐酸林可霉素可溶性粉。

C.1.1.8 其他

延胡索酸泰妙菌素可溶性粉。

C.1.2 合成抗菌药

C.1.2.1 磺胺类药

复方磺胺嘧啶粉（水产用）、复方磺胺对甲氧嘧啶粉、磺胺间甲氧嘧啶粉、复方磺胺间甲氧嘧啶可溶性粉、磺胺间甲氧嘧啶钠粉（水产用）、磺胺间甲氧嘧啶钠可溶性粉、复方磺胺间甲氧嘧啶钠粉、复方磺胺间甲氧嘧啶钠可溶性粉、复方磺胺二甲嘧啶粉（水产用）、复方磺胺二甲嘧啶可溶性粉、复方磺胺氯达嗪钠粉、磺胺氯吡嗪钠可溶性粉、磺胺喹噁啉钠可溶性粉。

C.1.2.2 喹诺酮类药

恩诺沙星注射液、恩诺沙星粉（水产用）、恩诺沙星片、恩诺沙星溶液、恩诺沙星可溶性粉、恩诺沙星混悬液、盐酸恩诺沙星可溶性粉、盐酸沙拉沙星注射液、盐酸沙拉沙星片、盐酸沙拉沙星可溶性粉、盐酸沙拉沙星溶液、甲磺酸达氟沙星注射液、甲磺酸达氟沙星溶液、甲磺酸达氟沙星粉、盐酸二氟沙星片、盐酸二氟沙星注射液、盐酸二氟沙星粉、盐酸二氟沙星溶液、噁喹酸散、噁喹酸混悬液、噁喹酸溶液、氟甲喹可溶性粉、氟甲喹粉。

C.1.2.3 其他

乙酰甲喹片、乙酰甲喹注射液。

C.2 抗寄生虫药

C.2.1 抗螨虫药

阿苯达唑硝氯酚片、甲苯咪唑溶液（水产用）、硝氯酚伊维菌素片、阿维菌素注射液、碘硝酚注射液、精制敌百虫片、精制敌百虫粉（水产用）。

C.2.2 抗原虫药

注射用三氮脒、注射用喹嘧胺、盐酸吖啶黄注射液、甲硝唑片。

C.2.3 杀虫药

辛硫磷溶液（水产用）。

C.3 中枢神经系统药物

C.3.1 中枢兴奋药

尼可刹米注射液、樟脑磺酸钠注射液、盐酸苯噁唑注射液。

C.3.2 全身麻醉药与化学保定药

注射用硫喷妥钠、注射用异戊巴比妥钠。

C.4 外周神经系统药物

C.4.1 拟胆碱药

氯化氨甲酰甲胆碱注射液、甲硫酸新斯的明注射液。

C.4.2 抗胆碱药

硫酸阿托品片、硫酸阿托品注射液、氢溴酸东莨菪碱注射液。

C.4.3 拟肾上腺素药

重酒石酸去甲肾上腺素注射液、盐酸肾上腺素注射液。

C.4.4 局部麻醉药

盐酸普鲁卡因注射液、盐酸利多卡因注射液。

C.5 抗炎药

氢化可的松注射液、醋酸可的松注射液、醋酸氢化可的松注射液、醋酸泼尼松片、地塞米松磷酸钠注射液、醋酸地赛塞米松片、倍他米松片。

C.6 生殖系统药物

黄体酮注射液、注射用促黄体素释放激素 A_2、注射用促黄体素释放激素 A_3、注射用复方鲑鱼促性腺激素释放激素类似物、注射用复方绒促性素 A 型、注射用复方绒促性素 B 型。

C.7 抗过敏药

盐酸苯海拉明注射液、盐酸异丙嗪注射液、马来酸氯苯那敏注射液。

C.8 局部用药物

苄星氯唑西林注射液、氨苄西林钠氯唑西林钠乳房注入剂（泌乳期）、盐酸林可霉素硫酸新霉素乳房注入剂（泌乳期）、盐酸林可霉素乳房注入剂（泌乳期）、盐酸吡利霉素乳房注入剂（泌乳期）。

C.9 解毒药

C.9.1 金属络合剂

二巯丙醇注射液、二巯丙磺钠注射液。

C.9.2 胆碱酯酶复活剂

碘解磷定注射液。

C.9.3 高铁血红蛋白还原剂

亚甲蓝注射液。

C.9.4 氰化物解毒剂

亚硝酸钠注射液。

C.9.5 其他解毒剂

乙酰胺注射液。

注：引自中华人民共和国农业部公告第 2069 号。

附录 D

（规范性附录）

国家有关禁用兽药、不得使用的药物及限用兽药的规定

D.1 食品动物禁用、在动物性食品中不得检出的兽药及其他化合物清单

见表 D.1。

表 D.1 食品动物禁用、在动物性食品中不得检出的兽药及其他化合物清单

序号	兽药及其他化合物名称	禁止用途	禁用动物	靶组织
1	β-兴奋剂类：克仑特罗、沙丁胺醇、西马特罗及其盐、酯及制剂	所有用途	所有食品动物	所有可食组织
2	雌激素类：己烯雌酚及其盐、酯及制剂	所有用途	所有食品动物	所有可食组织
3	具有雌激素样作用的物质：玉米赤霉醇、去甲雄三烯醇酮、醋酸甲孕酮及制剂	所有用途	所有食品动物	所有可食组织
4	雄激素类：甲基睾丸酮、丙酸睾酮、苯丙酸诺龙、苯甲酸雌二醇、群勃龙及其盐、酯及制剂	促生长	所有食品动物	所有可食组织
5	氯霉素及其盐、酯（包括琥珀氯霉素）及制剂	所有用途	所有食品动物	所有可食组织
6	氨苯砜及制剂	所有用途	所有食品动物	所有可食组织
7	硝基呋喃类：呋喃唑酮、呋喃它酮、呋喃苯烯酸钠、呋喃西林、呋喃妥因及制剂	所有用途	所有食品动物	所有可食组织

续表

序号	兽药及其他化合物名称	禁止用途	禁用动物	靶组织
8	硝基化合物:硝基酚钠、硝呋烯腙及制剂	所有用途	所有食品动物	所有可食组织
9	硝基咪唑类:甲硝唑、地美硝唑、洛硝达唑、替硝唑及其盐、酯及制剂	促生长	所有食品动物	所有可食组织
10	催眠、镇静类:安眠酮及制剂	所有用途	所有食品动物	所有可食组织
	催眠、镇静类:氯丙嗪、地西泮(安定)及其盐、酯及制剂	促生长	所有食品动物	所有可食组织
11	林丹(丙体六六六)	杀虫剂	所有食品动物	所有可食组织
12	毒杀芬(氯化烯)	杀虫剂	所有食品动物	所有可食组织
13	呋喃丹(克百威)	杀虫剂	所有食品动物	所有可食组织
14	杀虫脒(克死螨)	杀虫剂	所有食品动物	所有可食组织
15	酒石酸锑钾	杀虫剂	所有食品动物	所有可食组织
16	锥虫胂胺	杀虫剂	所有食品动物	所有可食组织
17	孔雀石绿	抗菌、杀虫剂	所有食品动物	所有可食组织
18	五氯酚酸钠	杀螺剂	所有食品动物	所有可食组织
19	各种汞制剂,包括氯化亚汞(甘汞)、硝酸亚汞、醋酸汞、吡啶基醋酸汞	杀虫剂	所有食品动物	所有可食组织
20	万古霉素及其盐、酯及制剂	所有用途	所有食品动物	所有可食组织
21	卡巴氧及其盐、酯及制剂	所有用途	所有食品动物	所有可食组织

　　注:引自中华人民共和国农业部公告第193号、第235号、第560号。本标准执行期间,农业部如发布新的《食品动物禁用的兽药及其他化合物清单》,执行新的《食品动物禁用的兽药及其他化合物清单》。

D.2 禁止在饲料和动物饮用水中使用的药物品种及其他物质目录

见表 D.2。

D.2　禁止在饲料和动物饮用水中使用的药物品种及其他物质目录

序号	药物名称
1	β-兴奋剂类:盐酸克仑特罗、沙丁胺醇、硫酸沙丁胺醇、莱克多巴胺、盐酸多巴胺、西马特罗、硫酸特布他林、苯乙醇胺A、班布特罗、盐酸齐帕特罗、盐酸氯丙那林、马布特罗、西布特罗、溴布特罗、酒石酸阿福特罗、富马酸福莫特罗

序号	药物名称
2	雌激素类:己烯雌酚、雌二醇、戊酸雌二醇、苯甲酸雌二醇、氯烯雌醚
3	雄激素类:苯丙酸诺龙及苯丙酸诺龙注射液
4	孕激素类:醋酸氯地孕酮、左炔诺孕酮、炔诺酮、炔诺醇、炔诺醚
5	促性腺激素:绒毛膜促性腺素(绒促性素)、促卵泡生长激素(尿促性素,主要含卵泡刺激 FSHT 和黄体生成素 LH)
6	蛋白同化激素类:碘化酪蛋白
7	降血压药:利血平、盐酸可乐定
8	抗过敏药:盐酸赛庚啶
9	催眠、镇静及精神药品类:(盐酸)氯丙嗪、盐酸异丙嗪、安定(地西泮)、硝西泮、奥沙西泮、苯巴比妥、苯巴比妥钠、巴比妥、异戊巴比妥、异戊巴比妥钠、唑吡旦、三唑仑、咪达唑仑、艾司唑仑、甲丙氨酯、匹莫林以及其他国家管制的精神药品
10	抗生素滤渣

注:引自中华人民共和国农业部公告第 176 号、第 1519 号。本标准执行期间,农业部如发布新的《禁止在饲料和动物饮水中使用的物质》,执行新的《禁止在饲料和动物饮水中使用的物质》。

D.3 不得使用的药物品种目录

见表 D.3。

表 D.3 不得使用的药物品种目录

序号	类别	名称/组方
1	抗病毒药	金刚烷胺、金刚乙胺、阿昔洛韦、吗啉(双)胍(病毒灵)、利巴韦林等及其盐、酯及单、复方制剂
2	抗生素	头孢哌酮、头孢噻肟、头孢曲松(头孢三嗪)、头孢噻吩、头孢拉啶、头孢唑啉、头孢噻啶、罗红霉素、克拉霉素、阿奇霉素、磷霉素、硫酸奈替米星(netilmicin)、克林霉素(氯林可霉素、氯洁霉素)、妥布霉素、胍哌甲基四环素、盐酸甲烯土霉素(美他环素)、两性霉素、利福霉素等及其盐、酯及单、复方制剂
3	合成抗菌药	氟罗沙星、司帕沙星、甲替沙星、洛美沙星、培氟沙星、氧氟沙星、诺氟沙星等及其盐、酯及单、复方制剂
4	农药	井冈霉素、浏阳霉素、赤霉素及其盐、酯及单、复方制剂

续表

序号	类别	名称/组方
5	解热镇痛类等其他药物	双嘧达莫（dipyridamole）、聚肌胞、氟胞嘧啶、代森铵、磷酸伯氨喹、磷酸氯喹、异噻唑啉酮、盐酸地酚诺酯、盐酸溴己新、西咪替丁、盐酸甲氧氯普胺、甲氧氯普胺（盐酸胃复安）、比沙可啶（bisacodyl）、二羟丙茶碱、白细胞介素-2、别嘌醇、多抗甲素（α-甘露聚糖肽）等及其盐、酯及制剂
6	复方制剂	1. 注射用的抗生素与安乃近、氟喹诺酮类等化学合成药物的复方制剂 2. 镇静类药物与解热镇痛药等治疗药物组成的复方制剂

D.4 允许做治疗用但不得在动物食品中检出的药物

见表 D.4。

表 D.4　允许做治疗用但不得在动物食品中检出的药物

序号	药物名称	动物种类	动物组织
1	氯丙嗪	所有食品动物	所有可食组织
2	地西泮（安定）	所有食品动物	所有可食组织
3	地美硝唑	所有食品动物	所有可食组织
4	苯甲酸雌二醇	所有食品动物	所有可食组织
5	潮霉素 B	猪/鸡	可食组织
		鸡	蛋
6	甲硝唑	所有食品动物	所有可食组织
7	苯丙酸诺龙	所有食品动物	所有可食组织
8	丙酸睾酮	所有食品动物	所有可食组织
9	塞拉嗪	产奶动物	奶

参 考 文 献

[1] 肖冠华.投资养肉鸡　你准备好了吗.北京：化学工业出版社，2014.

[2] 韩占兵等.怎样养好肉鸡.第2版.北京：金盾出版社，2012.

[3] 肖冠华编著.养肉鸡高手谈经验.北京：化学工业出版社，2015.

[4] 育雏温度和加热成本.http://www.thepoultrysite.cn/articles/1724/.英国国际禽网.

[5] 黄仁录等.肉鸡养殖技术问答.北京：金盾出版社，2012.

[6] 王彬等.发酵床养肉鸡试验研究与推广应用.家禽科学，2015，(2)：40-43.

[7] 张志爱.遵循肉鸡生物学特性才能科学饲养管理.农村实用技术.2015，(11)：
45-47.